EMMA : le guide pratique
Analyse et cartographie des marchés en état d'urgence

Des éloges pour le livre...

« La Fédération de la Croix-Rouge est fière de soutenir le développement du guide pratique EMMA et reconnaît la valeur des améliorations que ce dernier apporte à l'évaluation des besoins post-catastrophe. EMMA nous aide à atteindre notre objectif stratégique, qui consiste à sauver des vies, à protéger les moyens de subsistance, à se préparer aux catastrophes et aux crises et s'en remettre.

Devenu un élément important des évaluations approfondies, que nous conduisons dans les premières semaines qui suivent une catastrophe majeure, le guide EMMA sous-tend une approche holistique et intégrée de réponse aux catastrophes et de relance rapide. Les techniques EMMA aident à déterminer les réponses appropriées, en offrant un plus large choix aux populations touchées par une catastrophe et en réduisant le risque de dépendance à l'aide. L'analyse du marché et celle de la réponse sont des outils particulièrement utiles (cartes du marché, options et recommandations). »

Simon Eccleshall, chef du Département des Services aux sinistrés,
Fédération internationale de la Croix-Rouge et du Croissant-Rouge

« Au cours des dernières années, une collaboration croissante s'est développée entre praticiens du développement de marché et praticiens de l'intervention d'urgence. Il faut rendre hommage à cette collaboration qui doit être largement encouragée. Le guide pratique EMMA se révèle un excellent résultat de cette collaboration. Trop longtemps l'aide humanitaire, qui avait vocation à 'préparer le terrain' pour le développement économique, ne fit rien de tel. Les praticiens du développement de marché suivirent et essayèrent de corriger les nombreuses distorsions du marché qui avaient été créées. Le résultat net, pour autant qu'il y en ait eu un, a été très limité en termes de progrès pour les collectivités que nous avons vocation à soutenir.

Comme la microfinance l'a montré, nous pouvons et nous devons intervenir rapidement, après une situation d'urgence (ou une crise) et cela correctement dès le début. Félicitations à IRC et aux autres organismes qui ont fait preuve de clairvoyance et de ténacité pour faire en sorte que cela devienne une réalité. »

Mayada El-Zoghbi, expert en microfinance auprès du CGAP, Banque mondiale

« Le guide EMMA apporte effectivement une démarche d'ensemble pour l'analyse du marché dans le contexte de l'urgence immédiate. C'est une étape cruciale pour l'amélioration des pratiques de développement économique dans des contextes de crise. »

Timothy H. Nourse, chief of party, Programme d'accès étendu et durable aux services
financiers, , Académie pour le développement de l'éducation, Ramallah, en Cisjordanie

« EMMA constitue un cadre clair et accessible pour l'analyse des situations de crise complexes, du point de vue des perturbations des systèmes de marché, et pour concevoir et mettre en œuvre des interventions fondées sur les principes de base du marché. EMMA place la préservation et la reconstruction des structures du marché au centre de la programmation des secours et de la relance, afin de favoriser la stabilité économique et la sécurité à plus long terme. Cet outil couvre l'écart entre le champ du secours et celui du développement. Il crée un vocabulaire et une vision communs, dans la perspective de faciliter la transition vers une relance économique durable et vers la croissance...»

Adina Saperstein, associée, responsable de la pratique de développement, Banyan Global

EMMA : le guide pratique
Analyse et cartographie des marchés en état d'urgence

Mike Albu
sous la conduite experte et avec les contributions de
Karri Goeldner Byrne, Lili Mohiddin, Emmet Murphy, Anita Auerbach
and Dee Goluba.

Practical Action Publishing Ltd
The Schumacher Centre
Bourton on Dunsmore, Rugby,
Warwickshire, CV23 9QZ, Royaume-Uni
www.practicalactionpublishing.org

© Oxfam Royaume-Uni, 2011

ISBN 978 1 85339 728 8

Tous droits réservés. Aucune partie de cette publication ne peut être réimprimée ni reproduite ni utilisée sous quelque forme que ce soit ou par quelque moyen électronique, mécanique, ou autres, connu ou inventé que ce soit, y compris la photocopie et l'enregistrement, ni ne peut être stockée dans un système d'information ou un système de consultation, sans l'autorisation écrite des éditeurs.

Un exemplaire de ce livre est disponible à la British Library.

L'auteur a fait valoir ses droits en vertu du droit d'auteur
et du « Designs and Patents Act » de 1988 (loi sur les dessins et modèles et les brevets)
afin d'être identifié comme l'auteur de cet ouvrage.

Le guide pratique est rendu possible grâce au soutien généreux du peuple américain à travers l'Agence des États-Unis pour le développement international (USAID). Le contenu est de la responsabilité d'Oxfam, d'IRC, et de Practical Action Publishing et ne reflète pas nécessairement les vues de l'USAID ou du Gouvernement des États-Unis.

Depuis 1974, Practical Action Publishing (anciennement Intermediate Technology Publications et ITDG Publishing) a publié et diffusé des livres et des informations visant à soutenir des activités de développement international à travers le monde. Practical Action Publishing est le nom commercial de Practical Action Publishing Ltd (Société immatriculée sous le N° 1159018), maison d'édition à part entière de Practical Action. Practical Action Publishing exerce son activité commerciale uniquement dans le cadre d'objectifs de bienfaisance de l'organisation caritative mère et tous les profits reviennent à Practical Action (Organisation charitative immatriculée dans le Royaume-Uni sous le N° 247257, et sous le numéro de TVA : GB 880 9924 76).

Photo de couverture : Équipe EMMA au Myanmar cartographiant le marché des filets de pêche. Crédit : Anita Auerbach
Conception de la couverture par Practical Action Publishing
Indexé par Andrea Palmer
Mis en page par Practical Action Publishing
Imprimé par Hobbs the Printers Ltd

Contents

Encadrés		viii
Remerciements		xii

PREMIÈRE PARTIE : INTRODUCTION

Le guide pratique EMMA : introduction et vue d'ensemble		3
0.1	Introduction	3
0.2	EMMA : quoi, pourquoi, pour qui et quand ?	5
0.3	EMMA et les systèmes de marché	9
0.4	Vue d'ensemble d'EMMA : les trois volets	11
0.5	Le processus EMMA : 10 étapes	14
0.6	Principes d'EMMA	16
0.7	Programme de mise en oeuvre d'EMMA	17
0.8	Principaux outils utilisés dans EMMA	18
0.9	Profils de revenus et de dépenses des ménages	19
0.10	Calendriers saisonniers	22
0.11	Cartes de système de marché	24
0.12	Cadre de réponse d'urgence	28

DEUXIÈME PARTIE : LE GUIDE PRATIQUE EMMA

Étape 1.	Préparation indispensable	33
1.1	Vue d'ensemble de l'étape 1	34
1.2	Analyse du contexte	35
1.3	Consultations avec les collègues	36
1.4	Établir une base de travail pour l'équipe EMMA	39
1.5	Ciblage de la population	40
1.6	Désagrégation des groupes cibles	42
Étape 2.	La sélection du marché	45
2.1	Vue d'ensemble de l'étape 2	46
2.2	Options de brainstorming pour la sélection du marché	46
2.3	Sélectionner les systèmes de marché cruciaux	50
2.4	Déterminer les aspects clés de l'analyse	54
Étape 3.	Analyse préliminaire	57
3.1	Vue d'ensemble de l'étape 3	58
3.2	Démarrer avec la cartographie du marché	58
3.3	Cartographier la chaîne de marché	62
3.4	Cartographier les infrastructures, les intrants et les services	66
3.5	Cartographier les institutions, les règles, normes et tendances	67
3.6	Élaborer la carte de marché de façon itérative	67
3.7	Calendrier saisonnier préliminaire pour un système de marché	72
3.8	Réviser les aspects clés de l'analyse EMMA	72

Étape 4.	Préparation du travail de terrain	75
4.1	Vue d'ensemble de l'étape 4	76
4.2	Programme du travail de terrain d'EMMA	76
4.3	Programme d'analyse des besoins	77
4.4	Programme d'analyse du marché	79
4.5	Programme d'analyse de la réponse	81
4.6	Questions spécifiques à l'analyse du système de marché	82
4.7	Faisabilité des programmes d'aide financière	85
4.8	Planification et préparation des entretiens	86
4.9	Exemples de questions	89
4.10	Feuilles de collecte de données	96
Étape 5.	Activités et entretiens sur le terrain	101
5.1	Vue d'ensemble de l'étape 5	102
5.2	L'itinéraire de travail de terrain	103
5.3	Affectation du temps d'entretien disponible	106
5.4	Sélection des personnes à interroger	107
5.5	Conseils pour la conduite des entretiens	111
5.6	Enregistrez vos conclusions	112
Étape 6.	Cartographie du système de marché	115
6.1	Vue d'ensemble de l'étape 6	116
6.2	Carte de référence du système de marché	116
6.3	Carte du système de marché en situation d'urgence	117
6.4	Quantifier : mettre des chiffres sur la carte	120
6.5	Disponibilité (stocks et délais)	124
6.6	Calendrier saisonnier d'un système de marché	126
Étape 7.	Analyse des besoins	127
7.1	Vue d'ensemble de l'étape 7	128
7.2	Population cible : détails essentiels	129
7.3	Analyse numérique des besoins	129
7.4	Aspects qualitatifs de l'analyse des besoins	132
7.5	Calendrier saisonnier des ménages	133
7.6	Profils de revenus et de dépenses par foyer	134
Étape 8.	Analyse du système de marché	137
8.1	Vue d'ensemble de l'étape 8	138
8.2	Aperçu du processus d'analyse	139
8.3	Analyse de référence	140
8.4	Impacts de l'urgence	144
8.5	Perspectives pour contribuer à la réponse d'urgence	152
8.6	Options de soutien du marché	155

Étape 9.	Analyse de la réponse	159
9.1	Vue d'ensemble de l'étape 9	160
9.2	La logique de l'analyse de la réponse EMMA	161
9.3	Options lorsque les systèmes de marché sont supposés fonctionner correctement	167
9.4	Options lorsque les systèmes du marché ont besoin d'être soutenus ou renforcés	17.
9.5	Options lorsque les systèmes de marché ne sont pas supposés bien fonctionner	177
9.6	Options lorsque les résultats sont incertains et que des informations supplémentaires sont indispensables	172
9.7	Cadre des options de réponse	180
9.8	Cadre des recommandations de réponse	18.
Étape 10.	Communication des résultats	185
10.1	Vue d'ensemble de l'étape 10	186
10.2	Présenter les résultats EMMA efficacement	186
10.3	Structure d'un rapport EMMA	188
10.4	EMMA : un dernier mot	191
Bibliographie		193
Glossaire		197
Index		209

Encadrés

Introduction

Encadré 0.1	Qu'est-ce qu'un « système de marché » ?	4
Encadré 0.2	Pourquoi le système de marché est-il important en cas d'urgence ?	4
Encadré 0.3	La portée essentielle d'EMMA	5
Encadré 0.4	Risques d'effets néfastes via les marchés	6
Encadré 0.5	Qu'entend-on par réponses « directes » et « indirectes » ?	6
Encadré 0.6	Exemples de la valeur ajoutée d'EMMA	7
Encadré 0.7	Carte de référence d'un marché - exemple du marché des « haricots » d'Haïti	10
Encadré 0.8	Les trois volets d'EMMA	12
Encadré 0.9	Résultats de l'analyse des besoins - exemple	12
Encadré 0.10	Résultats de l'analyse du système de marché - exemple	13
Encadré 0.11	Résultats de l'analyse des réponses - exemple	13
Encadré 0.12	Les dix étapes d'EMMA	14
Encadré 0.13	Diagramme des processus EMMA	15
Encadré 0.14	Calendrier indicatif pour EMMA	18
Encadré 0.15	Que représente un résultat « suffisamment bon » ?	19
Encadré 0.16	Profil de revenus des ménages - exemple	20
Encadré 0.17	Comparaison des profils de dépenses « avant » et « après »	21
Encadré 0.18	Calendrier saisonnier pour une zone économique	23
Encadré 0.19	Calendrier saisonnier pour un groupe cible	23
Encadré 0.20	Calendrier saisonnier pour un système de marché	24
Encadré 0.21	Carte du marché en situation d'urgence - exemple des « haricots » d'Haïti	26
Encadré 0.22	Carte du système de marché avec les volumes d'échanges	27
Encadré 0.23	Exemple de cadre des options de réponse	29
Encadré 0.24	Exemple de matrice des recommandations de réponse	30

Étape 1

Encadré 1.1	Sites Internet utiles pour des recherches contextuelles rapides	35
Encadré 1.2	Sites Internet utiles pour des recherches détaillées	36
Encadré 1.3	Groupes sectoriels (clusters) des Nations Unies	38
Encadré 1.4	Population cible définie	40
Encadré 1.5	Exemples de population cible	41
Encadré 1.6	Critères de sélection des différents groupes cibles	42
Encadré 1.7	Groupes cibles - exemples	43
Encadré 1.8	Calendrier saisonnier de pour la population cible	44

Étape 2

Encadré 2.1	Systèmes de marché cruciaux pour la population' et « aspects clés de l'analyse »	46
Encadré 2.2	Trois catégories de systèmes de marché « cruciaux »	47

Encadré 2.3	EMMA va au-delà besoins vitaux	47
Encadré 2.4	Sélectionner des marchés cruciaux et identifier des besoins sont deux activités distinctes	48
Encadré 2.5	Liste étendue d'options de système de marché (à titre d'exemple)	49
Encadré 2.6	Sélectionner des marchés de revenus alternatifs pour les réfugiés	49
Encadré 2.7	Critères de sélection des systèmes de marché	50
Encadré 2.8	Les facteurs saisonniers dans la sélection - quelques exemples	52
Encadré 2.9	Exercice de classement (exemple)	53
Encadré 2.10	Aspects clés de l'analyse (exemples)	55

Étape 3

Encadré 3.1	Initiation pour les équipes EMMA inexpérimentées	60
Encadré 3.2	Base de référence préliminaire de la carte de marché - exemple des « filets de pêche » du Myanmar	61
Encadré 3.3	Esquisse préliminaire des chaînes de marché	62
Encadré 3.4	Localiser les groupes cibles sur la carte du marché	63
Encadré 3.5	Carte d'un marché alimentaire comprenant les producteurs de subsistance	64
Encadré 3.6	« Ignorance optimale »	65
Encadré 3.7	Cartographier les infrastructures, les intrants et les services	66
Encadré 3.8	Cartographier l'environnement de marchés	68
Encadré 3.9	Carte finale du marché de référence - exemple des « filets de pêche » du Myanmar	70
Encadré 3.10	Carte finale du marché en situation d'urgence - exemple des « filets de pêche » du Myanmar	71
Encadré 3.11	Calendrier saisonnier pour un système de marché	72

Étape 4

Encadré 4.1	Information concernant les dépenses des ménages	79
Encadré 4.2	Aspects « opérationnels » des programmes d'aide financière	85
Encadré 4.3	Catégories d'informateurs et style d'entretien	87
Encadré 4.4	Exemples de questions pour les ménages cibles	89
Encadré 4.5	Échantillons de questions pour les acteurs du marché local	90
Encadré 4.6	Exemples de questions pour les acteurs les plus importants du marché / les interlocuteurs clés	92
Encadré 4.7	Exemples de questions pour les principaux employeurs	94
Encadré 4.8	Fiche technique relative au revenu du ménage - exemple	96
Encadré 4.9	Fiche d'informations des « besoins » - exemple	97
Encadré 4.10	Fiche d'informations pour un commerçant / détaillant local - exemple	97
Encadré 4.11	Fiche d'informations pour un agriculteur / producteur local - exemple	98
Encadré 4.12	Fiche d'informations pour un employeur local - exemple	98

Étape 5

Encadré 5.1	Vérifications quotidiennes durant le travail de terrain	106
Encadré 5.2	Diviser la durée de votre entretien	107
Encadré 5.3	« Imprécision appropriée »	107

Encadré 5.4	Conseils pour interviewer des commerçants du marché local	110
Encadré 5.5	Utiliser des diagrammes pour enregistrer les données des échanges	113
Encadré 5.6	Utiliser des diagrammes pour l'information saisonnière	113

Étape 6

Encadré 6.1	Carte du marché en situation d'urgence - exemple des « haricots » d'Haïti	119
Encadré 6.2	Types de données quantitatives utiles pour EMMA	121
Encadré 6.3	Afficher le nombre d'acteurs sur les cartes de marché	121
Encadré 6.4	Afficher les prix le long d'une chaîne de marché	12
Encadré 6.5	Estimer les volumes de données de consommation	123
Encadré 6.6	Estimer les volumes de données de production	124
Encadré 6.7	Analyse de la disponibilité le long d'une chaîne de marché	124
Encadré 6.8	Préciser les volumes de production et les échanges sur les cartes du marché - exemple des « haricots » d'Haïti	125
Encadré 6.9	Calendrier saisonnier pour un système de marché - exemple	126

Étape 7

Encadré 7.1	Détails sur la population cible - exemple	129
Encadré 7.2	Raisons pour lesquelles un système de marché peut être crucial	130
Encadré 7.3	Résumé de l'analyse des besoins - exemple	130
Encadré 7.4	Tenir compte des stocks en estimant les besoins	13
Encadré 7.5	Définitions HEA pour les exigences de revenus essentiels	132
Encadré 7.6	Préférences pour des formes d'assistance alternatives	133
Encadré 7.7	Calendrier saisonnier des ménages - exemple	134
Encadré 7.8	Modification du profil de dépenses - exemple	135
Encadré 7.9	Simple analyse de l'évolution des revenus et des dépenses des ménages	135

Étape 8

Encadré 8.1	« Contribuer à la réponse humanitaire » - définition	139
Encadré 8.2	Types de données et d'informations utilisés pour l'analyse du système de marché	140
Encadré 8.3	Production de référence et volumes d'échanges - exemple	141
Encadré 8.4	Évaluer l'intégration du marché en utilisant les données de prix	142
Encadré 8.5	Intégration d'un marché faible - exemple d'Haïti	143
Encadré 8.6	Concurrence et pouvoir du marché	143
Encadré 8.7	Se concentrer sur les impacts principaux - un exemple d'intégration du marché	145
Encadré 8.8	Comparer les volumes de référence avec les échanges en situation d'urgence - exemple	146
Encadré 8.9	Analyse des volumes de référence et d'urgence - exemple	146
Encadré 8.10	Comparaison des problèmes du côté offre et demande	147
Encadré 8.11	Indicateurs de problèmes dans les « systèmes d'approvisionnement »	148
Encadré 8.12	Indicateurs de problèmes dans les « systèmes de revenu »	148

Encadré 8.13	Utiliser des données pour diagnostiquer les problèmes d'offre et de demande	149
Encadré 8.14	Analyse des marges dans les prix	150
Encadré 8.15	Comparer les « écarts » par rapport aux volumes de référence	153
Encadré 8.16	Analyse de la disponibilité - exemple	154
Encadré 8.17	Réponses directes et indirectes définies	156
Encadré 8.18	Liste des options de soutien du marché - exemples	157

Étape 9

Encadré 9.1	Principes d'analyse des réponses	160
Encadré 9.2	Différentes options de réponse - exemple	162
Encadré 9.3	Logique d'analyse de la réponse dans un système d'approvisionnement	164
Encadré 9.4	Prix raisonnables ?	165
Encadré 9.5	Logique d'analyse de la réponse dans un système du revenu	166
Encadré 9.6	Réponses lorsque les systèmes d'approvisionnement sont réputés fonctionner correctement	168
Encadré 9.7	Les trois objectifs des programmes Argent contre travail (cash for work)	170
Encadré 9.8	Besoins des producteurs lorsque les systèmes de revenu sont supposés fonctionner	171
Encadré 9.9	Prestation de services ou facilitation du marché	173
Encadré 9.10	Soutien du système de marché - réhabilitation des infrastructures	172
Encadré 9.11	Soutien du système de marché - services financiers	172
Encadré 9.12	Soutien du système de marché - services aux entreprises	172
Encadré 9.13	Soutien du système de marché - ressources et services agricoles	176
Encadré 9.14	Soutien du système de marché - information et lobbysme	177
Encadré 9.15	Cadre des options de réponse	180
Encadré 9.16	Cadre des recommandations de réponse (Encadré 0.24)	180

Étape 10

Encadré 10.1	Utilisation des résultats pour obtenir une action - quatre règles empiriques	187

Remerciements

La rédaction, revue, et révision de ce guide a été un processus étonnamment difficile et long auquel de nombreuses personnes ont participé. Mais le succès du résultat final est essentiellement dû à la vision éclairée et à la direction tenace de Karri Goeldner Byrne et de Lili Mohiddin.

Le guide pratique EMMA a été élaboré grâce aux conseils et aux contributions d'un grand nombre de personnes et de nombreux organismes. Les concepts de système de marché et les outils de cartographie ont été initialement développés avec des collègues de Practical Action, en particulier Alison Griffith. L'application de ces outils à des situations d'urgence humanitaire a été une innovation de Pantaleo Creti.

Je suis particulièrement reconnaissant à Emmet Murphy, qui a travaillé sans relâche avec moi aux recherches sur les besoins d'analyse de marché et les capacités des agences humanitaires. Il a écrit une grande partie de la première ébauche du guide pratique avec moi et grandement contribué au contenu, à partir duquel EMMA a finalement évolué. Emmet a également aidé à organiser, dans des circonstances difficiles, l'étude pilote qui a eu lieu par la suite en Haïti.

Anita Auerbach et Dee Goluba ont tous deux apporté des contributions majeures à la révision et au développement d'EMMA grâce à leur direction du processus de pilotage au Kenya, en Haïti, au Myanmar et au Pakistan. L'expérience, l'enthousiasme, la persévérance et la capacité de réflexion qu'ils ont apportés aura été inestimable. Je leur en suis sincèrement reconnaissant.

Je tiens à remercier les informateurs initiaux de ce processus, notamment Tanya Boudreau, Carol Ward, David Bright, Laura Hammond, Patricia Bonnard, Cynthia Donovan, Tracy Gerstle, Joséphine Hutton, Richard Acaye, Leo Nalugon, Roman Majcher, Frédéric Vignoud, Robert Tabana, Silke Pietzsch, Sophie Dunn, Thabani Maphosa, Mary Morgan, Jennifer Nyberg et David Rinck.

Le développement du guide pratique, au travers des différentes étapes, n'aurait pas été possible sans le généreux soutien d'InterAction, de l'OFDA, d'Oxfam GB et de la Fondation Waterloo. Les commentaires détaillés et les critiques constructives de nombreux conseillers expérimentés ont été indispensables à ce processus, et je tiens à remercier tout particulièrement Héloïse Troc, Lesley Adams, Camilla Knox-Peebles, Mary Atkinson, Paul Harvey, Nana Skau, et Jonathan Brass.

Les exercices pilotes dépendaient entièrement de la généreuse collaboration de plusieurs organismes humanitaires, dont International Rescue Committee, Oxfam GB, Mercy Corps, le Programme alimentaire mondial, Save the Children UK, la Croix-Rouge haïtienne, la Croix-Rouge canadienne, CHF International, ACDI / VOCA, Famine Early Warning System Network, Oxfam-Québec et Oxfam Novib.

De nombreuses personnes ont donné de leur temps et de leur énergie pour le processus de pilotage, aussi est-il presque injuste de n'en nommer que quelques-uns - mais je tiens tout particulièrement à remercier Vivien Knipps, Marc Theuss, Mike Leung, Nway Nway Soe et Mg Min Myo, Kate Montgomery, Rick Bauer et Tony Stitt.

Enfin, je tiens à remercier ma compagne Kate et mon fils Billy pour leur amour, leur soutien et leur patience durant ce projet. Le guide pratique EMMA a été conçu et a vu le jour à peu près au même moment que notre magnifique fille Evie, à qui cette publication est dédiée.

PREMIÈRE PARTIE
INTRODUCTION

Le guide pratique EMMA : introduction et vue d'ensemble

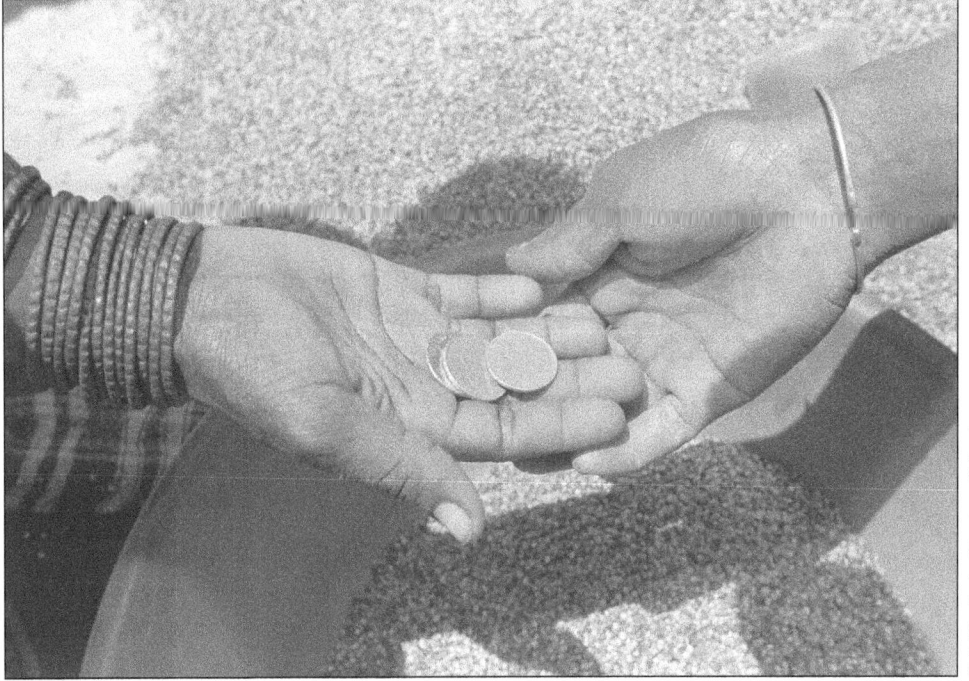

Achat de sorgho sur un étal de marché, Ouganda

0.1 Introduction

Ces dernières années, les agences humanitaires internationales ont adapté leurs réponses aux situations d'urgence. Bon nombre d'entre elles ont commencé à mettre en œuvre des interventions monétaires, en appui ou à la place des distributions d'urgence en nature. De même, les achats locaux ont été favorisés et les possibilités d'autres réponses novatrices ont été explorées (Harvey 2005, 2007).

Ces changements dans les pratiques attirent l'attention sur la nécessité d'une meilleure analyse des marchés. Il existe une prise de conscience croissante du fait que les meilleures opportunités pour aider les femmes et les hommes peuvent être manquées si les réponses d'urgence ne sont pas conçues dans une bonne compréhension des systèmes de marché cruciaux pour la population. En outre, l'absence de cette analyse de marché dans les programmes humanitaires peut être préjudiciable aux moyens de subsistance, à l'emploi et aux entreprises, dont dépend à long terme la sécurité des personnes.

> *Les marchés sont un élément crucial pour la manière dont les gens survivent. Ainsi, comprendre comment ils fonctionnent et se dérèglent est essentiel à toute analyse de la faim, de la vulnérabilité alimentaire, de l'insécurité des moyens de subsistance ou de la pauvreté.*
>
> *Paul Harvey, Groupe de politique humanitaire, ODI*

> **Encadré 0.1 Qu'est-ce qu'un « système de marché » ?**
> Un système de marché est un réseau de producteurs, de fournisseurs, de transformateurs, de négociants, d'acheteurs et de consommateurs qui sont tous impliqués dans la production, l'échange et la consommation d'un article ou d'un service particulier. Le système comprend diverses formes d'infrastructures, de fournisseurs, de ressources et de services. Un système de marché fonctionne dans le contexte de règles et de normes qui façonnent l'environnement de ce système professionnel particulier.

Le système de marché est important en situation d'urgence

Les systèmes de marché jouent un rôle crucial en fournissant des biens ou des services essentiels pour assurer la survie et protéger les moyens de subsistance ; aussi bien immédiatement après une catastrophe qu'à plus long terme. Avant, pendant et au-delà de toute crise, les femmes et les hommes en situation d'urgence dépendent aussi des systèmes de marché comme sources de revenu et de rémunération.

Encadré 0.2 Pourquoi le système de marché est-il important en cas d'urgence ?

Pour assurer la survie	Pour protéger les moyens de subsistance	
Les systèmes de marché peuvent être en mesure de fournir aux groupes cibles touchés de la nourriture, des articles ménagers essentiels, du carburant et d'autres formes d'aide ou de services propres à répondre aux besoins essentiels	Les systèmes de marché peuvent être en mesure de fournir aux groupes cibles touchés les outils nécessaires immédiatement, les ressources et les services agricoles, le fourrage et le combustible, ou de remplacer d'autres biens des moyens de subsistance	Les systèmes de marché peuvent être en mesure de fournir aux groupes cibles touchés des emplois, ou des opportunités de travail salarié ; ou de les mettre en relation avec des acheteurs pour leurs produits

La raison d'être d'EMMA tient au fait qu'une meilleure compréhension des systèmes de marché les plus cruciaux dans une situation d'urgence permet aux agences humanitaires de prendre en compte un plus large éventail de réponses.

A l'instar des distributions classiques en nature et des interventions en espèces, ces options de réponse peuvent inclure des achats locaux et d'autres formes novatrices de soutien du système de marché permettant aux programmes humanitaires de mieux utiliser les capacités existantes des acteurs du marché, tout en comprenant les risques.

Les résultats de l'utilisation d'EMMA sont donc :
- une utilisation plus efficace des ressources humanitaires ;
- moins de risques de dépendance prolongée à l'aide extérieure ;
- un encouragement à la transition vers une relance économique.

Genre et systèmes de marché

Les relations des gens avec d'autres acteurs dans les systèmes de marché (opérateurs, employeurs, acheteurs) sont façonnées par les questions de pouvoir, qui tiennent souvent au genre, à la classe ou aux dimensions ethniques. Nous ne pouvons pas supposer que les rôles et les responsabilités des femmes et des hommes, et donc leur besoins dans le marché, sont les mêmes. EMMA traite explicitement de ces différences dans la sélection des groupes cibles (section 1.6) et traite le pouvoir comme une composante de l'environnement de marché dans la cartographie du système de marché (section 0.11).

0.2 EMMA : quoi, pourquoi, pour qui et quand ?

Qu'est-ce que le guide pratique EMMA ?

EMMA est un ensemble d'outils (une boîte à outils) et de notes d'orientation (le guide pratique sur CD-ROM). EMMA encourage et aide le personnel se trouvant en première ligne, en cas d'urgence humanitaire soudaine, à mieux comprendre, accueillir et utiliser les systèmes de marché. Elle n'offre pas de solution toute faite pour l'action mais fournit des conseils accessibles et pertinents aux personnes qui ne sont pas des spécialistes de l'analyse de marché.

Encadré 0.3 La portée essentielle d'EMMA	
Situations d'urgence soudaines	Là où les événements évoluent rapidement, les agences ont peu de connaissances préalables des marchés et des ressources à explorer.
Un large éventail de besoins	Tout système de marché qui peut être crucial pour répondre aux besoins prioritaires, y compris la nourriture, les articles non alimentaires et d'autres services.
Prise de décision rapide	Soutenir des équipes humanitaires pour prendre des décisions urgentes de réponse dans les premières semaines suivant une crise.

EMMA ajoute de la valeur aux pratiques d'aide humanitaire dans des contextes divers. Les outils EMMA sont adaptables, les processus sont sommaires, rapides et conçus pour refléter les contraintes d'information et la rapidité nécessaire de la prise de décision dans les premières semaines d'une situation d'urgence soudaine. Le processus d'EMMA est donc destiné à être intégré avec souplesse dans la planification des réponses d'urgence de différentes organisations.

Quoique conçue pour répondre à des situations soudaines, EMMA peut également être utile pour la planification des activités du personnel, lors de la transition vers la programmation de la phase de relance préliminaire .

POURQUOI utiliser EMMA ?

EMMA a vocation à améliorer l'efficacité des premières actions humanitaires visant à assurer la survie des populations, à protéger leur sécurité alimentaire et leurs moyens de subsistance sans leur porter préjudice. EMMA aide le personnel se trouvant en première ligne à comprendre les aspects importants d'un marché dans une situation d'urgence qui, autrement, pourrait ne pas être prise en compte de façon adéquate ou le serait insuffisamment tôt. EMMA aide aussi à faire passer cette connaissance rapidement et efficacement dans le processus de décision du programme.

Les six raisons qui font d'EMMA une précieuse boîte à outils :

1. *Prendre des décisions rapides et adaptées à propos des options de réponses directes.*
   EMMA compare les résultats probables et les risques liés aux différents types d'intervention directe (voir l'encadré 0.5) afin de décider quelles formes ou quelles combinaisons d'actions sont les plus appropriées pour répondre aux besoins prioritaires des populations.
2. *Évaluer les possibilités de complémentarité des actions « indirectes ».*
   EMMA explore les possibilités de remplacement des formes indirectes de soutien au marché (voir encadré 0.5) susceptibles de réhabiliter les systèmes de marché cruciaux ou d'aider à leur reprise.
3. *Réduire le risque de provoquer des dégâts.*
   EMMA sensibilise au risque de nuire aux entreprises et aux ménages dans les systèmes de marché cruciaux. EMMA peut ainsi réduire la dépendance à l'aide, favoriser le

rétablissement à long terme et accroître la stabilité des marchés locaux, qui fournissent les biens et les services et assurent des sources de revenus aux personnes.

4. *Aider à surveiller la performance et l'accessibilité des systèmes de marché.*
Les profils utilisés par EMMA peuvent aider les agences à suivre l'impact persistant de la crise sur des systèmes de marché cruciaux, ainsi que les résultats des actions humanitaires. Des renseignements à jour concernant l'accès au marché et ses performances peuvent alerter les gestionnaires sur tout effet néfaste des actions humanitaires. Cela leur permet également de prendre les décisions appropriées en ce qui concerne le moment et la manière de mettre fin à l'assistance.

5. *Améliorer la qualité de la préparation aux catastrophes.*
Grâce à une meilleure connaissance du fonctionnement des systèmes de marché cruciaux, de leurs potentialités et de leurs vulnérabilités, les cartes et les profils de marché EMMA peuvent améliorer la planification de la préparation aux catastrophes.

6. *Définir les conditions requises pour une analyse plus détaillée du marché.*
Lorsqu'il y a insuffisance d'information, que le temps est compté et que les compétences nécessaires pour interpréter les données du marché sont faibles, EMMA peut encore aider les gestionnaires à définir des termes de référence détaillés pour la recherche plus approfondie des systèmes de marché particulièrement cruciaux.

Encadré 0.4 Risques d'effets néfastes via les marchés

Les urgences ont souvent des effets négatifs sur toutes les fonctions du marché et sur les réseaux commerciaux. Cela peut être aggravé par de mauvaises réponses humanitaires. Par exemple :
- des secours en nature prolongés peuvent aggraver la dépression naturelle de l'économie locale, due aux pertes de revenus des gens dans des situations d'urgence ;
- des transferts irréfléchis d'espèces peuvent intensifier les tendances inflationnistes naturelles causées, dans des situations d'urgence, par des pénuries locales de biens essentiels.

Encadré 0.5 Qu'entend-on par réponses « directes » et « indirectes » ?

Réponses directes	Réponses indirectes ('soutien du système de marché')
Un large éventail de besoins	Tout système de marché qui peut être crucial pour répondre aux besoins prioritaires, y compris la nourriture, les articles non alimentaires et d'autres services.
Actions qui aident directement les populations en situation d'urgence. • Les distributions de nourriture ou de marchandises. • Les distributions d'espèces ou de bons • Les programmes Argent contre travail (cash for work), vivres-contre-travail. • La fourniture d'abris, d'eau ou d'assainissement. • Les programmes alimentaires	Les actions avec d'autres par exemple les commerçants, les fonctionnaires, les décideurs politiques au profit des populations indirectement touchées. • La réhabilitation des infrastructures clés, des liaisons de transport, des ponts, etc. • Les dons (ou prêts) destinées aux entreprises locales en vue de rétablir les stocks, de réaménager des lieux, ou de réparer des véhicules. • La fourniture d'une expertise technique aux entreprises locales, aux employeurs ou aux prestataires de services

Encadré 0.6 Exemples de la valeur ajoutée d'EMMA

Comparaison des différentes options de réponse directe : des distributions en espèces par rapport à des distributions en nature

- Une grande inondation détruit les récoltes sur pied et les stocks de denrées alimentaires d'un demi-million de personnes dans une région qui n'est pas habituée à de telles catastrophes. Immédiatement, les agences humanitaires commencent à distribuer aux ménages des rations alimentaires standard telles que riz, lentilles, huile, sucre. Les commerçants locaux résistent cependant relativement bien et les aliments de base, y compris certains produits du terroir, sont bientôt en vente. La mesure dans laquelle cette offre de marché peut répondre aux besoins de la population cible n'apparaît pas de manière évidente. EMMA peut aider les agences à décider si et quand il est raisonnable de mettre en place des interventions en espèces.

- Un grave tremblement de terre endommage les maisons et les possessions des deux millions d'habitants d'une région montagneuse. L'hiver approche et nombreux sont ceux qui manquent de vêtements appropriés et de couvertures. Des dons de vêtements sont aisément accessibles auprès de certains bailleurs de fonds mais la plupart sont culturellement inadaptés. Dans le même temps, dans les plaines, les usines de confection, qui font partie d'un système de marché de vêtements fonctionnant bien, ne sont, pour leur part, pas endommagées. EMMA peut aider à explorer les avantages relatifs des approvisionnements locaux, ou des espèces, pour répondre aux besoins des gens.

Étudier les possibilités d'actions complémentaires « indirectes » : soutien du système de marché

- Des rizières côtières ont été détruites par l'intrusion d'eau salée à la suite d'un cyclone. La réhabilitation nécessitera un labourage important et profond à un moment où la population locale a du mal à reconstruire les maisons et les infrastructures. Une agence envisage l'achat et la distribution de motoculteurs aux agriculteurs, mais elle est préoccupée par le coût, la durabilité et l'impact social de cette action. EMMA peut aider à enquêter sur le secteur et à faire apparaître toutes les possibilités de renforcement du marché local de location de machines agricoles, Par exemple, en utilisant des bons pour les agriculteurs et des prêts aux fournisseurs de services de location.

Éviter de porter préjudice

- Après le tsunami asiatique de 2004, les agences humanitaires se sont impliquées dans l'achat et la distribution à grande échelle de bateaux de pêche. Malheureusement, dans de nombreux endroits, l'analyse de la complexité des relations sociales, qui lient les pêcheurs, les propriétaires de bateaux et le système de marché de poissons, se révéla insuffisante. En conséquence, trop de bateaux ou des bateaux inappropriés ont été distribués dans de nombreux endroits. Cela a conduit à la surpêche alors que la demande pour le poisson était encore faible, à des rendements de pêche qui ne pouvaient pas être écologiquement durables et à l'aggravation de tensions sociales, qui ont touché les groupes vulnérables. Dans de telles situations, EMMA peut fournir des indications sur les risques et aider les agences à éviter les pires erreurs.

À qui est destinée EMMA ?

Le guide pratique EMMA est conçu pour les personnes conduisant des évaluations précoces, en première ligne lors de situations d'urgence soudaines et pendant la transition vers des programmes de relance rapide. Par extension, EMMA concerne également les gestionnaires et les personnes responsables de la planification initiale des réponses rapides à apporter pour faire face à la crise.

Le guide pratique EMMA est conçu pour les généralistes, ainsi que pour le personnel spécialisé dans la sécurité alimentaire, les abris, l'eau et l'assainissement. Cela inclut le soutien du personnel international se trouvant en première ligne d'une situation d'urgence majeure, ainsi que le personnel local ou national expérimenté, qui a une bonne connaissance des moyens de subsistance et de l'économie de la zone touchée.

EMMA ne requiert pas d'expérience antérieure de l'analyse économique ou de marchés. De ce fait, EMMA cherche à éviter le langage technique, ou des outils qui nécessitent des compétences approfondies de l'analyse quantitative. Toutefois, ceux qui mènent et conduisent les processus EMMA, seuls ou avec une petite équipe, tireront profit de leur pragmatisme pour organiser des évaluations avec flexibilité, réfléchir à l'information et l'analyser.

EMMA est, en effet, un processus de réhabilitation d'urgence : une réponse pragmatique aux limitations classiques des ressources humaines et à la pénurie d'information, qui entravent les efforts visant à résoudre les problèmes liés au marché, dans des situations d'urgence soudaines. Par conséquent, EMMA est moins utile aux économistes professionnels ou aux spécialistes du marché, qui entendent mener une analyse plus approfondie des systèmes de marché, de la sécurité alimentaire, ou des besoins de relance économique, par exemple dans la phase de réhabilitation d'une situation d'urgence.

QUAND utiliser EMMA ?

EMMA vise à encourager une analyse approximative et rapide du système de marché, au cours des premières semaines d'une situation d'urgence. EMMA est conçue pour être utilisée dans les situations d'urgence soudaines...

- lorsque l'information sur le contexte est limitée ;
- lorsque le temps et la capacité d'analyser les marchés existants sont limités ;
- lorsque les capacités d'expertise pour l'analyse de marché ne sont pas encore disponibles.

EMMA n'est pas pertinente pour les évaluations rapides et les notes conceptuelles initiales les premiers jours d'une crise. EMMA peut être utilisée, cependant, dès qu'une situation d'urgence commence à se stabiliser. Ainsi, les conclusions ne risquent pas de devenirs immédiatement obsolètes au vu des changements qui interviennent lorsque la situation évolue.

Cela signifie qu'EMMA est généralement utilisée :

- dès que les besoins absolument prioritaires (de survie) sont déjà pris en compte ;
- une fois que les déplacés internes sont installés, au moins temporairement ;
- une fois que les acteurs du marché (producteurs, détaillants, distributeurs) ont eu la possibilité d'évaluer leur propre situation et de commencer à élaborer des stratégies d'adaptation.

Cela signifie qu'EMMA peut potentiellement être utilisée dans les deux semaines suivant l'apparition de la situation d'urgence, si le personnel approprié est disponible. Néanmoins, il faut souvent un peu plus de temps.

EMMA peut continuer à être utile dans une crise durant plusieurs semaines (voire plusieurs mois), si la compréhension des systèmes de marché clés, en relation avec les besoins, demeure incomplète pour les agences humanitaires ou si les variations des conditions du marché doivent être suivies. Elle peut être efficace pour la programmation d'une relance rapide, lorsqu'une analyse plus rigoureuse du marché n'est pas possible.

Dans la pratique, le calendrier d'EMMA dépendra de la cohérence entre, d'une part, l'information et la prise de décision concernant les besoins de l'organisation utilisant la boîte à outils et, d'autre part, le personnel disponible pour effectuer ces exercices.

0.3 EMMA et les systèmes de marché

Le concept de « Système de marché » est fondamental dans EMMA. Un système de marché est l'ensemble du réseau des personnes, des entreprises, des structures et des règles qui sont impliquées dans la production, le commerce, et la consommation de tout produit ou service. Le système de marché détermine la façon dont un produit ou un service est accessible, produit, échangé et mis à la disposition des différentes personnes. Ce concept sera mieux compris à l'aide d'un exemple de carte de système de marché (voir encadré 0.7).

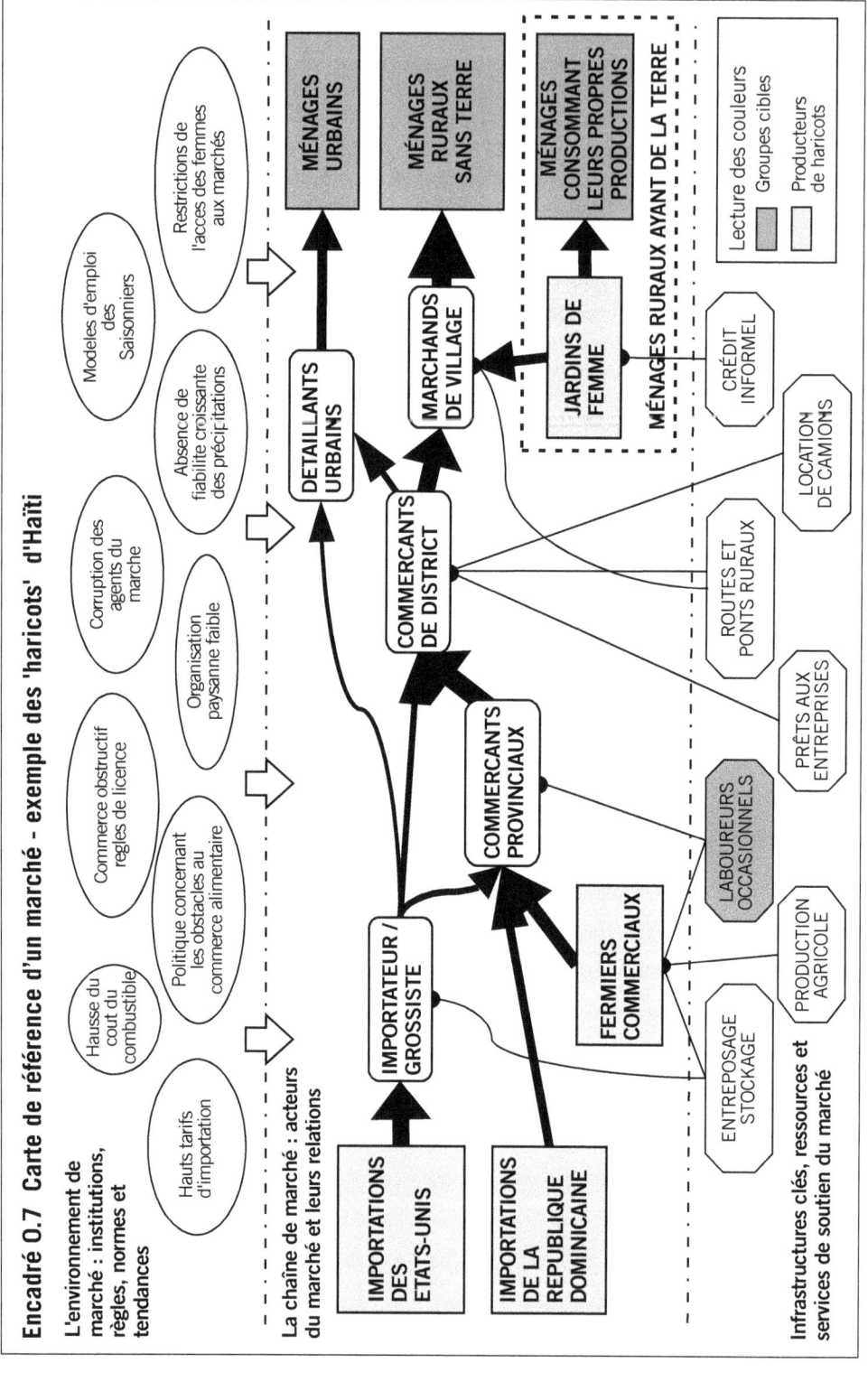

Encadré 0.7 Carte de référence d'un marché - exemple des 'haricots' d'Haïti

La cartographie est l'un des principaux outils d'EMMA. Cartes des systèmes de marché et autres outils, tels les calendriers saisonniers, par exemple, sont au cœur d'EMMA. La recherche et les entretiens avec les différents acteurs du marché et autres informateurs sont utilisés pour établir rapidement une carte détaillée du système. Ces cartes capturent les informations disponibles les plus pertinentes et permettent de faire des comparaisons entre la situation avant la crise et la situation d'urgence. Ce sont également des outils essentiels pour communiquer les résultats et les recommandations d'EMMA aux décideurs.

EMMA et la sélection du système de marché
EMMA étudie les systèmes de marché pour différents éléments séparés. Comme l'illustre l'exemple dans l'encadré 0.7, toute semence, article non alimentaire ou service a son propre système de marché. Cela signifie qu'il est nécessaire de décider au début du processus EMMA (étape 2) quels systèmes de marché, -c'est-à-dire quels articles, semences ou produits- sont essentiels d'un point de vue humanitaire.

Dans la pratique, la nécessité de mettre l'accent sur des systèmes de marché spécifiques n'est pas un énorme obstacle à l'utilisation d'EMMA. Bien qu'EMMA analyse tous les systèmes de marché, indépendamment de tout autre système, il est parfaitement possible de mener des travaux simultanément sur le terrain pour deux études EMMA différentes. En outre, certains produits peuvent avoir des systèmes de marché similaires, qu'il est possible d'utiliser comme modèle. Par exemple, des articles ménagers essentiels, qui sont importés de l'extérieur de la zone sinistrée, peuvent parvenir par des chaînes d'approvisionnement très similaires.

0.4 Vue d'ensemble d'EMMA – les trois volets
Le processus EMMA comporte trois volets de référence, représentés par le trio : « *Personnes, Marchés, Mesures d'urgence* »

Initialement, ces volets sont relativement distincts, comme les différentes pistes suivies lors d'une même enquête. Cependant, en tant que processus EMMA, ces fils doivent se tisser comme une corde, en fournissant une analyse cohérente pour former le socle de vos recommandations finales (voir encadré 0.8).

Encadré 0.8 Principaux outils utilisés dans EMMA

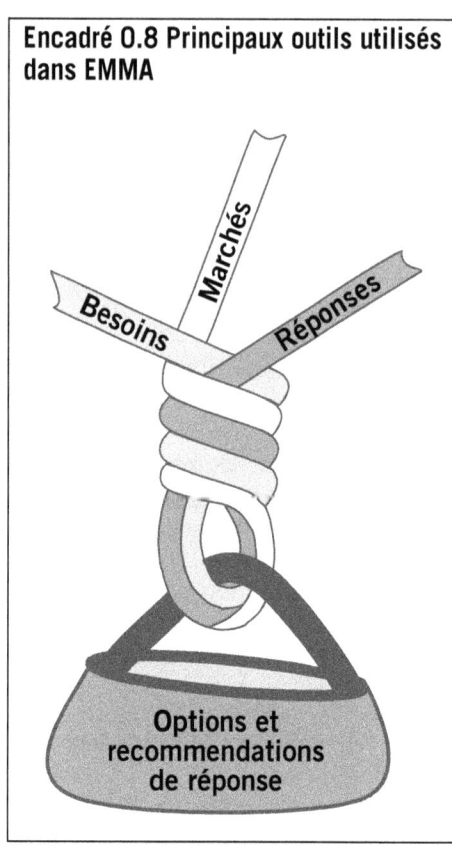

A. *Analyse des besoins (« personnes »)*
Ce volet consiste à comprendre la situation d'urgence, les besoins prioritaires et les préférences des personnes les plus touchées par l'urgence : notre population cible. Il replace également les besoins de ces ménages (les déficits de ressources) dans le contexte de leur profil économique et de leurs stratégies de subsistance.

B. *Analyse du marché*
Ce volet porte sur la compréhension de chaque système de marché crucial, en considération de ses contraintes et de sa capacité à jouer un rôle dans la réponse d'urgence. Il permet de développer une carte et un profil de la situation de départ, avant la crise, et d'explorer l'impact de l'urgence sur la situation.

C. *Analyse de la réponse*
Ce volet vise à explorer les différentes options et possibilités à la disposition des agences humanitaires. Il permet d'examiner la faisabilité respective de chaque option, les résultats probables, les bénéfices et les risques, avant d'aboutir à des recommandations d'action.

Les trois volets s'exécutent de la façon suivante, dans le cours du processus EMMA, en se soutenant mutuellement.

Les résultats de l'analyse des besoins abondent l'analyse de système de marché en définissant ce que le système de marché doit atteindre pour pouvoir répondre aux besoins des gens. Ces résultats contribuent également à l'analyse de la réponse, par exemple en décrivant les types d'assistance préférés des femmes et des hommes (voir encadré 0.9).

Encadré 0.9 Résultats de l'analyse des besoins - exemple

La sécurité alimentaire de 25 000 ménages dans une zone sinistrée est normalement évaluée en termes de riz cultivé localement à la même époque de l'année. En raison de la destruction de 60 % des cultures actuelles par des inondations, ces ménages sont confrontés à un déficit collectif total de 1 200 MT / mois jusqu'à la prochaine récolte, à venir dans neuf mois. Les femmes et les hommes dans la population cible ont une forte préférence pour l'aide en espèces. Pour les femmes c'est principalement parce qu'elles sont préoccupées par le type et la qualité probable de l'aide alimentaire, tandis que les hommes favorisent les espèces parce qu'elles offrent plus de flexibilité.

Les résultats de l'analyse du système de marché alimentent l'analyse de la réponse en évaluant ce que le système de marché est capable de fournir et en identifiant les principales contraintes auxquelles il faut faire face (voir encadré 0.10). Les premières constatations de l'analyse de marché peuvent également soutenir le processus d'analyse des besoins, en mettant en évidence les questions qui requièrent des enquêtes de terrain, par exemple en raison de contraintes d'accès au marché dont la population cible n'est pas consciente.

> **Encadré 0.10 Résultats de l'analyse du système de marché - exemple**
> Les commerçants, dans la zone sinistrée, auront du mal à fournir un supplément de 1200 MT de riz / mois à partir des stocks locaux et ne sont pas habitués à « importer » de plus de 300 MT / mois (base). Les principaux obstacles aux efforts visant à accroître les approvisionnements sont le manque de financement (capital économique) et les dommages du parc local de camions. En outre, de nombreuses voies de desserte rurales vers les villages éloignés sont bloquées. Toutefois, les négociants en riz dans la ville la plus proche ont d'importants approvisionnements (une base de 1000 MT / mois).

Les résultats de l'analyse de la réponse alimentent les conclusions finales et les recommandations d'EMMA, en évaluant la faisabilité, les risques, les avantages et les inconvénients des options de réponse ou des combinaisons d'options identifiées au cours du processus EMMA (voir encadré 0.11).

Encadré 0.11 Résultats de l'analyse des réponses - exemple

Option de réponse	Calendrier	Avantages	Risques	Indicateurs
Approvisionnement local et distribution par les agences	Démarrage dans 2-3 semaines	Réponse rapide possible sur le plan opérationnel.	Le mois de mai chasse les commerçants de riz locaux. Augmentation de la dépendance à long terme.	Prix. Niveau d'activité commerciale
Bons pour les ménages, associés à des prêts et à une aide au transport pour les commerçants	Démarrage dans 4-5 semaines	Les femmes préfèrent les bons. Moins coûteux. Coup de pouce à l'économie locale.	Complexe à administrer. Risque de corruption. Scepticisme du bailleur.	Prix. Rachat de bons
Argent contre travail (cash for work), nettoyer les routes de desserte rurale	Démarrage dans 1-2 semaines	Réduction des coûts de transport et des prix. Coup de pouce à l'économie locale	Peut détourner le travail des principales activités agricoles. Peut exclure des personnes extrêmement vulnérables.	Taux d'activité. Exclusion sociale.

Les premières constatations de l'analyse de la réponse ont également contribué à l'analyse des besoins et aux processus d'analyse du système de marché, en dévoilant un type d'options possibles et en limitant le travail de terrain EMMA, de sorte que les entrevues puissent se concentrer sur la collecte de l'information la plus utile.

0.5 Le processus EMMA – 10 étapes

Le processus EMMA peut être divisé en dix étapes, couvrant l'ensemble des activités. Toutefois, EMMA est également un processus itératif. Dans la pratique, les activités dans les différentes étapes se chevauchent et l'on peut revenir à des mesures particulières à plusieurs reprises, notre analyse de chaque système de marché étant alors révisée. Cela se poursuit jusqu'à ce qu'une image finale « suffisamment bonne » soit obtenue.

Encadré 0.12 Les dix étapes d'EMMA		
1.	Préparation indispensable	Effectuer des recherches de fond et des séances d'information dans le pays ; prendre en compte le mandat de l'agence, les conditions et les modalités ; identifier les populations cibles et leurs besoins prioritaires.
2.	Sélection du marché	Sélectionner les systèmes de marché les plus cruciaux pour EMMA, afin de les étudier en utilisant divers critères spécifiques ; puis identifier les questions analytiques clés, qui guideront l'enquête relative à chaque système.
3.	Analyse préliminaire	Projet initial provisoire, comportant les profils des ménages, les calendriers saisonniers, les cartes de référence et cartes du système de marché en situation d'urgence ; puis identification des informateurs clés et des pistes pour le travail de terrain.
4.	Préparation de terrain	Définir et accepter l'ordre du jour sur le terrain, concevoir les questionnaires, les plans d'entretien et les formats d'enregistrement des informations nécessaires pour les entretiens EMMA et les autres activités de terrain.
5.	Activités sur le terrain	Conduite des activités sur le terrain : entretiens et autres activités de recueil d'informations. Cette section comprend des conseils sur les méthodes d'entretien et des conseils relatifs aux différentes catégories d'informateurs.
6.	Cartographie du marché	Produire la version finale des documents décrivant la situation : cartes de référence et d'urgence du marché, calendriers saisonniers et profils des ménages, afin d'alimenter les trois étapes « analytiques » qui suivent.
7.	Analyse des besoins	Finaliser le volet d'analyse des besoins : utilisation des profils des ménages, informations sur les besoins prioritaires, lacunes et contraintes d'accès, pour finalement estimer le besoin total à prendre en compte.
8.	Analyse de marché	Compléter le volet d'analyse du marché : les cartes du marché et les données destinées à analyser la disponibilité, la direction, les performances, et enfin à estimer la capacité du système de marché à combler le besoin décelé.
9.	Analyse de la réponse	Terminer le volet d'analyse de la réponse : faire des recommandations raisonnées, basées sur la logique du système de marché, la faisabilité, le calendrier et les risques inhérents aux différentes options, y compris les liquidités, les secours en nature, ou tout autre type de soutien du marché.
10.	Communiquer les résultats	Consulter les collègues et communiquer les résultats d'EMMA à un public plus large (les bailleurs de fonds, les agences) à l'aide de briefs précis, de séances d'informations attractives, basées sur l'utilisation de cartes et de rapports.

L'organigramme dans l'encadré 0.13 montre l'interdépendance entre ces trois volets parallèles et les dix étapes successives

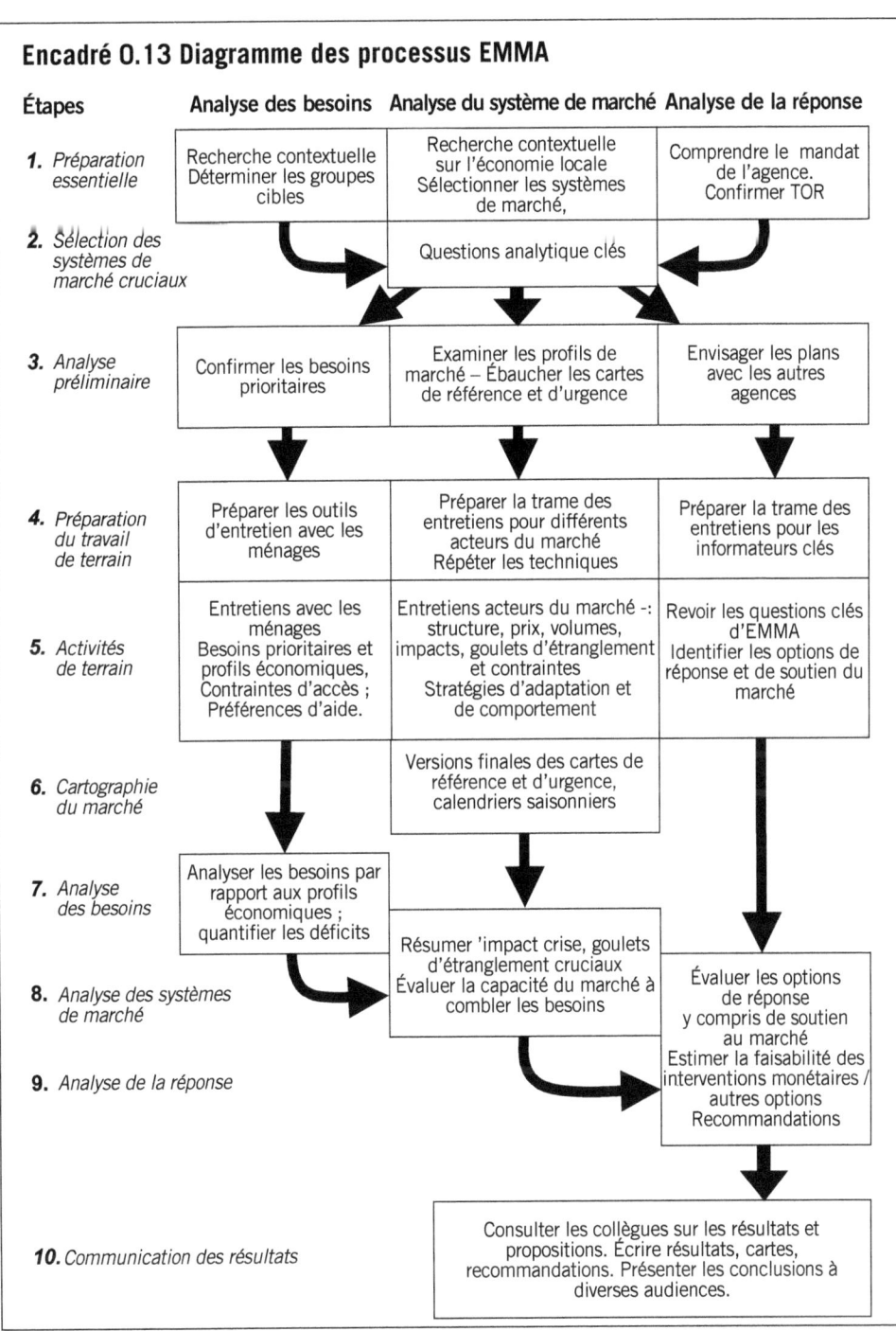

0.6 Principes d'EMMA

EMMA s'appuie sur ce que les agences humanitaires font déjà.
- EMMA est un processus souple, doté de quelques outils clairement définis, qui a vocation à s'adapter à chaque situation et aux moyens de travail de chaque agence.

EMMA n'est pas seulement « business as usual » (les affaires comme d'habitude) : EMMA conduit le personnel humanitaire à penser différemment.
- EMMA attire l'attention sur l'importance des systèmes de marché, essentiels pour répondre aux besoins prioritaires des populations touchées, immédiatement et à plus long terme.
- EMMA peut amener les agences à envisager des types non conventionnels de réponse, y compris des actions « indirectes » visant à réhabiliter ou à soutenir les systèmes de marché affaiblis.

EMMA s'adresse à des non-spécialistes afin de leur permettre de prendre des décisions urgentes qui sont « adaptées à l'objectif ».
- EMMA a un objectif plus qualitatif que quantitatif.
- EMMA a pour but de faciliter la prise rapide de décisions dans les premières semaines d'une crise, en anticipant jusqu'à un an à l'avance. EMMA ne fournit pas l'analyse détaillée idéalement requise pour la programmation à long terme.

EMMA ne donne pas aux marchés plus d'importance qu'aux personnes.
- EMMA vise à rétablir le bon fonctionnement des marchés en considérant les femmes et les hommes se trouvant dans des situations d'urgence.
- La plupart des ménages touchés par la crise étaient impliqués dans des systèmes de marché avant que la crise ne survienne : peut-être pour se procurer de la nourriture, des biens essentiels ou des services, ou bien pour la vente de leur produits (cultures, par exemple) ou de leur travail.
- Dans le processus EMMA, la compréhension du système de marché d'un article comme le riz ne porte donc pas seulement sur les détaillants et les meuniers, qui font le commerce du riz, mais aussi sur les agriculteurs et les ouvriers agricoles (qui sont plutôt des hommes), sur les fournisseurs de semences et d'intrants, et sur les consommateurs de riz bien sûr (qui sont plutôt des femmes).

EMMA met en perspective les moyens de subsistance.
- EMMA différencie les moyens de subsistance des groupes sociaux, en reconnaissant que les stratégies de subsistance des hommes et des femmes conditionnent normalement leurs relations avec les systèmes du marché, de même que leurs stratégies d'adaptation et leurs différents besoins dans une situation d'urgence.
- Le genre, l'origine ethnique, le degré de richesse, l'état de santé, le handicap, etc. peuvent être des facteurs importants. De tels facteurs, affectent l'accès des personnes aux systèmes de marché, autant que leurs stratégies d'adaptation et leurs besoins.

EMMA permet d'intégrer les informations pertinentes existantes provenant de différentes sources :
- enquêtes auprès des ménages, entretiens avec des commerçants, statistiques officielles, profils de marchés et autres documents.

EMMA encourage « l'ignorance optimale » et « l'imprécision appropriée ».
- EMMA vise une analyse rapide, approximative et « suffisamment bonne ». La quantité d'informations et les détails nécessaires pour produire des résultats utiles dans une courte période de temps, est limitée au strict minimum. EMMA encourage les utilisateurs à ne pas tenir compte des détails non essentiels ou inutiles (« ignorance optimale ») et à se satisfaire d'approximations et d'estimations sommaires (« imprécision appropriée »).

EMMA est un processus itératif.
- EMMA commence par une vision sommaire et approximative du système de marché, puis, incorpore progressivement les nouvelles informations recueillies lors des entretiens et du travail de terrain, EMMA procède ensuite à plusieurs révisions et affine l'image obtenue jusqu'à ce qu'une analyse « suffisamment fine » soit atteinte.

La relations d'EMMA avec d'autres évaluations.
- Une grande partie du volet Analyse des besoins est similaire à l'évaluation des besoins urgents, particulièrement pour les évaluations rapides intégrées. Toutefois, EMMA s'intéresse plus spécifiquement aux interactions des ménages cibles avec les marchés en vue de comprendre quels systèmes de marché sont essentiels aux différents groupes et comment l'accès à ces systèmes a été affecté par la situation d'urgence.

0.7 Programme de mise en oeuvre d'EMMA

La mise en œuvre d'EMMA peut prendre de deux à quatre semaines. Les variables comprennent le contexte et l'ampleur de l'urgence. La durée dépend des ressources, du nombre de systèmes de marché à étudier et du nombre de personnes impliquées. Les autres facteurs comprennent l'étendue des connaissances contextuelles antérieures des membres du personnel et la quantité d'informations secondaires ayant déjà été recueillie.

Nous envisageons deux extrêmes pour la mise en pratique d'EMMA :

- *Un processus restreint et individuel d' EMMA*
  Le processus EMMA est mis en pratique par un seul praticien, ayant l'expérience d'EMMA, avec l'aide d'un ou deux collègues et dispose localement d'une bonne connaissance de la région touchées par la crise. Cela prend moins de temps - pas plus de dix jours -, mais le territoire qui peut être couvert est restreint.

- *Un large processus en équipe EMMA*
  Le processus EMMA est mené en équipe, dirigé par un chef ayant l'expérience d'EMMA. Ce responsable d'équipe forme une petite équipe d'enquêteurs / d'évaluateurs locaux. Cela prend plus de temps, quatre semaines serait réaliste. Toutefois, cela peut potentiellement couvrir un territoire beaucoup plus important (en fonction de la taille de l'équipe). Le tableau dans l'encadré 0.14 présente un calendrier indicatif pour chacun de ces processus.

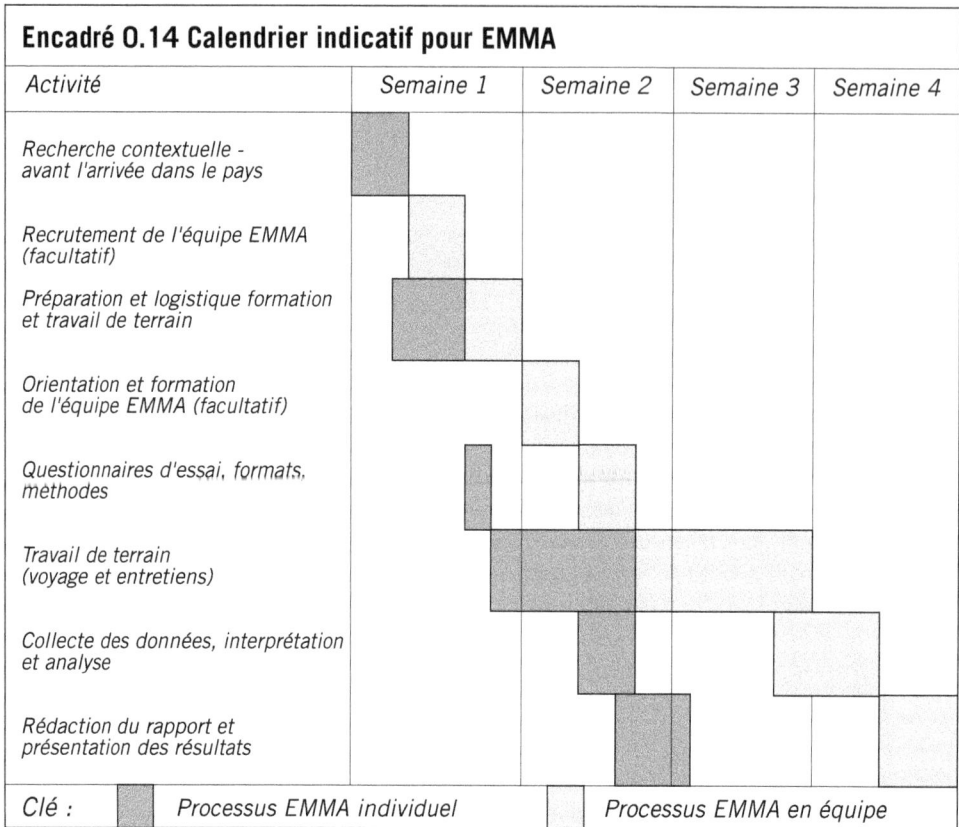

0.8 Principaux outils utilisés dans EMMA

Cette section fournit une introduction rapide illustrée avec des exemples des quatre principaux outils utilisés dans EMMA.

- *Le revenu des ménages et les profils de dépenses* - Des diagrammes illustrant les principales sources de revenus et de dépenses
- *Les calendriers saisonniers* - Résumant les changements saisonniers importants dans les marchés et dans la vie des gens
- *Les cartes des marchés* - Représentations graphiques des systèmes de marché (avant et après l'apparition de l'urgence)
- *Les cadres d'intervention* - Tableaux résumant les options d'intervention d'urgence et leurs caractéristiques.

Ces quatre outils sont utilisés de façon répétée tout au long des différentes étapes d'EMMA. Les conclusions issues de chaque outil se développent de manière itérative : on commence avec des approximations sommaires, puis on révise et on affine les résultats avec de nouvelles informations jusqu'à ce qu'un résultat « suffisamment bon » soit obtenu (voir encadré 0.15).

> **Encadré 0.15 Que représente un résultat « suffisamment bon » ?**
> Le temps et les efforts que ces outils requièrent dépend du contexte.
> - Les profils détaillés des ménages peuvent être inutiles pour une opération à très court terme, mais seront d'une valeur inestimable pour la planification de la relance économique dans un programme se déroulant sur un ou deux ans.
> - Les calendriers saisonniers sont plus pertinents pour des activités liées à la sécurité alimentaire ou aux abris ; plutôt que pour la fourniture de jerrycans et de savon.
>
> Les exemples de ce chapitre sont les versions finales, montrant un niveau élevé de détail.

0.9 Profils de revenus et de dépenses des ménages

Les profils des ménages sont un moyen simple pour tracer le profil typique des revenus et des dépenses d'un foyer cible. Cela permet d'apprécier :
- l'importance relative des différents types de revenus ou de dépenses (consommation), y compris les denrées alimentaires que les ménages produisent pour eux-mêmes ;
- tout changement majeur dans le revenu ou les dépenses, causé par la situation d'urgence.

Le profil peut être présenté par un simple tableau, ou par un schéma, comme le diagramme de l'encadré 0.16. Notez les valeurs approximatives en pourcentage. Une précision de plus ou moins 5 % est « suffisamment bonne » pour EMMA, quoique ce soit souvent impossible d'y parvenir ou bien parfois non nécessaire : voir « l'imprécision appropriée », section 0.6 ci-dessus.

Encadré 0.16 Profil de revenus des ménages - exemple

Revenu moyen d'un ménage (mai-juillet 2007)

Valeur des aliments produits pour la consommation du ménage	$100	35%
Vente de surplus de production personnelle (récoltes/bétail)	$45	5%
Bénéfice provenant des petites entreprises	$31	10%
Salaire ou gages	$27	10%
Prêts reçus	$14	5%
Versements reçus	$0	0%
Valeur des dons / aides	$26	10%
Vente d'actifs (bétail)	$42	15%
Total	*$285*	*100%*

- Vente d'actifs 15%
- Dons et aides 10%
- Prêts 5 %
- Gages 10%
- Gains petites entreprises 10%
- Ventes de surplus alimentaires 15%
- Production alimentaire pour leur propre consommation 35%

Dans EMMA, les profils de revenus et de dépenses des ménages sont principalement utilisés dans le volet d'analyse des besoins et ce, de la façon suivante :

- Dans l'étape 1 (préparation indispensable), les profils peuvent vous aider à décider si et comment la population cible peut être utilement divisée en groupes de subsistance, ayant des besoins prioritaires ou des stratégies de revenu distincts.
- Dans l'étape 2 (sélection des systèmes de marché), les profils aident à déterminer quels systèmes de marché sont cruciaux pour les populations.
- Dans l'étape 5 (activités sur le terrain), les profils peuvent être utilisés pour rassembler et résumer des informations provenant des interviews réalisées auprès des ménages, de façon à vérifier ou rejeter les hypothèses précédentes.

- Dans l'étape 7 (analyse complète des besoins), la comparaison finale des profils de référence avec les profils en situation d'urgence offre un moyen pratique de présenter les conclusions relatives à l'impact de la crise sur la vie des gens.

L'encadré 0.17 montre un exemple de comparaison entre profils de référence et profil d'urgence pour un profil de dépenses affecté à un groupe de ménages ruraux. Face à la faiblesse de leur revenus et à la réduction catastrophique de la nourriture tirée de leurs propres jardins, ces ménages augmentent leurs achats de produits alimentaires et réduisent les achats d'intrants pour les cultures vivrières de la prochaine saison, ainsi que les frais médicaux et autres dépenses du ménage. Il est essentiel de prendre en compte le genre dans ces effets : qui fournit le revenu ou le travail ? Quelle consommation ou dépense est supprimée ?

Encadré 0.17 Comparaison des profils de dépenses « avant » et « après »				
Dépenses typiques des ménages	*Situation de départ*		*En situation d'urgence*	
Valeur des aliments consommés provenant des récoltes personnelles	$100	35%	$13	10%
Aliments achetés	$12	5%	$44	40%
Combustible (cuisson, chauffage, éclairage)	$27	10%	$21	20%
Autres articles de santé / médicaux	$18	5%	$2	0%
pour la maison	$31	10%	$2	0%
Les intrants agricoles / d'élevage	$54	20%	$10	10%
Voyage / Transport	$17	5%	$0	0%
Logement (loyer, entretien)	$26	10%	$22	20%
Total	*$285*	*100%*	*$114*	*100%*

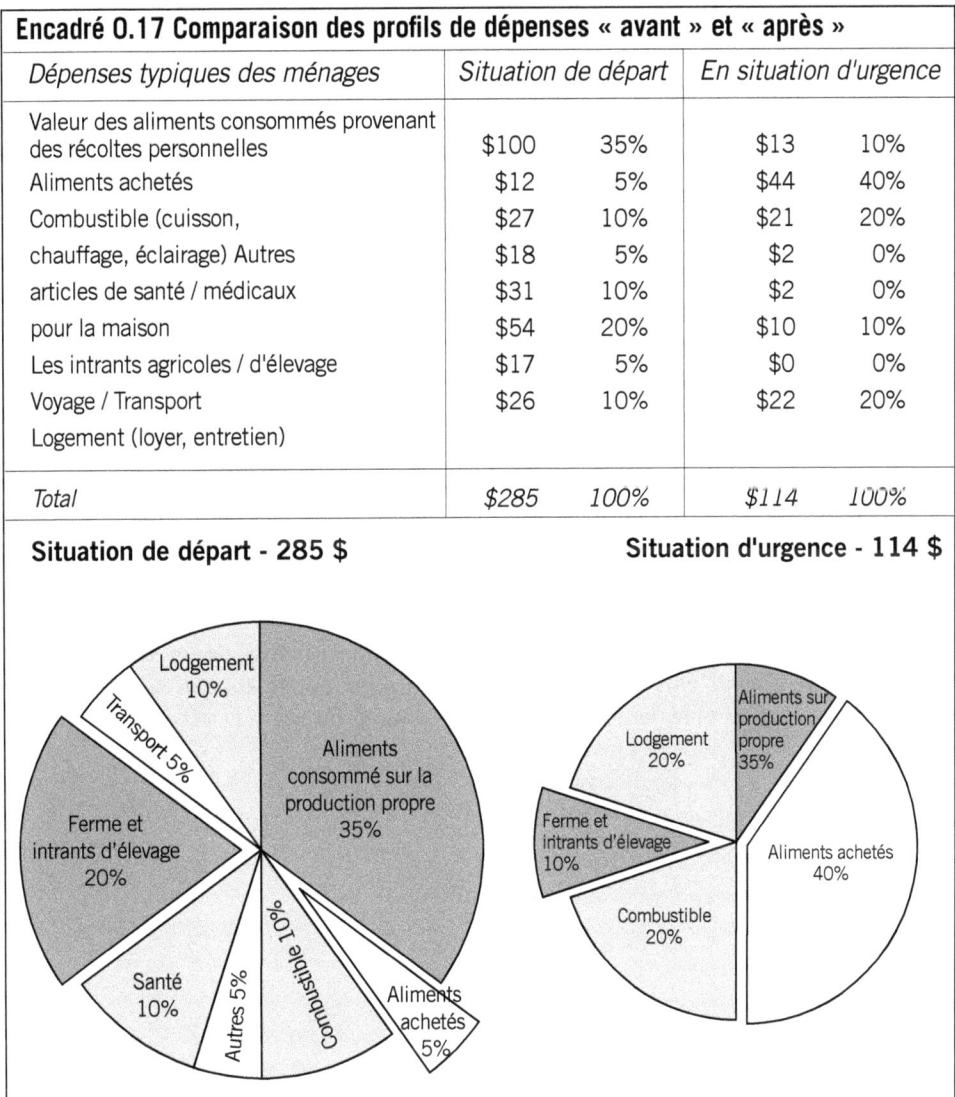

Profils des ménages et genre

Il est important que ces profils de ménages distinguent, dans la mesure du possible, les rôles respectifs et les responsabilités économiques des femmes et des hommes au sein des ménages. Ne présumez pas que leurs relations avec les marchés ou l'impact de la crise sont les mêmes. Là où il y a de fortes différences, il peut être nécessaire d'élaborer des profils distincts pour les hommes et pour les femmes, au lieu de traiter 'le ménage' comme une entité économique unique.

0.10 Calendriers saisonniers

Les calendriers saisonniers sont un moyen simple de recueillir et de présenter les informations sur la manière dont les régions géographiques, les systèmes de marché et la vie des gens varient au cours de l'année. Les utilisateurs d'EMMA peuvent être familiers avec cet outil depuis les Méthodes d'analyse économique des ménages. L'information sur les facteurs saisonniers est essentielle pour comprendre les facteurs suivants :

- comment les moyens de subsistance des femmes et des hommes, les sources de revenus et les dépenses nécessaires varient avec les saisons ;
- comment les prix des biens essentiels, et leur volume de production / d'échange, varient normalement au cours d'une année ;
- les changements vitaux dans l'environnement local - les conditions météo, les précipitations, les routes d'accès - qui sont susceptibles d'influer sur la faisabilité des différentes interventions d'urgence.

Les facteurs saisonniers sont évidemment forts dans les systèmes de marché agricoles. Nous trouvons de grandes variations saisonnières de la demande de main-d'œuvre ; des risques liés aux conditions météorologiques, tels que les ravageurs et les maladies, et la fourniture de produits après la récolte. Cependant, la saisonnalité n'est pas limitée aux moyens de subsistance en milieu rural : par exemple, le calendrier des travaux de reconstruction et d'emploi dans certains secteurs industriels et dans le tourisme sont souvent déterminés de manière saisonnière.

Les calendriers saisonniers sont utilisés dans les trois volets d'EMMA : les gens, les marchés, et l'intervention d'urgence. Dans tous les cas il est préférable que les calendriers partent de la date actuelle (septembre dans les exemples).

Calendrier pour la zone économique en situation d'urgence

Ce calendrier général pour une région peut aider à indiquer quels systèmes de marché sont susceptibles de s'avérer plus cruciaux pour la population à cette époque de l'année (voir encadré 0.18). Ceci est utile dans les étapes 1 et 2 (pour le ciblage et la sélection du système de marché).

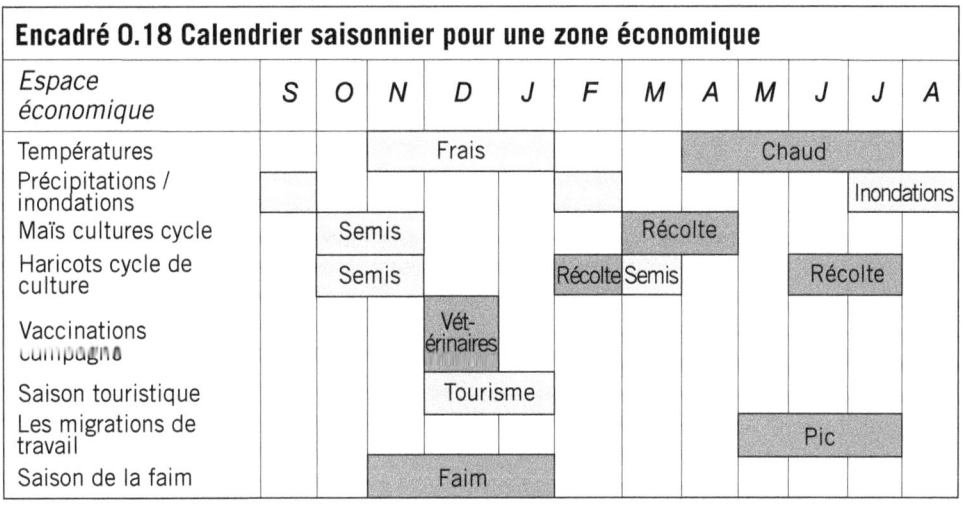

Encadré 0.18 Calendrier saisonnier pour une zone économique

Espace économique	S	O	N	D	J	F	M	A	M	J	J	A
Températures				Frais					Chaud			
Précipitations / inondations												Inondations
Maïs cultures cycle		Semis					Récolte					
Haricots cycle de culture		Semis				Récolte	Semis			Récolte		
Vaccinations campagne				Vétérinaires								
Saison touristique				Tourisme								
Les migrations de travail										Pic		
Saison de la faim			Faim									

Interprétation : Cet exemple illustre l'importance de la saison des semis qui approche pour les principales cultures de base dans cette région, et de la prochaine période de soudure, lorsque la sécurité alimentaire est une préoccupation.

Calendrier au niveau des ménages, pour le groupe cible

Ce type de calendrier, montré dans l'encadré 0.19, peut être utilisé pour rassembler et résumer les informations sur les facteurs saisonniers, recueillies à partir des interviews des ménages. Ceci permet d'identifier les activités prioritaires et les facteurs de risque. Cela est utile dans les étapes 5 et 7 (pour les activités de terrain et l'analyse des besoins).

Encadré 0.19 Calendrier saisonnier pour un groupe cible

Groupe cible	S	O	N	D	J	F	M	A	M	J	J	A
Niveaux de revenu			Faible				Élevé					
Remb. de prêt				$		$					$	
Vacances/festivités				$					$			
Période scolaire		Terme A							Terme B			
Disp. du fourrage									Faible			
Déplacement du bétail		Sol bas					Sol haut					
Emploi occasionnel	$						$					
Réalisation d'abris			Fabrication de briques					Chaume				

Interprétation : Cet exemple illustre les possibilités d'emploi occasionnel que les ménages utilisent habituellement en octobre / novembre, afin de se préparer à la période de soudure, lorsque les niveaux de revenus sont faibles.

Calendrier de système de marché

Le type de calendrier indiqué dans l'encadré 0.20 offre un moyen pratique de présenter les conclusions relatives aux facteurs saisonniers pour chaque système de marché crucial. Ceci est utile dans les étapes 3, 6, et 8 (pour l'analyse préliminaire, la cartographie du marché et l'analyse finale).

Encadré 0.20 Calendrier saisonnier pour un système de marché

Systèmes de marché (exemple des haricots)	S	O	N	D	J	F	M	A	M	J	J	A
Volume d'échanges			Faible	Faible	Faible	Élevé	Élevé		Faible	Faible	Élevé	Élevé
Prix sur le marché					Pic $			Faible $			Faible $	Faible $
Achat d'intrants			$					$				
État des routes	Inondations	Inondations										
Risque d'insectes ravageurs dans les cultures			Élevé	Élevé						Élevé	Élevé	

Interprétation : Cet exemple montre comment le volume des échanges (pour les haricots) doit normalement baisser au cours des mois d'octobre à décembre, conduisant à des prix plus élevés autour de la nouvelle année. Il illustre également l'importance, au cours de cette période, de la disponibilité des intrants pour les cultures de la prochaine saison.

0.11 Cartes de système de marché

EMMA a évolué autour du concept de base de 'système de marché'. Cela signifie que le réseau complexe de personnes, d'entreprises, de structures, de tendances, de normes et de règles déterminent la façon dont tout produit ou service est accessible, produit, échangé et mis à la disposition de différentes personnes.

L'outil de carte de marché EMMA est dérivé d'une approche participative au développement du marché en faveur des pauvres dans des contextes qui ne sont pas en situation d'urgence, conçue par l'ONG internationale Practical Action (Albu et Griffith, 2005). Cela met l'accent sur des méthodes simples et visuellement attrayantes de communication et de partage des connaissances sur les systèmes complexes, entre non-spécialistes.

Les cartes de marché sont un puissant moyen de :
- rassembler et représenter les informations des systèmes de marché ;
- faciliter la discussion, l'interprétation et l'analyse des données au sein de l'équipe EMMA ;
- communiquer à d'autres les résultats sur les systèmes de marché.

Ces méthodes sont utilisées dans le volet d'analyse du système de marché. EMMA commence par une ébauche sommaire, approximative de l'économie de marché à l'étape 3. Puis, progressivement, avec plus d'informations à partir des entretiens et des informateurs de l'étape 5, EMMA s'appuie sur ces cartes et les révise jusqu'à ce qu'une version finale "suffisamment bonne" soit réalisée lors de l'étape 6.

Il y a trois sections concernant la carte de marché - comme l'illustrent les exemples des encadrés 0.7 et 0.21.

1. *La chaîne de marché*
    La partie centrale de la carte montre la chaîne d'approvisionnement (également connue sous le nom de chaîne de valeur) des différents acteurs du marché qui achètent et vendent le produit, à mesure que celui-ci se déplace des producteurs primaires / fournisseurs aux consommateurs finaux / acheteurs. Ces acteurs incluent, par exemple les petits agriculteurs, les producteurs de plus grande envergure, les commerçants, transformateurs, transporteurs, grossistes, détaillants et les consommateurs bien sûr.

2. *Les infrastructures clés et services de soutien*
    En-dessous de la chaîne de marché, la carte montre les différents types d'infrastructures clés, les intrants et services qui sont fournis par d'autres entreprises de services, organisations et gouvernements. Ces acteurs et ces services sont ceux qui soutiennent le fonctionnement global et la performance du système de marché, même s'ils n'achètent ou ne vendent pas directement l'article.

3. *L'environnement de marché*
    Au-dessus de la chaîne de marché, la carte montre d'autres facteurs, qui influencent fortement la manière dont les producteurs, les négociants, les consommateurs et autres acteurs du marché opèrent dans la situation d'urgence. Ces facteurs comprennent les politiques officielles, les règlements et les règles ; les normes sociales informelles, – tels que le rôle assigné au genre, les pratiques officielles et commerciales, les tendances et l'actualité - y compris les modèles d'évolution des conflits sociaux et politiques et les tendances économiques et environnementales.

Les cartes de marché sont utilisées dans EMMA, en particulier pour illustrer les modifications (impacts) créés dans le système de marché par la situation d'urgence. Ceci est illustré par la deuxième carte du marché des haricots Haïtien dans l'encadré 0.21. Dans cet exemple, la carte de la situation affectée par l'urgence est utilisée pour mettre en lumière des aspects critiques et des zones partiellement ou totalement bouleversées en ce qui concerne les acteurs du marché, les liaisons ou les services dans le système de marché. Par exemple :

- l'obstruction des routes rurales et des ponts par les glissements de terrain à un impact sévère sur les commerçants du district ;
- les jardins de femmes productrices ont perdu leurs cultures, de sorte que les ménages deviennent dépendants d'achats d'aliments à un moment où ils devraient normalement vendre leurs surplus alimentaires aux marchands de leur village ;
- l'aide alimentaire atteint certains ménages ruraux sans terre, court-circuitant la chaîne d'approvisionnement normale.

Les cartes de marché peuvent aussi être utilisées (à l'étape 8) pour capturer et analyser les données d'un marché. Dans l'information de l'encadré 0.22, le nombre d'acteurs du marché et les volumes estimés totaux des échanges ont été superposés sur la carte du marché antérieure.

Ce type de cartographie de données peut révéler des goulets d'étranglement dans les chaînes d'approvisionnement ; la carte donne des indications à EMMA sur la capacité du système de marché à satisfaire les besoins prioritaires ; elle indique si un achat local est

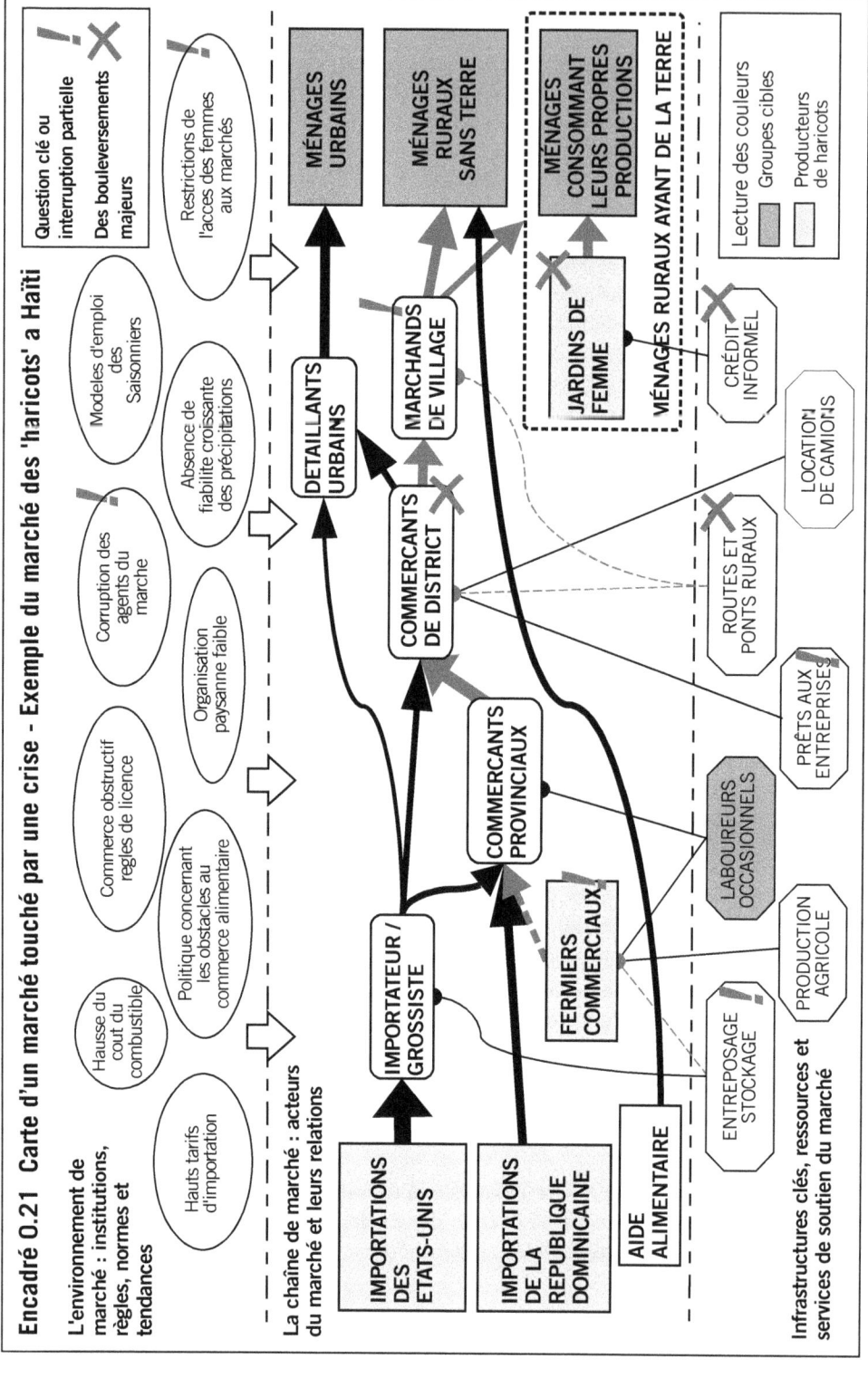

Encadré 0.21 Carte d'un marché touché par une crise - Exemple du marché des 'haricots' à Haïti

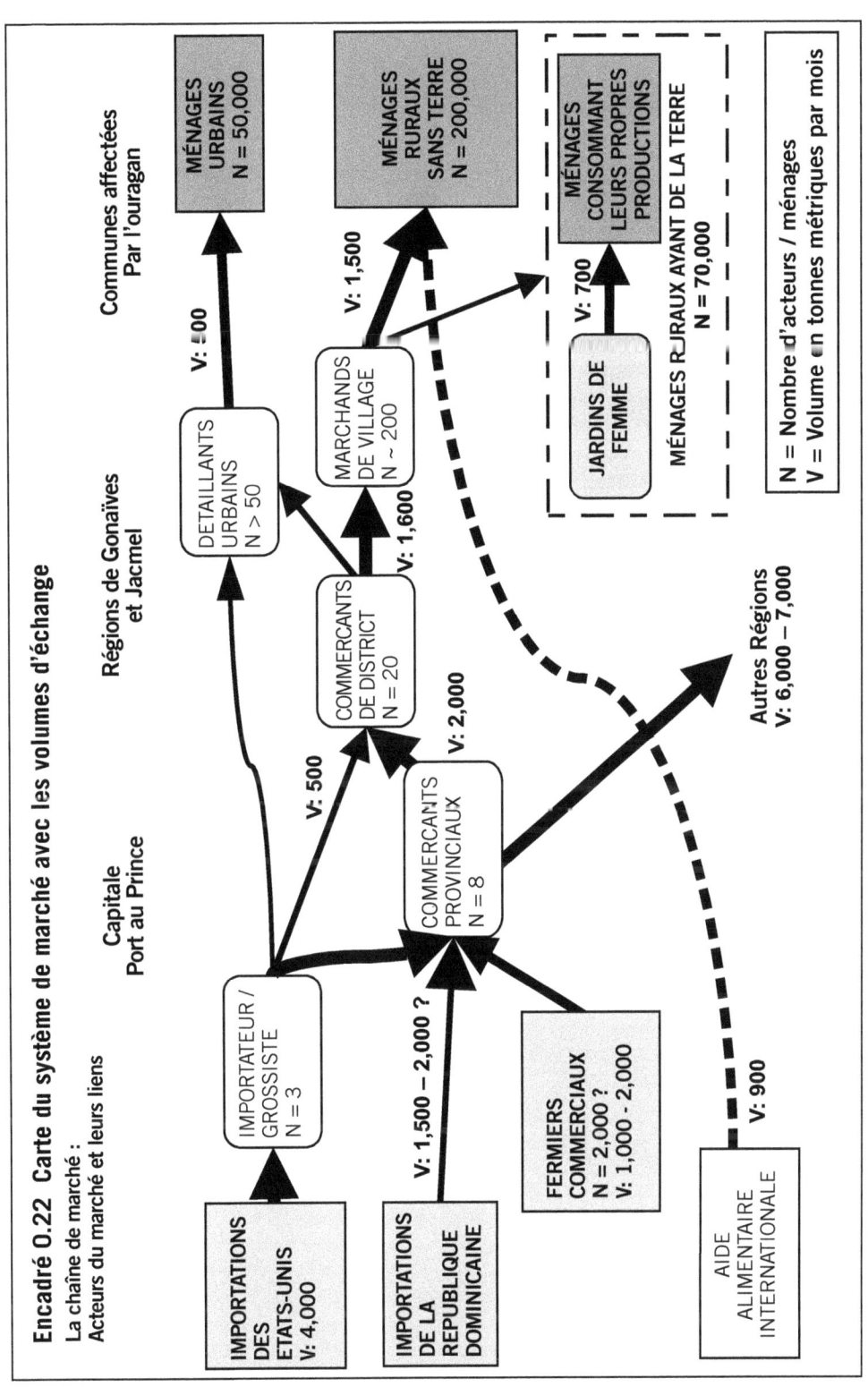

Encadré 0.22 Carte du système de marché avec les volumes d'échange
La chaîne de marché :
Acteurs du marché et leurs liens

possible ; ou même, elle fait apparaître d'autres opportunités de réponses d'urgence, non conventionnelles (voir étapes 8 et 9).

0.12 Cadre de réponse d'urgence

EMMA emploie deux formes de cadres de réponse :
- *Les options stratégiques de réponse* (Étape 9) pour résumer les renseignements sur la gamme complète des options de réponse plausibles, qui sont issues d'un travail sur le terrain et de l'analyse EMMA ;
- *Les cadres de recommandations de réponses* (Étape 10), afin de présenter aux décideurs responsables un petit nombre de recommandations concernant la réponse la plus réalisable.

Ces outils structurels sont utiles (comme les cadres logiques) pour systématiquement penser et justifier les recommandations ; mais également pour présenter les résultats de façon concise et logique durant le processus décisionnel d'EMMA.

Les illustrations des encadrés 0.23 et 0.24 sont pour partie extraites d'une étude EMMA relative au système de marché du bois de chauffage dans et autour de grands camps de déplacés internes au Pakistan.

Le premier cadre (encadré 0.23) fournit aux décideurs un résumé des constatations essentielles d'EMMA. Cela permet des explications claires sur les motivations des réponses recommandées. Celles-ci peuvent ensuite être présentées dans un deuxième tableau (encadré 0.24), qui résume les risques clés et les hypothèses de timing liées à chaque proposition.

Cela peut également être utilisé pour résumer l'effet probable d'EMMA sur les groupes cibles et les systèmes de marché et faire apparaître les indicateurs de changement à surveiller.

Encadré 0.23 Exemple de cadre des options de réponse

	Option de réponse	Faisabilité	Avantages	Inconvénients	Calendrier
1.	Distribution de fournitures restantes (confisquées) du département des Forêts	Faible	Impacts économiques et environnementaux immédiats. Utilisation des stocks existants / inutiles ; à court terme, ralentissement de la déforestation ; programme de distribution simple.	Nécessite des entrepôts, du personnel de distribution. Limite l'intégration avec le marché en ville et dans le camp. Le bois peut être vendu, car les gens s'adaptent en cherchant également du bois pour revendre le surplus. Obstacles juridiques dans le transport du bois à travers les frontières du district ? Besoin de déterminer le tarif du marché à l'achat et selon la quantité.	2-3 semaines
2.	Distribution impliquant les détaillants dans les camps et des bons	Moyenne	Injecter de l'argent dans l'économie de camp créant ainsi de nombreux bénéficiaires secondaires, cela créerait davantage de fournisseurs locaux.	Très peu de détaillants du camp ayant une capacité ; pas de stockage ou d'infrastructure dans les camps ; sujet à la fraude. Démarrage lent - avec le processus d'achat et d'identification des bénéficiaires.	2 mois pour la mise en œuvre
3.	Promotion de technique d'économie de combustible (efficacité)	Élevée	Compétences transférables, création d'épargne pour les femmes au niveau des ménages. Prise en compte de la protection de l'enfance. Bénéfique pour l'environnement. Stratégie de sortie claire. Facile à intégrer avec d'autres programmes, par exemple autocuiseurs	Nécessite des ressources importantes de développement communautaire / mobilisateurs. Nécessite beaucoup de formation et de matériels. Moment des femmes. Risqué car cela nécessite un changement de comportement sur une longue période. Difficile d'en suivre l'impact.	Les changements de comportement, plus ils sont longs, mieux c'est
4.	Remplissage des bonbonnes de gaz ; subordonné à la fréquentation scolaire	Élevée	Moins d'utilisation de bois de chauffage, gain de temps. Mesures incitatives pour la scolarisation des enfants. Réduit les questions de protection. Stratégie de sortie claire ; réduit les distributions.	Le gaz coûte deux fois le prix du bois de chauffage ; il présente des risques lorsqu'on l'utilise à l'intérieur des tentes ; les déplacés internes ne peuvent pas se permettre de remplissage sur leurs propres bonbonnes. Peut augmenter la dépendance à l'aide ; rend relie la fréquentation scolaire à la récompense, au lieu d'une valeur intrinsèque ; non durable.	Peut être lancé tôt
5.	Distribution en espèces	Faible	Injecter de l'argent dans l'économie camp. Effet positif sur les économies des ménages, mais aucun effet sur le marché du bois de chauffage ; donne des choix des ménages.	Potentiel d'inflation ; corruption ; aucune stratégie de sortie ; aucun moyen de s'assurer que l'argent est utilisé pour le bois de chauffage, les gens peuvent continuer à envoyer leurs enfants pour la collette du bois de chauffage au lieu de l'acheter.	Réponse rapide

Encadré 0.24 Exemple de matrice des recommandations de réponse

Les activités de réponse ou les combinaisons	Les risques et hypothèses clés	Questions de délai	Effet probable sur le système de marché et les groupes cibles	Indicateurs
Fourneaux économes en combustible et techniques de cuisson • Plaques de distribution • Techniques de cuisson • Sensibilisation à l'efficacité énergétique, au reboisement, aux questions de protection de l'enfance	Nous avons accès aux camps. Les femmes ont le temps, sont prêtes à apprendre et à utiliser correctement les fourneaux. Nous pouvons trouver du personnel qualifié.	1-2 mois pour avoir un impact	• Réduire les dépenses des ménages en bois de chauffage. • Accroître l'efficacité énergétique au niveau des ménages. • Des effets positifs sur l'environnement, petits - mais important -. • Amélioration de la protection (moins d'enfants à ramasser du bois).	Nombre de fourneaux distribués et utilisés par les déplacés internes. Comparaison de la consommation de combustible bois par rapport au nouveau carburant.
Du carburant pour la fréquentation scolaire • Combinaison de cartouches de gaz de recharge et des incitations à la fréquentation scolaire. • Sensibilisation à l'efficacité énergétique, au reboisement, aux questions de protection de l'enfance	Les déplacés internes sont prêtes à envoyer leurs enfants à l'école. Les déplacés internes pratiquent des techniques de cuisson sans danger.	2-3 semaines	• Réduction de la fraction du revenu des ménages consacrée au combustible. • La fréquentation scolaire ces élèves augmente.	% d'augmentation de la fréquentation complète. • Réduction de la fraction du revenu des ménages consacrée au combustible.

DEUXIÈME PARTIE
LE GUIDE PRATIQUE EMMA

ÉTAPE 1
Préparation indispensable

Les femmes, déplacées internes du camp de Thampattai, Sri Lanka, planifiant des activités après le tsunami

L'étape 1 couvre les activités essentielles qui sont nécessaires pour préparer une enquête EMMA. Ces activités peuvent commencer avant que les équipes EMMA n'arrivent dans la zone d'urgence et avant que les termes de référence de l'analyse n'aient été convenus. Cela comprend la préparation et des séances d'information dans le pays, tandis que les modalités pratiques pour le processus EMMA sont mises en place. Fondamentalement, cela implique d'identifier précisément la population cible, c'est-à-dire celle qui va recevoir de l'assistance ventilée en différents groupes, pour tenir compte autant que possible des différents besoins.

> **Avant le démarrage de l'étape 1, le leader EMMA doit**
> o   être familiarisé avec toutes les étapes du guide pratique EMMA.

1.1 Vue d'ensemble de l'étape 1

Objectifs
- Obtenir une compréhension initiale suffisamment bonne de la situation d'urgence générale.
- Organiser l'équipe EMMA, son espace de travail, la logistique et un soutien essentiel.
- Établir des termes de référence clairs pour l'exercice EMMA avec la direction
- Se mettre d'accord sur la population cible sont et où ils se trouvent.

Activités
Section 1.2 : Analyse du contexte (avant l'arrivée)
- Passer en revue les évaluations des moyens de subsistance d'avant la crise.
- Revue générale des analyses économiques, des informations sur la zone sinistrée.
- Passer en revue toute évaluation récente de l'impact des dommages.

Section 1.3 : Consultations avec les collègues (dans le pays ou dans la zone sinistrée)
- Révision des dernières évaluations des besoins d'urgence.
- Clarifier le mandat géographique et / ou sectoriel de l'agence.
- Clarifier le temps de réponse de l'agence.
- Mettre en place des séances d'information sur les considérations politiques et de sécurité.

Section 1.4 : Mise en place d'une base de travail EMMA
- Mettre en place l'espace de travail (réunions, formation, travail en groupe).
- Confirmer la composition de l'équipe EMMA, les rôles et responsabilités.
- Organiser la logistique sur le terrain, les déplacements et les plans d'hébergement.

Sections 1.5 et 1.6 : Population cible répartie en groupes
- Identifier ceux qui constituent la population cible.
- Dessiner un calendrier général saisonnier pour l'économie locale.
- Définir des groupes cibles distincts au sein de la population cible, y compris en fonction de la stratégie des moyens de subsistance, de la richesse ou du statut social, de la culture ou de l'origine ethnique et du genre.

Calendrier
Cette étape nécessite des consultations avec collègues et leur coopération, de même que celle des autres agences. Le temps nécessaire dépend de l'échelle de la zone sinistrée, du niveau de soutien administratif disponible dans la zone d'urgence et de l'urgence des délais de programmation. Les équipes EMMA qui sont familières avec les zones en situation d'urgence peuvent terminer les opérations de l'agence locale pour cette étape en deux jours à peine. Cependant, dans d'autres circonstances, ces activités peuvent facilement prendre plus de la première semaine de la mission EMMA.

Principaux résultats
- Termes de référence EMMA convenus avec la direction du pays (de préférence par écrit).
- Résumé des informations sur la population cible (voir les encadrés 1.5 et 1.8).

1.2 Analyse du contexte

L'analyse du contexte commence avant l'arrivée dans la zone d'urgence. Une journée ou deux sur Internet avant le départ peut être très enrichissant et peut fournir des éléments utiles à lire durant le voyage.

Les principaux objectifs de l'analyse du contexte sont ...

- de se familiariser avec les études d'impact ou l'évaluation des besoins, qui ont déjà été produites par les agences sur le terrain ;
- d'identifier toutes les analyses économiques et autres informations générales sur la région, y compris les cartes et les statistiques de base (par exemple sur la population, la sécurité alimentaire, culture, etc.) ;
- de localiser tout rapport existant décrivant les stratégies de vie 'normales' ou les calendriers saisonniers de la population en situation d'urgence, y compris les considérations culturelles ;
- d'établir des contacts utiles dans le pays, avec des informateurs clés potentiels.

Encadré 1.1 Sites Internet utiles pour des recherches contextuelles rapides

RELIEF-WEB : pour des nouvelles générales et des mises à jour sur la situation d'urgence (organisé par pays et secteurs), de nombreuses cartes, des rapports OCHA, des rapports de situation, grappe de rapports www.reliefweb.int

FEWS-NET : pour des informations sur la sécurité alimentaire, les descriptions des zones de moyens de subsistance et des profils de marché, les données sur les marchés et le commerce, la sécurité alimentaire, les cartes des flux commerciaux www.fews.net

MAP-ACTION : source des cartes et informations techniques, par exemple sur les flux commerciaux
www.mapaction.org

OCHA des Nations Unies : 'Qui fait quoi et où' - un répertoire de gestion des contacts http://3w.unocha.org

LOG-cluster : les informations logistiques pertinentes pour la conduite des opérations sur le terrain, les conditions routières et les temps de voyage, des cartes et des bases de données de fournisseurs (pour les contacts) www.logcluster.org

UNICEF : pour des aperçus généraux par pays, en particulier concernant l'eau et l'assainissement, le secteur de la santé, des articles essentiels pour les ménages. Met l'accent sur les besoins des enfants www.unicef.org

PAM : pour obtenir des renseignements sur les questions de sécurité alimentaire, recherche par pays, les rapports CFSVA (analyse complète de la sécurité alimentaire et des vulnérabilités) et CFSAM (mission de sécurité des semences et des aliments) www.wfp.org

HCR : généralement intéressant pour des informations sur les besoins en abris, en particulier des réfugiés et des mouvements de déplacés internes www.unhcr.org

OIM : Office international pour les migrations - les rapports relatifs au mouvement des personnes et aux besoins en logement
www.iom.org

FICR : des liens vers les organisations de la Croix-Rouge nationale (particulièrement utile après les catastrophes naturelles)
www.ifrc.org

> **Encadré 1.2 Sites Internet utiles pour des recherches détaillées**
>
> FAO et FAOSTAT : pour les rapports et les données sur la production alimentaire, la sécurité alimentaire, et des bilans
>
> www.fao.org / http://faostat.fao.org
>
> ACV du PAM : l'analyse des vulnérabilités et de la cartographie, des rapports détaillés sur l'insécurité alimentaire
>
> http://www.wfp.org/food-security
>
> Portail Microfinance : des profils de pays sur les institutions de microfinance et des services de crédit
>
> www.microfinancegateway.com
>
> Food Economy Group (groupe d'économie alimentaire) : ressource pour l'analyse de l'économie des ménages (HEA) et les rapports d'orientation
>
> www.feg-consulting.com
>
> Livelihoods Connect : des ressources pour une approche durable des moyens de subsistance, des rapports et des orientations
>
> www.eldis.org/go/topics/dossiers/livelihoods-connect
>
> SEEP-Network : intéressant pour les liens vers des sites spécifiques à chaque pays sur la microfinance, le développement des entreprises
>
> www.seepnetwork.org
>
> BDS-Knowledge : vaste bibliothèque de rapports sur le développement des entreprises, des analyses de marché
>
> www.bdsknowledge.org
>
> PNUD : pour des rapports plus détaillés sur les politiques de développement à long terme et les stratégies de subsistance
>
> www.undp.org
>
> LA CHAÎNE DE VALEUR DU DÉVELOPPEMENT WIKI : les bonnes pratiques dans le développement des chaînes de valeur http://apps.develebridge.net/amap/index.php/Value_Chain_Development
>
> MICRO-LINKS Développement de micro-entreprises dans des environnements touchés par un conflit ; site du projet et des ressources www.microlinks.org/ev_en.php?ID=19747_201&ID2=DO_TOPIC

1.3. Consultations avec les collègues

À leur arrivée au bureau du pays ou lors de la prise de contact avec le point rencontre d'urgence, les praticiens EMMA ont besoin d'établir des relations avec le personnel sur le terrain. Il est essentiel d'établir un mandat clair qui définisse la portée des travaux. L'équipe EMMA doit être informée de son rôle et de ses responsabilités.

Orientation EMMA pour les dirigeants (et les bailleurs)
EMMA constitue encore aujourd'hui une nouvelle approche. Il est important d'informer les dirigeants, et très probablement les bailleurs de fonds aussi, sur ce que le processus de EMMA vise à atteindre. Le chapitre d'introduction fournit les matériaux nécessaires à ces conversations.

Une bonne stratégie de discussion peut inclure ce qui suit :
- Les marchés peuvent offrir un moyen rapide, efficace, réhabilitant de répondre aux besoins prioritaires.
- La reprise des marchés est un aspect nécessaire de la réhabilitation des moyens de subsistance et de la sécurité alimentaire.
- Des réponses humanitaires inappropriées peuvent causer d'importants dommages ultérieurs à l'intégrité des moyens de subsistance
- Les femmes et les hommes utilisent les marchés de différentes façons et sont affectés différemment par la crise.
- Le « comportement » des acteurs du marché peut indiquer si les réponses fonctionnent comme prévu.
- Les crises dans les systèmes de marché peuvent également être des possibilités d'amélioration et de réforme.

Découvrez quels problèmes de gestion l'approche EMMA peut soulever.

Les décideurs ont-ils l'esprit ouvert à l'égard des interventions non conventionnelles ou indirectes ? Par exemple, les bailleurs emettent-ils des restrictions sur les types d'interventions humanitaires qu'ils financent ? Peut-on envisager d'appuyer les acteurs du marché, par une aide aux commerçants par exemple, dans le cas d'un système de marché crucial pour les populations ?

Comprendre le mandat de l'agence et ses capacités
Chaque agence humanitaire a ses propres spécificités, capacités et calendriers de planification. Cela permet de déterminer l'étendue de ses possibilités de réponse envisageables.
- Découvrez le mandat géographique que prend l'agence, le domaine qu'elle est susceptible de couvrir, les langues dans lesquelles elle travaille...
- Comprenez les spécialisations sectorielles de l'agence (abris, protection de l'enfance, genre, eau et assainissement, etc.), les domaines de compétences de l'agence et ses ressources (effectifs, véhicules).
- Confirmez le délai d'intervention prévu par l'agence. Les gestionnaires ont-ils besoin d'EMMA pour les aider à documenter les activités opérationnelles pour les prochains mois, trois mois, six mois, un an ou plus ?
- Obtenez des informations sur les opérations de l'agence avant la crise dans le pays, le cas échéant. L'agence a-t-elle des objectifs pour les travaux de développement à long terme, c'est-à-dire un intérêt dans un programme de transition ?

Information d'urgence pour l'équipe EMMA
Prendre des dispositions pour être informé par le personnel se trouvant en première ligne, les gestionnaires sur le terrain et les spécialistes du secteur (par exemple abris, eau et assainissement, sécurité alimentaire). Cela peut-être plus facile si c'est fait conjointement.

Découvrez les dernières informations sur les dommages. Procurez-vous de toute urgence l'évaluation des besoins. Reportez-vous à des forums web d'urgence ou à www.reliefweb.int pour les évaluations des agences de collègues.

- Découvrez ce qui à déjà été fait ou est prévu par diverses agences humanitaires. Par exemple : vérifier la matrice ONU OCHA « Qui fait quoi et où » sur le site http://3w.unocha.org
- Parlez au personnel de développement à long terme (interne ou externe, PNUD) qui connaît bien cette région spécifique.
- Rejoignez le cluster ou les réunions de coordination pertinents Considérez le responsable du cluster de groupes comme un informateur clé potentiel.

Encadré 1.3 Groupes sectoriels (clusters) des Nations Unies

Les groupes sectoriels (clusters) ou les réunions de coordination sont généralement des forums d''urgence visant à partager les informations et à éviter les doublons. Vous pouvez trouver des spécialistes au sein du groupe, susceptibles offrir de précieuses informations et des idées (des contacts, y compris pour les informateurs clés), ou disposés à participer à FMMA.

Les groupes sectoriels (clusters) peuvent également accorder une valeur aux conclusions des travaux réalisés directement avec EMMA. Après le cyclone Yamin au Pakistan en 2007, le kit abri recommandé pour 10 000 ménages déplacés incluait un tapis de sol qui aurait pu être approvisionné localement. Une analyse EMMA, explorant la capacité de production locale, aurait été précieuse pour le groupe chargé des abris.

Considérations politiques et considérations de sécurité

Les équipes EMMA doivent être sensibles à des considérations politiques, comme à celles relatives à la sécurité tant pour le travail de terrain EMMA que pour le choix des réponses recommandées par EMMA. Assurez-vous que vous êtes invité(e) aux séances d'information concernant la sécurité.

Dans les situations de conflit, en particulier, rappelez-vous des points suivants :

- Les systèmes de marché peuvent faire partie des causes profondes à l'origine des conflits ; en raison, par exemple, de la concurrence pour l'accès aux ressources.
- La réponse doit montrer une sensibilité particulière à cet égard : pour éviter, par exemple, les réponses qui aggravent les conflits, ou celles qui feraient penser que l'agence peut être partiale.
- Les groupes les plus vulnérables et affectés ne sont pas nécessairement les plus pauvres. Par exemple, pendant les troubles civils dans l'Ouest du Kenya en 2008, les ménages les plus touchés ont été ceux des petits exploitants, relativement aisés, ou appartenant à des chefs d'entreprises, ciblés pour des raisons ethniques et politiques.

  Pour en savoir plus sur l'analyse du marché et les conflits, consulter les documents dans le manuel de référence EMMA sur CD-ROM, y compris :

- ODI Réseau humanitaire de praticiens : La sécurité alimentaire et les moyens de subsistance, La programmation dans les conflits (Jaspars et Maxwell, 2009).
- Le Réseau SEEP : Développement des marchés dans des environnements touchés par la crise (Market Development Working Group - Groupe de développement du marché du travail, 2007)
- Bureau USAID de gestion de conflits et guide de résolution : « Moyens d'existence et *Conflit : Une boîte à outils d'intervention* » (CMM, 2005)

Construisez vos contacts
EMMA concerne les gens et les connaissances : savoir qui est qui.

Commencez à établir une liste de contacts avec les collègues, le personnel d'autres agences, les informateurs clés potentiels, les principaux responsables, les négociants principaux et les acteurs du marché.

Ne négligez pas les connaissances du personnel auxiliaire local. Chauffeurs, gardes, cuisiniers, nettoyeurs de bureau comprennent souvent très bien, à partir de leur expérience personnelle, l'impact d'une urgence sur les ménages ordinaires et les marchés locaux.

1.4. Établir une base de travail pour l'équipe EMMA

Espace de travail EMMA
Mettez en place le 'camp de base' EMMA : un espace où l'équipe EMMA pourra travailler, se rencontrer, se former et stocker des informations. Essayez d'en faire un lieu où la réflexion dans le calme est possible - assez tranquille pour permettre à l'équipe EMMA de penser, discuter et apprendre.

Idéalement, le camp de base EMMA aura
- une grande table et des chaises, et de l'espace mural pour les cartes et tableaux à feuilles mobiles
- un téléphone pour organiser des rencontres, un ordinateur et un accès Internet.

Confirmez la composition de l'équipe EMMA, les rôles et responsabilités.
La taille d'une équipe EMMA dépendra de l'ampleur de l'urgence (nombre d'emplacements), de la nécessité des résultats et des ressources disponibles. L'expérience acquise à ce jour suggère qu'EMMA fonctionne mieux lorsque deux personnes couvrent chaque système de marché sélectionné (à l'étape 2) dans un district ou un lieu. Dans la plupart des contextes, il est essentiel d'avoir à la fois des femmes et des hommes dans l'équipe, d'un point de vue pratique mais aussi pour répondre aux distinctions nécessaires entre hommes et femmes, lorsqu'on interroge les ménages, par exemple.

Pour les grands processus EMMA en équipe dans lesquels un praticien expérimenté EMMA dirige une équipe de chercheurs/d'évaluateurs au niveau local (voir la section 0.7), il sera généralement nécessaire de former les collègues longtemps à l'avance sur les concepts et les méthodes d'EMMA et de les orienter (voir l'étape 3).

Même dans un processus EMMA simple à une seule personne, certains aspects du travail de terrain (étape 5), notamment la collecte d'informations pour l'analyse des besoins, peuvent bénéficier de la cooptation d'autres personnes de terrain. Il s'agira, par exemple, de mener des entretiens avec des ménages cibles. Les membres de l'équipe peuvent également avoir besoin d'orientation pour les méthodes d'entretien.

Les orientations de formation pour ces scénarios sont prévues dans le Guide pratique EMMA sur CD-ROM.

Planification sur le terrain : Voyage, hébergement, logistique

Commencez à planifier le travail sur le terrain dès que possible. Parlez des conditions routières et des temps de voyage à des logisticiens, des administrateurs et des conducteurs (voir www.logcluster org), ou vérifiez les informations d'urgence mise à jour sur le site www.reliefweb.int.

- Prévoyez les logements et les véhicules.
- Réservez des salles de réunion ou des espaces pour la préparation, la formation et le travail d'analyse.
- Organisez des réunions de consultations avec des collègues et avec le personnel d'autres agences - à la fois avant et après la phase de terrain.
- Découvrez quels sont les jours de marché importants durant la semaine, dans cette région.

1.5. Ciblage de la population

Confirmer la population cible

Dès que possible, les équipes doivent confirmer EMMA qui sont la population cible.

Encadré 1.4 Population cible définie

Dans EMMA, la « population cible » signifie la masse de gens qui, finalement, bénéficient de l'intervention d'urgence. Ce ne sont pas nécessairement les personnes qui sont directement impliqués dans l'action de l'agence.

Par exemple, après un cyclone, les jeunes sont employés sur la base d'une rémunération pour du travail afin de nettoyer les débris des fossés d'irrigation. Ils sont directement impliqués, mais les bénéficiaires ultimes, et donc la « population cible » sont un grand nombre de petits agriculteurs, de travailleurs agricoles et leurs familles, dont la sécurité alimentaire doit être restaurée.

Comment y parvenir

Parlez à des collègues et examiner les évaluations des besoins en situation d'urgence. Ce sera en grande partie une décision de gestion, basée sur l'évaluation des besoins en situation d'urgence. Cela reflétera également le mandat géographique ou sectoriel de l'agence. Les informations clés qui définissent la population cible comprennent les éléments suivants :

- La population estimée : combien de personnes sont touchées et / ou ont besoin d'assistance ?
- Leur localisation - zone géographique approximative la plus exposée, distance approximative (ou temps de déplacement) depuis les grands centres commerciaux ou les ports. Une carte est utile à ce stade.
- Les caractéristiques qui désignent des ménages en particulier comme une cible prioritaire pour l'agence : qui sont ceux qui ont le plus besoin d'aide ou sont les plus exposés ?

Encadré 1.5 Exemples de population cible

Cible	Nombres	Emplacements	Centre d'intérêt de l'agence
Ménages ruraux touchés par les inondations	70 000 ménages	Zone du delta du Sud-ouest (environ 1 500 km 2), 6 à 8 heures du port national	Petits exploitants et les familles sans terre
Victimes du séisme	120 000 ménages	50 villages / villes dans les 30 km de l'épicentre du tremblement de terre au Khanit	Des familles ayant des membres âgés et des enfants vulnérables
Des familles de déplacés internes	30 000 ménages	Quatre camps de déplacés internes dans la vallée Shalinha, à trois heures de la capitale de la province	Toutes les déplacés internes des camps

Information de base concernant les moyens de subsistance

L'utilisation d'une approche des moyens d'existence en situation d'urgence dans les évaluations est de plus en plus commune (Young et al. 2001). EMMA requiert, au strict minimum, des informations essentielles sur les stratégies de subsistance de la population cible. À mesure qu'elles acquièrent une compréhension des détails, les équipes EMMA vont répartir la population cible dans des groupes distincts, en fonction de la différenciation des besoins. (Section 1.6).

Les réponses aux questions préliminaires suivantes doivent permettre de préparer le terrain avant de commencer :

- Quelles étaient les principales sources d'emploi, de revenus ou d'autres activités de subsistance importantes ?
- De quels types de terres ou d'autres ressources naturelles dépendait / dépend la population ?
- Quelles sont les tendances saisonnières dans la vie et les activités clés à ce moment de l'année ?
- Existait-il des risques importants pour les moyens de subsistance des gens, qui existaient avant la crise actuelle ?
- Quelles sont les stratégies d'adaptation typiques adoptées par les ménages touchés après le choc ?

Comment y parvenir

Pour des indications détaillées sur les concepts et les moyens de subsistance, voir le manuel de référence EMMA sur CD-ROM.

EMMA tient pour acquis que l'on n'a généralement pas, à ce stade, le temps de sonder directement la population cible. Par conséquent, vous devez vous fonder sur des rapports secondaires et les connaissances générales de vos collègues. Les hypothèses de base pourront être vérifiées ultérieurement sur le terrain, au cours d'une analyse des besoins (étape 5).

- Examinez les rapports d'évaluation des besoins / dommages en situation d'urgence pour y trouver des pistes.
- Recherchez des moyens d'existence dans les rapports d'évaluation provenant des programmes de développement à long terme.

1.6 Désagrégation des groupes cibles

Ne supposez pas que tous les ménages affectés ont des besoins, des opportunités et des vulnérabilités similaires. Autant que possible, il convient de prendre en compte les différentes expériences, les capacités, et les besoins des femmes et des hommes, comme les différences entre groupes sociaux, ethniques ou d'âge. Le choix des systèmes de marché cruciaux pour la population, les résultats de l'analyse des besoins, et donc les recommandations de réponse définitive, peuvent varier d'un groupe à l'autre.

Il y a souvent des différences considérables entre ce que les femmes et les hommes attendent des marchés et la façon dont ils accèdent aux systèmes marchands et les utilisent. Le guide de l'ASC pour l'intégration de l'égalité de genre dans l'action humanitaire comprend une section utile sur le genre et les moyens de subsistance en cas d'urgence (Inter-Agency Standing Committee, 2006, pp 83–88). C'est egalement le cas pour des groupes d'âge différents et parfois pour des groupes culturels ou ethniques distincts. Les équipes EMMA doivent décider quels critères (encadré 1.6) utiliser pour composer les groupes cibles de façon pragmatique, en tenant compte du mandat de l'agence.

Encadré 1.6 Critères de sélection des différents groupes cibles

Stratégies de subsistance
Quelles sont les catégories socioéconomiques de la population les plus utiles ? Différents groupes peuvent avoir des sources de revenus, des moyens de gagner leur vie et de s'engager à l'égard des marchés très différentes les unes des autres, y compris dans un même lieu ; par exemple des agriculteurs, des pêcheurs, des travailleurs occasionnels.

Richesse relative
Les différences relatives de richesse, de statut social et de patrimoine sont souvent des facteurs importants pour déterminer la manière dont les ménages vont être touchés par des situations d'urgence ; et cela crée une grande différence dans la façon dont les ménages accèdent aux systèmes de marché et les utilisent.

Genre
Les rôles liés au genre et la culture influencent la manière dont les femmes et les hommes accèdent aux marchés et les utilisent. Il en va de même d'autres facteurs, tels que la terre, les ressources naturelles et d'autres actifs. Les cultures vivrières sont souvent de la responsabilité des femmes, tandis que les hommes contrôlent l'utilisation des cultures de rente. Ces facteurs influent sur la vulnérabilité à la crise et les stratégies que les gens utilisent pour faire face aux catastrophes.

Exclusion sociale, culturelle, ethnique ou liée à l'âge
Les divisions culturelles, sociales, ethniques ou liées à l'âge influencent toutes la façon dont les personnes accèdent aux marchés et les utilisent. Ces facteurs sont particulièrement importants à considérer lorsqu'ils ont joué un rôle dans le déclenchement de la situation d'urgence (par exemple dans les situations de conflit).

Nombre de groupes cibles
Rappelez-vous que les besoins de chaque groupe devront être étudiés séparément, ce qui augmentera le temps de travail sur le terrain et ajoutera de la complexité à l'analyse EMMA. Chaque groupe cible nécessite impérativement une enquête sur les ménages distincte, au cours de l'étape 5. Dans la pratique, les équipes EMMA peuvent généralement se permettre de ne distinguer que deux ou trois groupes cibles différents.

Les résultats sommaires, ventilant la population cible, doivent correspondre à l'encadré 1.7 ci-après.

Encadré 1.7 Groupes cibles - exemples		
Groupe cible	*Ménages*	*Emplacements etc.*
Fermiers déplacés dans des camps	7 000	Jamila (3 000) ; Matran (4 000)
Travailleurs occasionnels (secteur de la pêche)	3 000	Dans 14 villages autour de Ghela
Ménages comptant des personnes particulièrement vulnérables et dirigés par des femmes	500	Distribués dans toute la zone
Population cible totale	10 500	

Comment y parvenir
Les agences tendent à avoir des priorités spécifiques, qui influencent la façon dont elles définissent les groupes cibles. Certaines agences se concentrent sur les groupes de production, certaines sur les types de ménages, sur les différences d'âge ou les différences entre les genres certaines sur un fondement géographique ou sur des distinctions ethniques.

C'est une excellente idée d'adopter des catégories familières aux collègues. Ainsi :
- les différences de stratégies de subsistance (sources de revenus) avant la crise ;
- les différences de richesse relative au sein de la communauté au sens large ;
- les différences concernant l'implantation ou la situation actuelle,
- ou encore les différences liées à d'autres facteurs de vulnérabilité, notamment ethniques ou de genre.

Les informations sur les caractéristiques et les besoins de la population cible sont souvent fragmentaires à ce stade. Toutefois, EMMA suppose que vous n'aurez généralement ni le temps ni les ressources pour mener une enquête détaillée sur la population cible. Par conséquent, les équipes EMMA doivent décider, de façon pragmatique, quel niveau de regroupement serait possible et aurait une valeur opérationnelle pour ces personnes dans leur situation.

> **Encadré 1.8 Calendrier saisonnier de la population cible**
>
> À ce stade précoce d'EMMA, avant de sélectionner les marchés cruciaux, il est utile d'ébaucher un calendrier saisonnier pour les groupes cibles et leur zone économique locale. Ce calendrier sera utilisé lors de l'étape 2. Rappelez-vous que les femmes et les hommes ont souvent des rôles et des responsabilités saisonnières très différents.
>
> Les calendriers saisonniers peuvent être découverts lors des recherches contextuelles (section 1.2). La FAO est une bonne source, en particulier pour les calendriers culturaux. Prêtez attention également aux analyses économiques des ménages (HEA). FEWS NET publie aussi des calendriers.
>
> Sinon, un calendrier saisonnier 'suffisamment bon' peut être réalisé à partir de brèves discussions avec des collègues et du personnel local, qui comprennent l'économie locale et ce que sont les moyens de subsistance des gens.

Il n'est pas nécessaire d'entrer dans les détails à ce stade : une brève explication du comment et du pourquoi des groupes sera élaborée séparément. Ainsi qu'il est expliqué dans l'encadré 1.8, vous devez vous fonder sur les rapports secondaires et les connaissances générales des collègues ou des informateurs clés dans d'autres agences. Les hypothèses décisives pourront être vérifiées sur le terrain plus tard, au cours de l'analyse des besoins (étape 5).

> *Liste de contrôle pour l'étape 1*
>
> o   Faites les recherches contextuelles, en utilisant des sites Web et des rapports secondaires.
>
> o   A votre arrivée, assistez aux briefings de sécurité. Organisez la logistique et le soutien administratif. Établissez des contacts.
>
> o   Assistez à une réunion d'orientation avec la direction du programme pays. Acceptez les termes de référence.
>
> o   Examinez les évaluations des besoins d'urgence et les rapports concernant les dommages.
>
> o   Confirmez les détails relatifs à la population cible et identifiez les groupes cibles importants ou les caractéristiques qui divisent la population cible.
>
> o   Établissez une base de camp EMMA ; organisez l'équipe EMMA.
>
> o   Commencez les arrangements logistiques (véhicules, hébergement) pour le travail de terrain.
>
> o   Obtenez des séances d'information de la part des gestionnaires de terrain et des spécialistes du secteur.
>
> o   Mettez en place les futures réunions avec les informateurs clés, les bailleurs et les autres agences - par exemple des clusters de groupes.

ÉTAPE 2
La sélection du marché

Chargement d'un camion sur un marché, en Haïti

L'étape 2 consiste à choisir les systèmes de marché spécifiques constituant les plus grandes priorités d'enquête pour EMMA, d'un point de vue humanitaire. Bien que les différents marchés (par exemple, les marchés du riz et des engrais) soient souvent interdépendants, chaque produit ou service commercialisé a son propre système de marché. Pour des raisons pratiques, EMMA analyse, autant que possible, chaque système de marché crucial séparément. Dans la mesure où le temps, l'information et les ressources sont limités pour EMMA, une sélection rigoureuse est indispensable. Cette sélection s'appuie sur différents critères opérationnels et humanitaires.

> ### Avant le démarrage de l'étape 1, le leader EMMA doit
> o être parvenu à une compréhension générale 'suffisamment bonne' de la situation d'urgence ;
> o avoir organisé l'équipe EMMA, un espace de travail et l'appui nécessaire ;
> o avoir accepté des termes de référence clairs pour l'exercice EMMA en accord avec l'équipe dirigeante
> o avoir déterminé qui est la population cible (les bénéficiaires finaux) et où elle se trouve.

2.1 Vue d'ensemble de l'étape 2

Objectifs
- Sélectionner les systèmes *de marché cruciaux pour la population*, qui feront l'objet de l'enquête EMMA.
- Esquisser les *questions analytiques clés* auxquelles il faudra répondre pour chacun de ces systèmes.

Activités
Sections 2.2 et 2.3 : Sélectionner les systèmes de marché cruciaux
- Examiner les besoins prioritaires des différents groupes de population cible : par exemple la nourriture, les articles ménagers essentiels, les abris.
- Envisager les autres besoins liés aux moyens de subsistance, aux biens et aux revenus.
- Sélectionner les systèmes de marché cruciaux pour EMMA.

Section 2.4 : Identifier les aspects clés de l'analyse
- Consulter les collègues les membres des clusters de groupes, les informateurs clés.
- Identifier les aspects clés de l'analyse pour chaque système de marché sélectionné.

Principaux résultats
- La sélection finale / liste courte des systèmes de marché cruciaux à étudier par EMMA
- Une justification claire de la sélection
- Liste des questions clés à analyser pour chacun des systèmes de marché.

Encadré 2.1 Systèmes de marché cruciaux pour la population' et « aspects clés de l'analyse »

Systèmes de marché cruciaux pour la population
Dans une situation d'urgence, les systèmes de marché 'cruciaux' sont ceux qui ont joué, jouent ou pourraient jouer un rôle majeur pour assurer la survie et / ou protéger les moyens de subsistance de la population cible.

Aspects clés de l'analyse
Les systèmes du marché sont généralement choisis parce que le personnel de l'agence a des idées ou des attentes spécifiques relatives à la valeur opérationnelle qui sera ajoutée par EMMA. Les « aspects clés de l'analyse » constituent la trame de ces idées et aident ainsi les équipes à les garder à l'esprit tout au long du processus EMMA.

2.2 Options de brainstorming pour la sélection du marché

Une fois que la population cible est relativement bien définie (voir section 1.6), doit avoir lieu la sélection des systèmes de marché qui feront l'objet de l'enquête EMMA. Toute culture, article non alimentaire ou service, a son propre système de marché. Cela signifie qu'il est nécessaire de décider de manière pragmatique quels sont les systèmes de marché les plus cruciaux pour l'enquête EMMA, qu'il s'agisse de produits, de cultures ou d'articles de première nécessité.

Cela ne saurait être une décision parfaite, car il est très peu probable que vous ayez toutes les informations que vous souhaitez. La sélection est mieux faite en deux étapes :
1. *Brainstorming* : élargir les idées pour générer beaucoup d'options.
2. *Filtrage* : réduire les options, en utilisant des critères de faisabilité, de calendrier, de cohérence par rapport au mandat de l'agence, de sécurité.

La première tâche consiste à dresser une longue liste des candidats afin de les inclure comme systèmes de marché cruciaux pour la population. Cette liste doit refléter les besoins prioritaires de la population cible, de ses activités d'avant la crise économique et de ses options actuelles pour restaurer les revenus et la sécurité alimentaire.

Le travail de brainstorming est plus efficace si les équipes EMMA peuvent sortir des sentiers battus de l'humanitaire conventionnel. Les trois catégories de système de marché dans l'encadré 2.2 sont utiles à la réflexion.

Encadré 2.2 Trois catégories de systèmes de marché « cruciaux »		
Pour assurer la survie	*Pour protéger et promouvoir les moyens de subsistance*	
(Offre) des systèmes de marché qui fournissent de la nourriture, des articles ménagers essentiels ou des services répondant à des besoins vitaux	(Offre) des systèmes de marché qui fournissent des outils essentiels, remplacent des biens, fournissent des intrants agricoles ou des services essentiels	(Revenu) des systèmes du marché qui fournissent des emplois, créent une demande pour du travail salarié ou fournissent des acheteurs pour les produits des 'groupes cibles'
Exemples : Denrées de consommation courante, vêtements et des couvertures, abris, articles ménagers de première nécessité, savon, seaux, literie, tentes, carburant ou du bois	*Exemples :* Outils agricoles, engrais, fourrage, semences, pompes, services vétérinaires, services de crédit, filets de pêche, bateaux, services de transport	*Exemples :* cultures de rente, bétail, produits de la pêche et de la forêt, travail agricole et occasionnel, activités de reconstruction, autres industries créatrices d'emplois

Ne présumez pas que les systèmes de marché cruciaux doivent être principalement ceux qui se rapportent aux besoins vitaux.

Les systèmes de marché qui fournissent des moyens de production et des intrants peuvent être de bons candidats pour EMMA. Tel est aussi les cas des systèmes de marché qui fournissent une source directe de revenus : vente de récoltes ou de bétail sur le marché, ou restauration de l'accès à un emploi rémunéré, sont souvent des priorités majeures pour les populations touchées.

Encadré 2.3 EMMA va au-delà besoins vitaux
Après le cyclone Nargis au Myanmar en 2008, de nombreux ménages de riziculteurs dans le delta de l'Ayeyarwady ont déclaré que l'obtention de semences et d'outils en temps voulu pour planter leur prochaine récolte était un besoin plus urgent que la reconstruction de leurs maisons (voir par exemple les normes d'abri de Sphère).

Où commencent et où se terminent les systèmes de marché ?

Il est parfois difficile de définir les limites d'un système de marché pour l'analyser. Tous les systèmes du marché interagissent les uns avec les autres : par exemple, les marchés des céréales constituant les aliments de base interagissent avec les marchés du travail, des engrais et des transports. Cela peut ainsi être dépourvu de sens d'analyser, de façon indépendante, des systèmes de marché qui fournissent, en fait, aux autres systèmes de marché des services clés, des biens de substitution ou des services complémentaires.

Le temps et les ressources étant limités, il est essentiel de décider rapidement et de façon pragmatique où tracer une limite dans le système : en prenant en compte autant de facteurs pertinents que possible, mais en maintenant toujours l'analyse dans des limites possible à gérer. Par exemple, si vous pensez que les services de transport sont essentiels uniquement pour leur rôle dans le commerce de sorgho, il serait judicieux de considérer le transport comme un service de soutien au sein du système de marché du sorgho. Ainsi, si les services de transport jouent de nombreux rôles primordiaux pour les moyens de subsistance des gens, cela pourrait valoir la peine d'analyser les services de transport comme un système de marché en lui-même.

Besoins distincts des différents groupes cibles

Il est essentiel que la liste des systèmes de marché prenne en compte les besoins distincts des différents groupes cibles, tels qu'ils ont été identifiés au sein de la population dans la section 1.6.

Encadré 2.4 Sélectionner des marchés cruciaux et identifier des besoins sont deux activités distinctes

Il y a une différence entre l'identification des 'besoins' et la sélection des 'systèmes de marché', en particulier lorsqu'il s'agit d'activités économiques. Considérez ce qui suit, par exemple.

- *Communauté côtière pauvre vivant de la pêche pour le marché touristique hôtelier local* : si le problème principal de cette communauté est la perte des bateaux et des filets, alors EMMA doit se concentrer sur la compréhension du système de marché pour les intrants de pêche. Cependant, ces pêcheurs n'ont pas d'acheteurs pour leurs prises et EMMA doit alors examiner l'ensemble du système de marché du poisson, depuis les pêcheurs jusqu'aux consommateurs dans les hôtels ou en ville.
- *Ménages sans terre dépendant principalement de travaux agricoles saisonniers* : si les principaux employeurs de ces ménages sans terre sont les producteurs de blé locaux à grande échelle, qui sont orientés vers l'exportation, EMMA peut alors avoir pour première priorité le système de marché national du blé.

Comment y parvenir

- Regardez les dernières évaluations des besoins à brève échéance et des besoins d'urgence, de même que les mises à jour de sécurité.
- Examinez les études antérieures sur les moyens de subsistance des populations et l'économie locale (réf. Étape 1), c'est à dire ce qui est déjà connu sur les sources de nourriture et de revenus pour les différents groupes cibles.
- Entretenez-vous aussi largement que possible avec des collègues locaux qui ont déjà visité la zone sinistrée ou qui connaissent bien la population.
  Même sans recherches contextuelles, il est souvent possible d'obtenir une 'assez bonne'

image des stratégies de subsistance des groupes cibles en parlant au personnel local, par exemple aux coordinateurs de projets. Ne négligez pas les chauffeurs, les secrétaires et le personnel de nettoyage, qui peut très bien connaître le mode de vie des gens.

Les résultats du 'brainstorming' pourraient ressembler au contenu de l'encadré 2.5.

Encadré 2.5 Liste étendue d'options de système de marché (à titre d'exemple)		
Concernant les besoins de survie	Concernant les besoins subsistance	Concernant les sources de revenus
Groupe cible A (les ménages ruraux ayant de petites exploitations)		
• Maïs (aliment de base) • Haricots (aliment de base) • Bâches en plastique (toiture)	• Intrants agricoles (semences et engrais)	• Haricots secs (vente de l'excédent de la production personnelle de haricots) • Secteur de la pêche (salaire pour un travail occasionnel)
Groupe cible B (ménages sans terre et déplacés internes)		
• Maïs (aliment de base) • Haricots (aliment de base) • Couvertures	• Services de transport en ville (pour des travaux occasionnels saisonniers)	Secteur de la pêche (salaire pour un travail occasionnel) • Services financiers (fonds reçus de parents)

Encadré 2.6 Sélectionner des marchés de revenus alternatifs pour les réfugiés

Dans certaines situations de crise - en particulier celles impliquant des réfugiés et des déplacés internes les gens ont besoin de trouver des sources totalement nouvelles de revenus alternatifs, afin de remplacer des moyens de subsistance devenus impossibles : par exemple, le cas un ménage d'agriculteurs privé d'accès à la terre.

Dans ces circonstances, EMMA ne peut pas utiliser les stratégies de revenu antérieures comme un guide pour le choix des systèmes de marché à étudier. La sélection nécessite en revanche une compréhension plus approfondie de l'économie locale : il s'agit de permettre à de nouvelles sources de revenus et d'emploi d'exister. EMMA doit prendre en compte les considérations de politique locale et la relation de la population cible avec la communauté d'accueil.

La sélection des systèmes de marché dans ces situations est beaucoup plus complexe et requiert plus de temps et de soins que le processus sommaire décrit dans cette section. Les entreprises, les employeurs, les ONG locales, les institutions de microfinance et d'autres informateurs clés doivent être consultés. Voir le manuel de référence EMMA sur CD-ROM pour plus de suggestions.

2.3 Sélectionner les systèmes de marché cruciaux

La tâche suivante d'EMMA consiste à réduire la longue liste des candidats EMMA en une liste plus raisonnable à gérer.

Dans certaines situations d'urgence, il y aura déjà un fort consensus à ce sujet, fondé sur l'évaluation des besoins d'urgence ou tout simplement sur la réaction instinctive des gens confrontés à la crise. Toutefois, il convient d'effectuer la sélection de façon systématique, en utilisant des critères clairs, comme le montre l'encadré 2.7, par exemple.

Encadré 2.7 Critères de sélection des systèmes de marché

- Quels systèmes de marché sont *les plus importants ou urgents* pour protéger la vie et les moyens de subsistance des femmes et des hommes ?
- Qu'est-ce qu'envisagent de faire *les agences gouvernementales* ou autres grandes agences ?
- Quels systèmes du marché ont *été les plus touchés par la crise* ?
- Quels systèmes de marché correspondent bien au mandat sectoriel de l'agence et à ses compétences ?
- Quelles sont les questions essentielles en termes *de délai de réponse et de saisonnalité*?
- Quels systèmes de marché semblent appropriés à la mise en œuvre des *options de réponse*?

Rappelez-vous que les décisions d'intervention se prendront avec ou sans EMMA. EMMA a vocation à influencer ces décisions. Pour ce faire, vous devrez communiquer et démontrer clairement les raisons, fondées sur l'expérience, qui sous-tendent les options de réponses proposées.

Critère 1 : Systèmes de marché les plus significatifs ou pertinents en situation d'urgence

Certains systèmes de marché sont plus importants que d'autres pour la survie des femmes et des hommes ou pour leurs moyens de subsistance. Il devrait être possible d'éliminer certains systèmes candidat à EMMA simplement parce qu'ils répondent à des besoins non urgents, par exemple le remplacement des actifs, qui peut attendre une phase de relance ultérieure ; ou encore parce qu'ils n'ont qu'une importance marginale, ayant été, par exemple, une source de revenus négligeable avant l'urgence.

Lorsqu'EMMA a déjà un aperçu des revenus des ménages cibles et de leurs profils de dépenses (voir section 0.9), cela peut permettre d'identifier les sources de revenuset de dépenses. N'oubliez pas de prendre en compte les différences de genre : qui participe aux revenus et aux dépenses ? S'il existe, par exemple, des raisons de prioriser les activités économiques des femmes, cela devra figurer dans l'évaluation.

Critère 2 : Systèmes de marché les plus touchés
Parfois, les systèmes de marché sont relativement peu affectés par une situation d'urgence. La sélection EMMA peut ignorer des systèmes de marché, même importants, s'il y a de bons indices qu'ils fonctionnent encore, c'est-à-dire que le commerce se poursuit et que les besoins de la population cible sont satisfaits.

Critère 3 : Mandat et compétences de l'agence / des bailleurs
Il ne sert à rien de conduire EMMA pour un système de marché si l'on sait à l'avance que les recommandations découlant de l'analyse ont peu de chances d'être mises en œuvre.
- De nombreuses agences ont des mandats préétablis : par exemple, mettre l'accent sur les besoins des enfants, des femmes, ou des personnes âgées. Aussi, chacun a son domaine de compétence spécifique, mettant l'accent sur un secteur particulier d'urgence : la sécurité alimentaire, les abris, les moyens de subsistance, l'eau et l'assainissement, etc.
- Les bailleurs ont souvent leurs propres préférences pour le genre de réponses qu'ils souhaitent financer.
- Les gouvernements peuvent avoir des raisons politiques pour encourager ou décourager certains types de réponses.

De tels facteurs doivent être inclus de manière pragmatique et ouverte comme critères dans le choix des systèmes de marché. Les besoins, les activités économiques et les responsabilités des groupes vulnérables (femmes, personnes âgées, minorités) doivent aussi avoir un poids approprié dans l'évaluation.

Critère 4 : Saisonnalité et calendrier
Les facteurs saisonniers peuvent jouer un rôle majeur en aidant à sélectionner les systèmes de marché essentiels.
- L'importance pour les populations des nombreux systèmes de marché (surtout agricoles)
- varie selon la période de l'annee.
- Certaines interventions d'urgence sont plus ou moins réalisables, selon la saison. Le calendrier saisonnier général que vous avez élaboré à la section 1.6 met ces questions en lumière.

> **Encadré 2.8 Les facteurs saisonniers dans la sélection - quelques exemples**
>
> Après le cyclone Nargis au Myanmar en 2008, de nombreux agriculteurs étaient préoccupés par la plantation des cultures de riz de la saison suivante. Afin de décider s'il leur fallait analyser les marchés des semences de riz et des outils agricoles, il leur était essentiel de savoir si oui ou non les 'échéances' agricoles pourraient être respectées.
>
> Aussi, après le cyclone Nargis, la reconstruction de l'habitat a-t-elle été un besoin prioritaire évident. Toutefois, les matériaux de toiture durable (principalement le chaume) n'étaient disponibles que pendant deux saisons de l'année et cela a dicté le moment où la réponse d'urgence pouvait se produire.
>
> Après le tsunami en Asie en 2004, certaine agences se sont précipitées dans des programmes Argent contre travail (cash for work) sans se rendre compte que le calendrier de réponse était en conflit avec la saison des semis pour les cultures annuelles. Cela a inutilement rallongé la durée 'insécurité alimentaire.
>
> Après les troubles civils au Kenya en 2008, de nombreuses agences se sont concentrées sur des programmes d'hébergement pour les déplacés internes. Cependant, de nombreuses déplacés internes étaient plus préoccupées d'obtenir des semences et des engrais de remplacement et de pouvoir les utiliser avant que la saison des pluies n'ait commencé.

Critère 5 : Les plans des agences gouvernementales et humanitaires

Les activités existantes ou prévues par les agences gouvernementales ou humanitaires sont des facteurs clés à considérer. Les programmes à grande échelle, les distributions de vivres prévues, par exemple, peuvent avoir un impact majeur, soit directement sur les besoins auxquels sont confrontés les groupes cibles (voir étape 7) et / ou indirectement par le biais de leur impact sur les systèmes de marché en cause (étape 8).

Si les programmes des autres agences semblent être des facteurs importants dans l'analyse EMMA, il est pertinent de les consulter et, si possible de les impliquer dans le processus de sélection EMMA.

Même lorsque les besoins de la population cible sont déjà satisfaits par des actions humanitaires (par exemple grâce à des distributions alimentaires), il peut toujours être utile d'analyser ce système de marché. EMMA peut contribuer à l'analyse de quand et comment un programme existant peut être supprimé.

Critère 6 : Faisabilité de la réponse d'urgence

Même à ce stade préliminaire, les participants EMMA à la sélection du système de marché ont parfois déjà des idées bien arrêtées sur le genre de réponse d'urgence qui sera en fait possible, ou non.

Les situations de conflit sont particulièrement sensibles. Ces « aperçus » préliminaires d'EMMA peuvent, en particulier, être alimentés par des problématiques de sécurité ou par la politique du gouvernement

Il est important d'inclure ces perspectives dans le processus de sélection du système de marché, pour la même raison que pour le critère 3 : Il ne sert à rien de conduire EMMA dans un système de marché si l'on sait à l'avance que les recommandations découlant de l'analyse ont de faibles probabilités d'être mises en œuvre.

Comment y parvenir

Si le temps est limité, les discussions informelles au sein de l'équipe EMMA, éclairées par un dialogue avec l'équipe dirigeante, les collègues et surtout le personnel ayant des connaissances locales, peuvent être suffisantes.
- Si le temps le permet, d'autres agences et des informateurs clés peuvent être invités à participer au processus de sélection, de façon plus approfondie et plus formelle.
- Appuyez-vous sur toutes les informations disponibles à partir des recherches de base, y compris les évaluations rapides, les évaluations des moyens de subsistance et les enquêtes auprès des ménages ayant un revenu, les rapports sur les mouvements de population, les mises à jour de sécurité, les rapports gouvernementaux et le calendrier saisonnier.

Exercices de classement

Les exercices de classement peuvent parfois aider à la prise de décision. Ils peuvent aussi aider à expliquer et à résumer, pour l'équipe dirigeante ou un public extérieur, la logique du choix des systèmes de marché par l'équipe EMMA.

Dans l'exemple de l'encadré 2.9, chacun des systèmes de marché « candidats » reçoit des étoiles pour exprimer jusqu'à quel point il répond à chaque critère. N'oubliez pas, cependant, que ces critères ne sont pas objectifs, ni d'égale importance : in fine, les équipes EMMA doivent utiliser leur bon sens.

Encadré 2.9 Exercice de classement (exemple)					
Option de système de marché :		A	B	C	D
1.	Concerne un besoin important ou urgent	**	**	*	***
2.	Système de marché affecté par l'urgence	*	**	***	**
3.	Bien adapté au mandat de l'agence	**	*	-	***
4.	Les facteurs saisonniers, le calendrier sont OK	-	***	**	*
5.	Cohérent par rapport aux plans du gouvernement ou des bailleurs de fonds	***	*	*	**
6.	Les options de réponse paraissent être réalistes	**	***	*	**
TOTAL		10	12	8	13

Consultez les collègues, les membres des groupes sectoriels (clusters)
Consultez l'équipe dirigeante, les collègues et les autres agences humanitaires pour la sélection finale des systèmes de marché cruciaux, des objectifs spécifiques ou des questions (voir section 2.4) en relation avec chacun des choix.

Il est utile de noter (et de partager) la motivation ou la justification de ces choix, en mettant en évidence les critères utilisés ou ceux qui ont le plus pesé dans le processus de décision.

Les équipes EMMA doivent faire part de leurs décisions provisoires aux autres agences et aux informateurs clés et elles doivent expliquer la raison d'être de chacune des sélections. Les réunions avec les groupes sectoriels (clusters) des Nations Unies sont sans doute appropriées à ce type de partage d'information.

Dans une situation non urgente, la sélection du marché doit normalement être un processus participatif. Il est très peu probable, cependant, que cela soit réalisable dans la plupart des contextes dans lesquels EMMA est utilisée. Cependant, les équipes EMMA doivent saisir toutes les occasions qui peuvent se présenter à elles pour créer un processus simple de consultation avec la population cible bénéficiaires.

2.4 Déterminer les aspects clés de l'analyse
À partir de maintenant, vous aurez …
- identifié une liste synthétique des systèmes de marché cruciaux à étudier par EMMA ;
- commencé à vous implanter dans le réseau de réponse d'urgence (par exemple en recevant les mises à jour des groupes sectoriels (clusters) et des groupes de coordination) ;
- précisé et communiqué à votre équipe le mandat de votre agence et la portée des réponses probables ;
- commencé à développer quelques idées de réponses possibles.

Comme les exemples dans l'introduction l'illustrent, EMMA peut être utile de différentes manières pour :
- comparer les avantages et les inconvénients des réponses en espèces ou en nature, sous l'angle du bon sens ;
- explorer la complémentarité possible des actions de soutien au système de marché ;
- mettre en évidence les risques de provoquer des dommages (surtout à long terme).
  Dans la mesure où le processus de sélection a été effectué méthodiquement, il doit être possible d'identifier des raisons précises et concrètes pour appliquer EMMA dans chaque système de marché sélectionné. Ces raisons peuvent généralement être exprimées comme des « aspects clés de l'analyse » auxquels EMMA a vocation à répondre, voir les exemples de l'encadré 2.10

Encadré 2.10 Aspects clés de l'analyse (exemples)	
Système de marché	*Aspects clés de l'analyse*
Système de marché du bois, Haïti, 2008	Quelle est la capacité du système de marché du bois à fournir des matériaux de construction-reconstruction à la population cible ? Quelle forme de soutien pour l'accès au bois est-elle préférable : les dons en espèces, les distributions des organisations humanitaires, ou une autre méthode ? Pourquoi ?
Système de marché des haricots, Haïti, 2008	Comment le groupe cible des agriculteurs accède-t-il aux marchés pour vendre les haricots ayant été touchés par les ouragans ? Quelle est la disponibilité en haricots pour répondre aux besoins de consommation de la population cible de la zone touchée ? Quand l'aide alimentaire existante devrait-elle être arrêtée, et comment ?
Système de marché des filets de pêche, Myanmar, 2008	Quelles sont les principales contraintes qui affectent la redistribution de filets de pêche pour les pêcheurs de subsistance (groupe cible) dans le delta ? Quelle forme d'aide aux ménages de pêcheurs est-elle la plus nécessaire ? Y a-t-il des interventions évidentes dans la chaîne d'approvisionnement des filets de pêche qui pourraient accélérer le rétablissement de ce système ?

Ces questions sont d'une importance vitale, car elles fournissent les éléments suivants :
- une explication facilement accessible des objectifs EMMA pour les équipes dirigeantes ;
- un moyen d'expliquer EMMA à des collègues, aux informateurs clés et aux personnes interrogées ;
- un point focal pour les efforts de l'équipe EMMA pendant le travail de terrain.
  Cependant, n'oubliez pas qu'EMMA est un processus itératif. Les questions clés ne sont pas figées à ce stade : elles changeront très probablement ou seront ajoutées à l'étape 3 en cours, puis à nouveau à l'étape 5.

L'élevage et les semences en cas d'urgence

L'orientation globale a été publiée récemment. Il s'agit de se concentrer spécifiquement sur la protection des moyens de subsistance par rapport aux deux systèmes de marché souvent choisis : le bétail et les semences. Ces ressources décrivent les principaux enjeux et aspects de l'analyse qui vont nourrir l'enquête EMMA dans ces marchés.

Les programmes d'urgence pour les semences constituent un secteur potentiellement complexe d'intervention, puisque les systèmes de réplications de semences, propres aux agriculteurs eux-mêmes, se croisent avec ceux des fournisseurs du marché. Cela aggrave, de fait, les préoccupations concernant la sélection des variétés de semences appropriées et la nécessité de protéger la biodiversité. Voir le guide CIAT pour l'évaluation de la sécurité des systèmes de semences, inclus dans le matériel du guide pratique EMMA (Sperling, 2008).

Des conseils étendus sur la programmation de l'élevage ont récemment été publiés par Sphere, dans « Livestock Emergency Guidelines and Standards » (LEGS) à. Un bref mais néanmoins bénéfique examen de cet outil est inclus dans le matériel du manuel de référence EMMA (Watson et Catley, 2008).

Liste de contrôle pour l'étape 2

o   Brassez largement les idées sur les options des systèmes de marché à étudier.

o   Acceptez les critères pour sélectionner les systèmes de marché les plus cruciaux.

o   Affinez la sélection finale des systèmes de marché cruciaux.

o   Identifiez les aspects clés de l'analyse pour chaque système de marché sélectionné

ÉTAPE 3
Analyse préliminaire

Épluchage de maïs dans l'arrière cour, au Pérou. Cette zone est sujette aux inondations et aux glissements de terrain, car la rivière à proximité peut changer son cours quand il pleut beaucoup.

A partir de ce stade, chaque système de marché crucial sélectionné pour l'enquête EMMA est cartographié et analysé séparément. L'étape 3 prévoit une première ébauche de description et de croquis du système de marché, tel qu'il était avant la crise et tel qu'il se présente maintenant. Ces premières itérations vous encourageront à définir plus clairement les questions clés de l'analyse, auxquelles EMMA a vocation à répondre. Vous commencerez également à réfléchir aux informateurs susceptibles de fournir les informations nécessaires. Le système de marché est important en situation d'urgence

> **Avant le démarrage de l'étape 3, le leader EMMA aura**
> o confirmé auprès de l'agence les « termes de référence » de l'enquête EMMA ;
> o identifié la population cible (et les groupes qui la constituent), de même que leurs besoins fondamentaux prioritaires ;
> o décidé quels systèmes de marché doivent faire l'objet de l'enquête EMMA ;
> o rédigé les premières versions des questions clés de l'analyse.

3.1 Vue d'ensemble de l'étape 3

Objectifs
- Dessiner les cartes préliminaires du système de marché de référence et des situations affectées par l'urgence.
- Reconsidérer et précisez les questions clés de l'analyse, rédigées à l'étape 2.
- Identifier les informateurs clés et les acteurs du marché les plus intéressants afin de commencer à leur parler.

Activités
Section 3.2 : Démarrer la cartographie
- Familiarisez les équipes EMMA sur le terrain avec la boîte à outils, les concepts et les résultats attendus.

Sections 3.3 à 3.5 : Cartographie préliminaire des systèmes de marché
- Réalisez la cartographie initiale de référence, et celle en situation d'urgence.
- Élaborez un tableau des différents composants du système de marché.

Sections 3.6 à 3.8 : Utilisation de la carte du marché pour comprendre le système
- Enrichissez et mettez à jour la carte du système de marché avec plus d'informations.
- Comparez la situation de référence et les situations affectées par l'urgence.
- Définissez un calendrier saisonnier initial pour le système de marché.
- Mettez à jour les questions clés de l'analyse

Principaux résultats
- Cartes préliminaires de marché, de référence et en situation d'urgence
- Calendrier saisonnier préliminaire du système de marché
- Révision des questions clés de l'analyse
- Contacts et pistes vers des informateurs clés.

3.2 Démarrer avec la cartographie du marché

Le concept de « système de marché »
La notion de « système de marché » est fondamentale dans EMMA. Elle signifie plus qu'un simple marché ou une chaîne d'approvisionnement. C'est une façon de penser la trame d'ensemble des différents acteurs, des structures et des règles définissant la manière dont les biens sont produits, échangés et accessibles à différentes personnes.

Comme c'est expliqué dans la section 2.2, EMMA applique le concept de système de marché, de façon indépendante, à des biens spécifiques, des cultures, des articles non alimentaires ou à des services. Ainsi, par exemple, EMMA peut examiner séparément les systèmes de marché du sorgho, des vêtements ou des services de transport.

De façon décisive dans EMMA, les groupes cibles sont parties intégrantes des systèmes de marché. Dans presque toutes les situations, les ménages ordinaires utilisent les marchés pour acquérir de la nourriture, des articles et des services et pour vendre leurs produits et leur travail. Les formes non monétaires d'échange (par exemple des services réciproques) peuvent également être incluses dans l'approche du système de marché. Afin d'analyser la capacité des systèmes de marché à jouer un rôle dans la réponse humanitaire, il est essentiel de comprendre comment cibler l'accès des groupes aux marchés et l'utilisation qu'ils en font.

Considérons, par exemple, le système de marché d'un aliment de base comme le riz. Ce système comprend les commerçants, les détaillants, et les meuniers qui font le commerce du riz. Il comprend également les agriculteurs et les ouvriers agricoles qui produisent du riz et, bien sûr, les fournisseurs de semences et d'intrants. Il peut inclure les fonctionnaires du gouvernement qui contrôlent l'industrie du riz. Enfin, le système comprend les consommateurs de riz.

Cartes de système de marché

La cartographie du système de marché est l'outil central d'EMMA. Il est dérivé d'une approche participative du développement du marché, conçue par l'ONG internationale Practical Action (Albu et Griffith, 2005). Il met l'accent sur des méthodes simples et visuellement attrayantes de communication et de partage des connaissances sur des systèmes complexes, par des non-spécialistes. Au final, son objectif est de constituer rapidement une esquisse globale d'un système de marché dans son ensemble. Les cartes de marché peuvent ensuite être utilisées aux fins suivantes :

- rassembler et représenter les informations sur les systèmes de marché ;
- faciliter les comparaisons entre situation avant l'urgence (de référence) et situations affectées par la crise ;
- faciliter la discussion, l'interprétation et l'analyse des données au sein de l'équipe EMMA ;
- communiquer les résultats sur les systèmes de marché à d'autres.

Dans la pratique, le processus de cartographie est un processus itératif : il fonctionne de façon incrémentale.

Vous commencez par faire une cartographie préliminaire (une ébauche) de chacun des systèmes de marché jugés cruciaux et sélectionnés à l'étape 2. Cela sera d'abord basé simplement sur les connaissances, même sommaires, que l'équipe peut immédiatement rassembler. Vous devez ensuite vous attendre à dessiner et redessiner vos cartes à plusieurs reprises, au cours du processus EMMA, de sorte que votre schéma d'abord approximatif devienne progressivement plus détaillé, à mesure que vous accumulez des informations sur le système.

> **Encadré 3.1 Initiation pour les équipes EMMA inexpérimentées**
>
> Si vous dirigez un processus d'évaluation d'urgence avec une équipe de terrain qui n'a pas d'expérience antérieure du processus EMMA, l'une de vos premières tâches sera d'introduire les concepts et les outils EMMA. Les activités de cartographie préliminaires décrites dans ce chapitre sont un moyen pratique et attrayant d'expliquer les concepts EMMA et d'introduire les principaux outils d'analyse de marché décrits dans le chapitre introductif.
>
> Un aperçu d'une formation de courte durée dans le pays ou d'un cours d'initiation pour les équipes de terrain EMMA est inclus dans le guide pratique EMMA sur CD-ROM. Celui-ci couvre :
> - les résultats d'EMMA - quel résultats le processus vise t-il à atteindre ;
> - les concepts/ la logique EMMA – ce qu'est un système de marché et pourquoi est-ce si important ;
> - une vue d'ensemble des dix étapes du processus EMMA ;
> - la cartographie du marché - un outil pour visualiser et analyser les systèmes de marché ;
> - la préparation et la pratique du travail de terrain, afin de développer et de tester le programme de travail sur le terrain.

Établissement d'un système de référence

Un trait essentiel du processus EMMA est la comparaison entre la situation de référence et les situations affectées par l'urgence. Dans une situation d'urgence soudaine, la situation de référence se réfère à la situation d'avant la crise. Cette comparaison est à la fois une description de la « situation normale avant » et la meilleure estimation possible des conditions auxquelles les agences peuvent raisonnablement espérer parvenir, lorsque le système de marché se remet à fonctionner en temps opportun.

Comme vous le verrez au cours de l'étape 8, les données de référence seront utilisées comme un guide pour les capacités et les limites inhérentes aux acteurs du système de marché : il peut nous dire ce que nous pouvons raisonnablement attendre du système. Le fait que les agences s'appuient sur des acteurs du marché pour jouer leur rôle dans la réponse humanitaire est un point fondamental.

Il est donc important que toute donnée de référence fournisse une comparaison pertinente en termes de période (saison) et de lieu (géographie), pour permettre l'évaluation correcte la situation d'urgence.

- *Variations saisonnières* : la situation de référence doit décrire le système de marché tel qu'il a été pendant la même période de l'année (ou dans les mêmes conditions saisonnières) que la situation d'urgence pour laquelle une réponse est prévue.

  Si les réponses doivent être mises en œuvre pendant la saison sèche, la situation de référence doit décrire une situation 'normale' lors de la saison sèche, plutôt que le système de marché tel qu'il était pendant la saison des ouragans qui ont immédiatement précédé, et qui ont précipité la situation d'urgence.

- *Géographiquement* : la situation de référence doit décrire le système de marché à l'endroit où l'intervention d'urgence est prévue.

  Si la population cible a été déplacée (c'est-à-dire en tant que réfugiés et déplacés internes), la situation de référence la plus pertinente sera généralement le système de marché qui existaient avant la crise, *dans leur nouvel emplacement*.

Parfois, il est difficile de définir un niveau de référence, parce que les articles ou les biens essentiels n'ont pas fait l'objet antérieurement de beaucoup d'échanges dans l'économie locale (par exemple des matériaux de construction spécialisés). Même lorsque l'activité antérieure du marché était négligeable antérieurement, il est généralement possible de retracer les liens commerciaux vers certains producteurs ou acheteurs au niveau national et de décrire l'infrastructure et les services correspondants.

Cartographie préliminaire

La première étape de la cartographie d'un système de marché est tout simplement de commencer à le dessiner. N'attendez pas jusqu'à ce que vous pensiez que vous savez tout ce que vous voulez savoir. Si vous avez beaucoup de chance, les recherches de base (étape 1) peuvent avoir révélé l'existence d'études de marché localisées (décrivant la zone d'urgence), disponibles auprès des bureaux du gouvernement du district ou auprès des ONG locales. Parfois, les organismes gouvernementaux, la Banque mondiale ou les ONG peuvent avoir effectué des analyses sous-sectorielles, de marchés spécifiques, qui vous donneront un bon aperçu de la situation de départ. Cela étant, les connaissances générales des membres de l'équipe EMMA et des collègues consultés durant le processus de sélection du marché (étape 2) sont toujours suffisantes pour démarrer.

Par exemple, l'encadré 3.2 montre une première tentative de description du système de marché de référence pour les filets de pêche dans la zone du delta de l'Ayeyarwady au Myanmar. Cela a été tiré au sort avant que le travail de terrain n'ait commencé. Il y avait de nombreuses erreurs mais dessiner la carte a aidé l'équipe de terrain d'EMMA à déterminer les aspects sur lesquels elle devait se concentrer quand elle commencerait les entretiens.

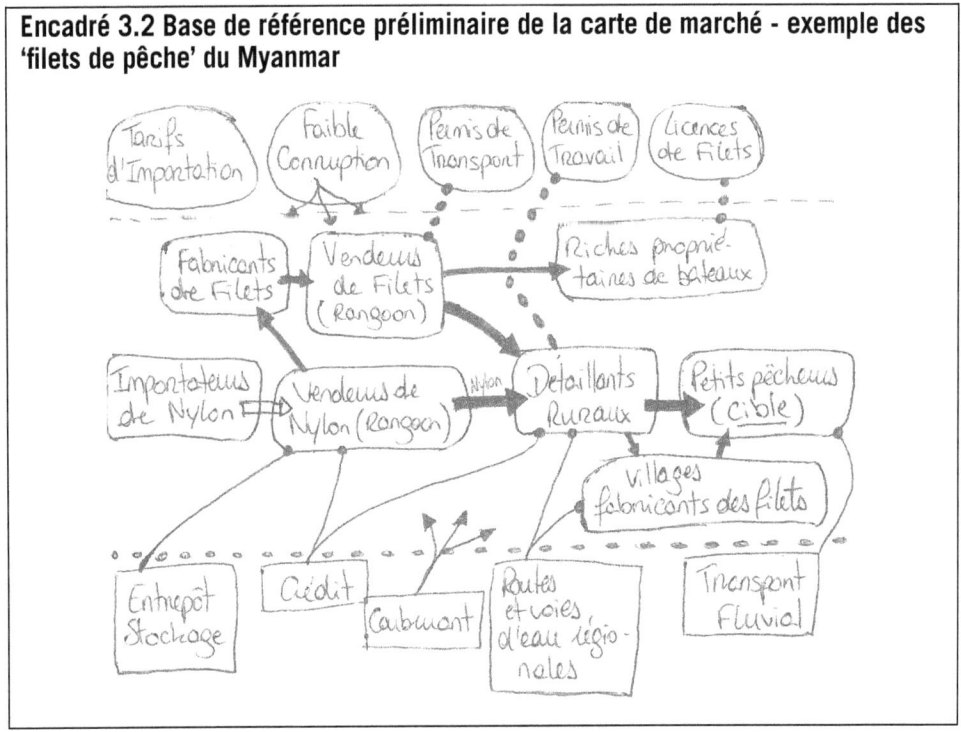

Encadré 3.2 Base de référence préliminaire de la carte de marché - exemple des 'filets de pêche' du Myanmar

Logiquement, il est préférable de commencer par cartographier la situation de référence. Cependant, ce n'est pas une règle stricte : vous pouvez également commencer par la situation d'urgence, si cela paraît plus naturel à l'équipe.

3.3 Cartographier la chaîne de marché

L'élément central de toute carte système de marché est une « chaîne » des différents acteurs du marché, qui échangent, achètent et vendent des biens se déplacent alors du producteur primaire au consommateur final. Ces acteurs du marché sont, par exemple, les petits agriculteurs, les producteurs plus importants, les commerçants, transformateurs, transporteurs, grossistes, détaillants et les consommateurs bien sûr.

- Dans les systèmes de marché basés sur l'offre, cette séquence est parfois appelée chaîne d'approvisionnement.
- Dans les systèmes du marché basés sur le revenu, la chaîne d'acteurs est souvent appelée une chaîne de valeur.

La première tâche de la cartographie est d'identifier les entreprises impliquées dans la chaîne principale du système de marché crucial. Ensuite, il faut travailler sur les liens existants entre eux : qui vend à qui, et comment. Voir l'encadré 3.3 pour un cas. N'oubliez pas d'inclure les groupes cibles sur la carte, que ce soit comme producteurs primaires, ouvriers, ou consommateurs.

Encadré 3.3 Esquisse préliminaire des chaînes de marché

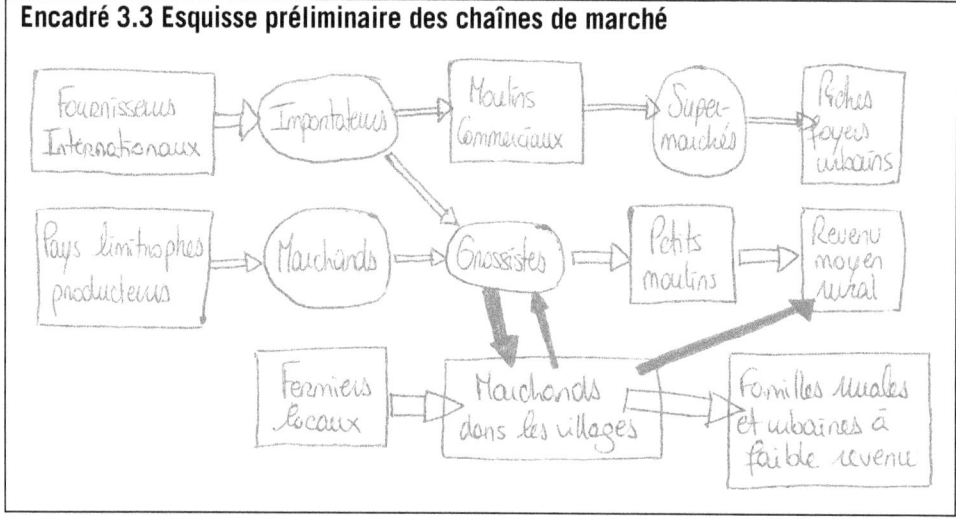

Différentes chaînes de marché en un seul système

Dans certains systèmes de marché, vous pouvez identifier plusieurs chaînes de marché concurrentes. Il peut également y avoir plus d'un groupe identifiable de consommateurs finaux. Ce niveau de détail est important si, par exemple, différents groupes cibles s'approvisionnent ou vendent leurs produits, de manière significativement différentes les uns par rapport aux autres.

À ce stade préliminaire, même en l'absence d'informations détaillées, il est éventuellement possible d'estimer l'échelle relative, la taille ou l'importance pour les groupes cibles des différentes sources d'approvisionnement, des différentes liaisons ou des marchés finaux. Ceux-ci peuvent être indiqués, par exemple, en utilisant différentes épaisseurs de flèches et des tailles différentes d'encadrés. Réfléchissez à la question de savoir pourquoi certaines chaînes sont plus importantes que d'autres. Rappelez-vous que, pour EMMA, ce qui importe est le rôle (passé, actuel ou potentiel) que le système de marché joue dans la réponse humanitaire pour la population cible.

Identifier les groupes cibles dans la carte du marché

Il est important de comprendre et d'identifier vos groupes cibles (section 1.6), sur la carte du marché. Du point de vue d'un groupe cible, les chaînes de marché fonctionnent dans des directions différentes.

- Dans les systèmes basés sur l'offre, les chaînes apportent de la nourriture, des produits et des services aux ménages affectés.
- Dans les systèmes basés sur le revenu, ils permettent aux ménages de gagner un revenu par la vente du produit ou par du travail.

Dans le premier cas, le groupe cible représente les acheteurs réels ou potentiels ou les consommateurs de nourriture, de produits et de services, fournis par le système de marché à travers la chaîne d'approvisionnement (aussi appelé « pipeline » par les logisticiens). Cela s'applique à la nourriture et aux articles ménagers de première nécessité (Essential Household Items) et aussi à des intrants et à des biens de subsistance urgemment nécessaires.

Dans le second cas, les groupes cibles sont les producteurs, les travailleurs ou des ouvriers qui comptent, réellement ou potentiellement sur le système de marché qui fournit des revenus le long de la chaîne de valeur. Nous avons l'habitude de les trouver vers le début de la chaîne de valeur - mais ils peuvent aussi être au milieu (par exemple les ouvriers d'une usine en milieu urbain).

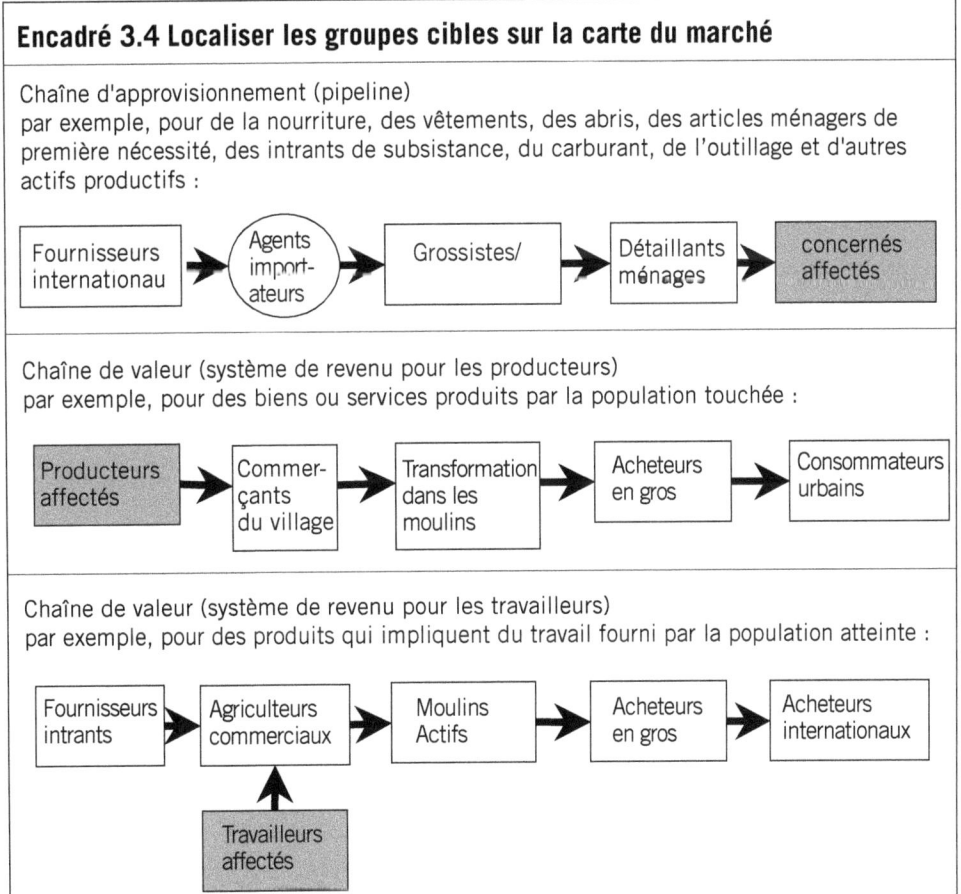

Encadré 3.4 Localiser les groupes cibles sur la carte du marché

Chaîne d'approvisionnement (pipeline)
par exemple, pour de la nourriture, des vêtements, des abris, des articles ménagers de première nécessité, des intrants de subsistance, du carburant, de l'outillage et d'autres actifs productifs :

Fournisseurs internationaux → Agents importateurs → Grossistes/ → Détaillants ménages → concernés affectés

Chaîne de valeur (système de revenu pour les producteurs)
par exemple, pour des biens ou services produits par la population touchée :

Producteurs affectés → Commerçants du village → Transformation dans les moulins → Acheteurs en gros → Consommateurs urbains

Chaîne de valeur (système de revenu pour les travailleurs)
par exemple, pour des produits qui impliquent du travail fourni par la population atteinte :

Fournisseurs intrants → Agriculteurs commerciaux → Moulins Actifs → Acheteurs en gros → Acheteurs internationaux

Travailleurs affectés ↑

Soyez attentif à la possibilité que différents groupes cibles puissent jouer des rôles différents dans le même système de marché crucial, et puissent de ce fait avoir connu différents types d'impact lors de la crise.

Le rôle du genre dans les systèmes de marché

Les femmes et les hommes ont souvent des rôles très différents et des responsabilités au sein de tout système de marché donné. Par exemple, dans les systèmes d'aliments de base, les femmes peuvent être « productrices » au sens où elles font le travail physique agricole mais les hommes peuvent assumer la responsabilité pour la vente des excédents aux commerçants. Lorsque des cloisonnements entre hommes et femmes sont fortement présents, les utilisateurs d'EMMA doivent être prudents s'ils cartographient le ménage comme un acteur unique du marché. Il peut être nécessaire de différencier entre les acteurs masculin et féminin, puisque l'impact de la situation d'urgence ainsi que leurs besoins et préférences respectives en matière d'aide, ne peuvent être considérés comme identiques. L'encadré 3.5 illustre une façon de représenter les différences intra-ménages pour les producteurs de subsistance sur une carte de marché.

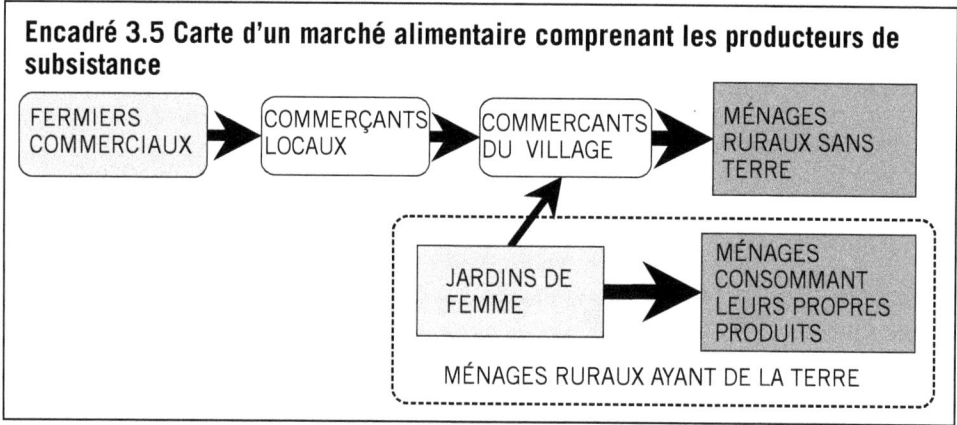

Encadré 3.5 Carte d'un marché alimentaire comprenant les producteurs de subsistance

Producteurs de subsistance

La distinction entre les systèmes d'approvisionnement et de revenu peut sembler sans importance quand on regarde l'agriculture de subsistance, dans laquelle les ménages consomment l'essentiel ou la totalité de leur propre production alimentaire. Il se peut qu'il n'y ait alors que peu de transaction sur le marché. Toutefois, cela ne signifie pas qu'EMMA peut ignorer l'économie de subsistance. Lorsque la production de subsistance alimentaire est affectée par l'urgence, EMMA a besoin de comprendre l'ampleur du déficit que cela va créer dans le système de marché global. Donc, même s'il n'y a pas de transaction sur le marché entre l'agriculture de subsistance et les ménages qui dépendent de sa production, il reste essentiel d'inclure la production de subsistance et sa consommation sur une carte du marché alimentaire.

Une manière d'inclure les producteurs d'aliments de subsistance sur une carte du marché est illustrée dans l'encadré 3.5. Les ménages ruraux possédant des terres (indiquée par le cadre en pointillé) sont représentés comme incluant à la fois producteur et consommateur, avec une faible proportion de leurs produits vendus à des commerçants du village.

Sensibilisation au facteur saisonnier

Les facteurs saisonniers peuvent être très importants dans la localisation de certains groupes cibles. Lorsque les stratégies de subsistance sont diversifiées selon les saisons, les groupes cibles peuvent prendre le rôle de producteurs ou de travailleurs à un moment donné de l'année et le rôle de consommateurs lors d'une autre saison. Par exemple, dans les systèmes de marché de cultures vivrières, il est fréquent de trouver des familles qui gagnent un revenu du travail agricole ou de la vente des surplus de production à l'époque de la récolte, mais qui sont des consommateurs et acheteurs nets de produits alimentaires dans la saison en-dehors de la période de récolte.

Cela signifie que les praticiens d'EMMA doivent se référer au calendrier saisonnier, pour analyser à quel moment du cycle saisonnier la crise est survenue et quand la réponse sera mise en œuvre. Même au sein d'un unique système de marché, des réponses très différentes peuvent être appropriées à différents moments de l'année. Voir la section 3.8 ci-dessous.

Segmentation du marché

EMMA analyse séparément chaque système de marché crucial dans une situation d'urgence. Toutefois, il n'est pas toujours facile de définir clairement les limites d'un système de marché particulier. Durant les travaux, vous pouvez constater que le système de marché est en réalité divisé en deux ou plusieurs segments, liés à des différences dans la qualité ou la marque des produits échangés. Ces segments peuvent servir des marchés finaux différents.

Par exemple : le système de marché d'une culture de base (haricots, par exemple) peut contenir un grand segment, qui consiste dans le négoce des articles de qualité moyenne, et un autre segment, plus petit, correspondant au négoce d'une variété d'articles de haute qualité, consommés uniquement par des ménages plus aisés.

Encadré 3.6 « Ignorance optimale »

EMMA encourage les utilisateurs à ne pas tenir compte de détails non essentiels ou inutiles (« ignorance optimale »). Concentrez-vous uniquement sur les éléments les plus pertinents du système. Si vous constatez que des éléments d'un système de marché n'influent ni sur l'accès ni sur la disponibilité pour la population cible, c'est-à-dire qu'il s'agit de marchés parallèles indépendants ou de segments de marché que vous avez la possibilité d'ignorer.

Cela nécessite du jugement. Il est facile de se laisser détourner par des pistes intéressantes mais hors de propos pour l'enquête, surtout si vos informateurs clés sont enthousiastes au sujet de leurs propres domaines de connaissance. Vous devez sans cesse évaluer la pertinence des informations dont vous prenez connaissance et essayer d'ignorer ce qui vous distrait.

Dans ces cas, ne perdez pas de temps à enquêter sur le segment de marché qui n'est pas pertinent pour les besoins de la population cible (encadré 3.6). Aussi, évitez de mélanger les données (prix, volumes) concernant un segment de marché " non pertinent " avec celles du segment qui est crucial pour EMMA, car cela pourrait fausser vos résultats par la suite.

3.4 Cartographier les infrastructures, les intrants et les services

La deuxième étape de la cartographie de système de marché est dédiée aux différentes formes d'infrastructure, d'intrants et de services qui appuient le fonctionnement global du système. Différents acteurs dépendent toujours de diverses formes de soutien aux infrastructures, aux intrants et aux services depuis d'autres entreprises, organisations et gouvernements.

Exemples de services d'infrastructure et de services d'entreprise comprennent :
- les services d'eau et d'électricité ;
- l'approvisionnement en intrants (semences, bétail, engrais, etc.) ;
- les services d'information de marché (sur les prix, les tendances, les acheteurs, les fournisseurs) ;
- les services financiers (tels que le crédit, l'épargne ou l'assurance) ;
- les infrastructures et services de transport ;
- l'expertise technique et conseils commerciaux.

Identifier les éléments les plus cruciaux de l'infrastructure et des services et les lier aux utilisateurs au sein du système de marché. L'objectif est d'obtenir une vue d'ensemble du rôle que jouent ces services dans le maintien de l'efficacité et de l'accessibilité du système de marché.

Encadré 3.7 Cartographier les infrastructures, les intrants et les services

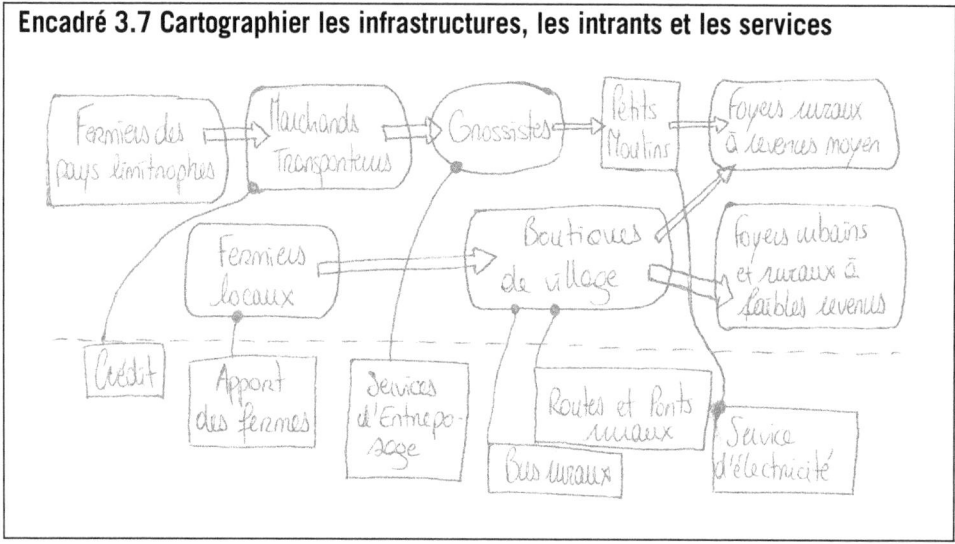

Il y a souvent de multiples services d'équipement et de services professionnels, de sorte que la tâche de la cartographie est d'identifier et de se concentrer, grâce à des entretiens avec les opérateurs économiques, sur ceux qui semblent susceptibles de jouer un rôle vraiment essentiel et / ou ont été fortement affectés par la situation d'urgence. Essayez de ne pas surcharger la carte avec des liens, en mettant l'accent sur les exemples les plus significatifs.

3.5 Cartographier les institutions, les règles, normes et tendances

La troisième étape de la cartographie du système de marché est destinée aux questions et aux tendances qui ont une influence significative sur l'environnement de marché ; c'est-à-dire l'environnement dans lequel les producteurs, commerçants et autres acteurs du marché opèrent. Cet environnement est façonné par les politiques, les règlements, les pratiques sociales et commerciales, et les tendances.

Les questions les plus importantes, qui ont influencé ou qui influencent les capacités, l'efficacité et l'équité du marché, avant et depuis la situation d'urgence, concernent EMMA. De nombreux types de problèmes différents peuvent valoir un enregistrement sur la carte du marché. Même si les agences humanitaires ne peuvent faire beaucoup pour les modifier, les contraintes que l'environnement peut générer doivent faire partie de la sélection et contribuer aux réponses. Par exemple :

- la faiblesse des règles de base et des institutions nécessaires pour aider le système de marché à fonctionner efficacement (par exemple les systèmes d'application de la loi, les registres fonciers, les organisations de producteurs, les normes commerciales) ;
- les règles officielles et les politiques, imposées par les lois, réglementations, permis et taxes, qui entravent et bloquent plutôt qu'ils n'aident au fonctionnement du système de marché ;
- l'arbitraire et les abus de pouvoir à petite échelle, de la part des gens dépositaires de l'autorité (corruption) ;
- les rôles sociaux et les règles appliquées empêchant certaines personnes de participer à certaines activités ou leur bloquant l'accès aux marchés, selon qu'il s'agit d'un homme ou d'une femme ou sur le fondement de l'origine ethnique, notamment.

Les différences dans les rôles et responsabilités entre les femmes et les hommes sont un facteur omniprésent, qui détermine le fonctionnement des systèmes de marché. Ces règles culturelles peuvent limiter les options qui sont ouvertes aux femmes, par exemple pour l'accès au marché ou pour générer des revenus.

Ce composant de la carte du marché est également approprié pour mettre en évidence les principales tendances à long terme, qui ont affecté le système de marché et la population cible avant même que la situation d'urgence ne survienne : par exemple, les tendances économiques, les changements climatiques, les mouvements de population et les contraintes liées aux ressources naturelles.

- Les tendances de l'environnement, comme l'épuisement des ressources naturelles ou les changements climatiques, affectent les acteurs du système de marché.
- Les tendances économiques, comme les prix internationaux des denrées alimentaires de première nécessité ou la valeur de la monnaie locale.

Ajoutez ces questions globales, relatives à l'environnement du marché, sur la carte de marché, de la même manière que les infrastructures et les services ont été ajoutés avant. Le cas échéant, il peut être utile de lier la problématique identifiée à des acteurs spécifiques du marché ou de la chaîne de valeur.

3.6 Élaborer la carte de marché de façon itérative

En quelques heures, les équipes EMMA doivent être en mesure d'esquisser des cartes préliminaires complètes, tant pour la situation de référence que pour les situations affectées par l'urgence. Ces cartes préliminaires du marché vont inévitablement changer de structure et de contenu dans les étapes ultérieures d'EMMA. Par exemple, voyez comment la carte préliminaire illustrée dans l'encadré 3.2 évolue jusqu'à sa représentation dans l'encadré 3.9.

Encadré 3.8 Cartographier l'environnement de marchés

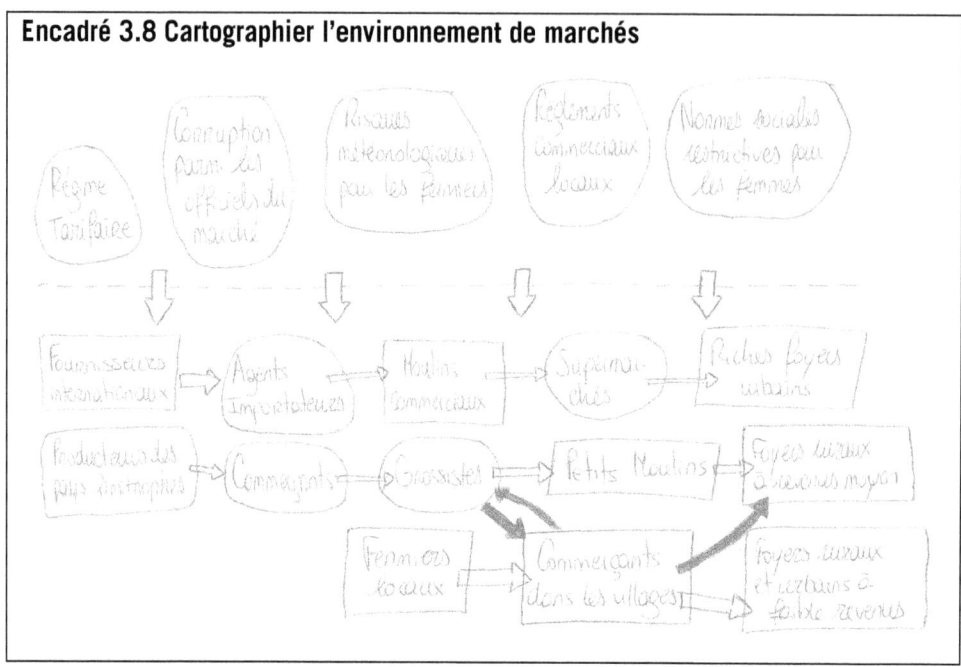

Durant les premières phases de conception sur le terrain, les cartes vous guideront dans le choix des acteurs du marché ou des informateurs clés, que vous devrez rencontrer. Les cartes permettront de révéler des lacunes dans votre connaissance du système de marché et vous aideront ainsi à élaborer votre programme d'entretiens et vos questionnaires (étape 4).

Au cours des entretiens avec les informateurs clés et sur le terrain (étape 5), vous allez apprendre et inclure davantage d'informations sur les volumes, les prix des produits de base et le nombre d'acteurs du marché. Vous allez sans doute mettre à jour vos cartes de marché quotidiennement au cours du travail sur le terrain, à mesure que de nouvelles informations seront obtenues (étape 6).

Une analyse détaillée de ces cartes sera faite à l'étape 8, au cours de laquelle seront examinées les options de réponse possible.

Comparaison entre les cartes de référence et les cartes en situation d'urgence

Dès que vous avez une ébauche de carte, il est possible de commencer à enregistrer l'impact de la crise. Exemples d'impacts :
- la disparition de certains acteurs du marché ;
- la rupture partielle ou complète de certaines relations dans la chaîne ;
- des infrastructures endommagées et des services interrompus ;
- de nouvelles relations ou des liens établis en tant que stratégies d'adaptation par les acteurs du marché ;
- des changements dans l'importance relative des différents liens (volume des échanges) ;
- l'introduction de nouveaux canaux d'approvisionnement (par exemple les distributions d'aide).

Ces effets, encore très spéculatifs, peuvent à ce stade préliminaire être indiqués sur une carte du marché, en utilisant de simples « drapeaux » visuels pour mettre en évidence les différents types de perturbations subies par les acteurs du marché, les fonctions et les liens dans le système (voir l'encadré 3.10).

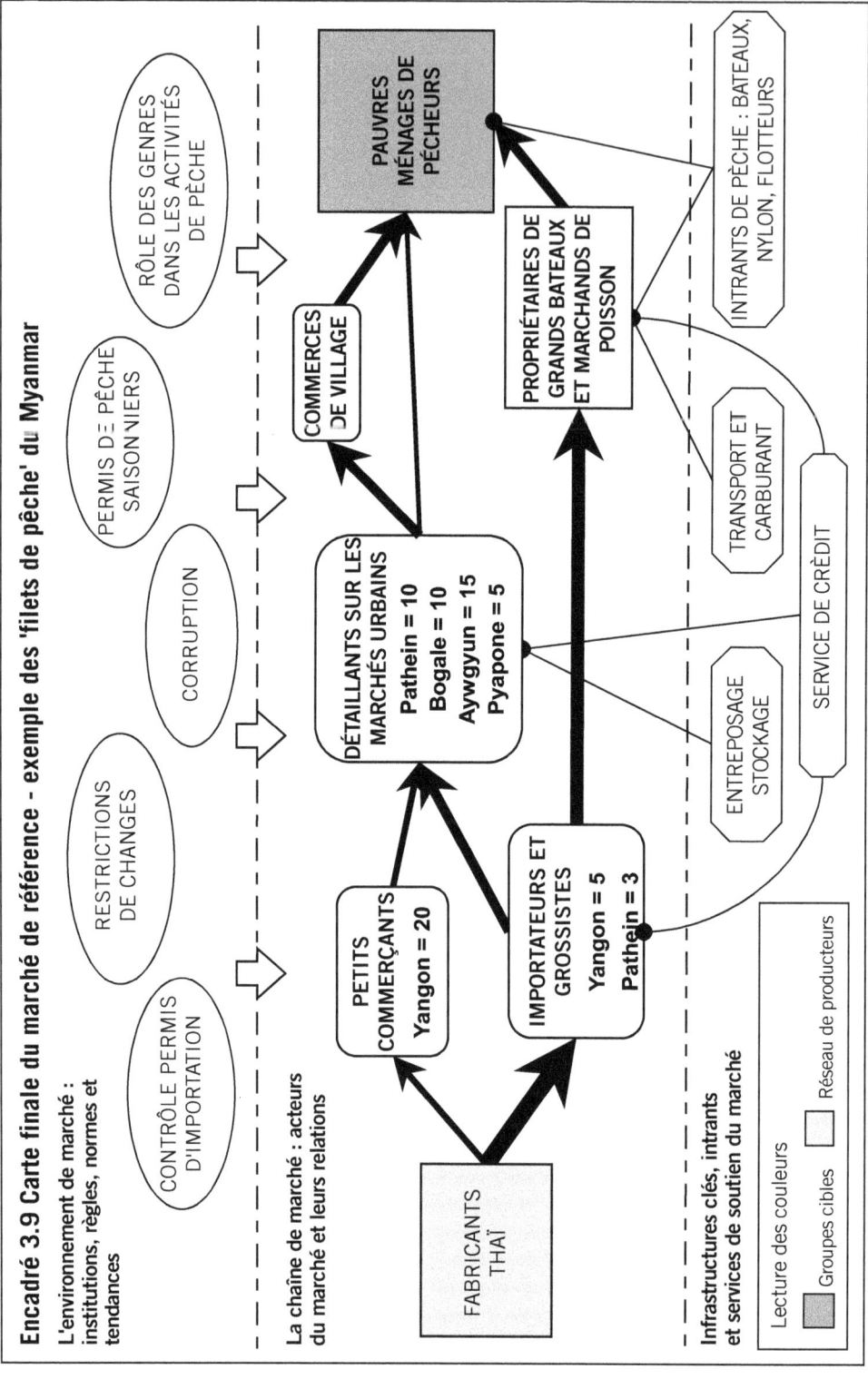

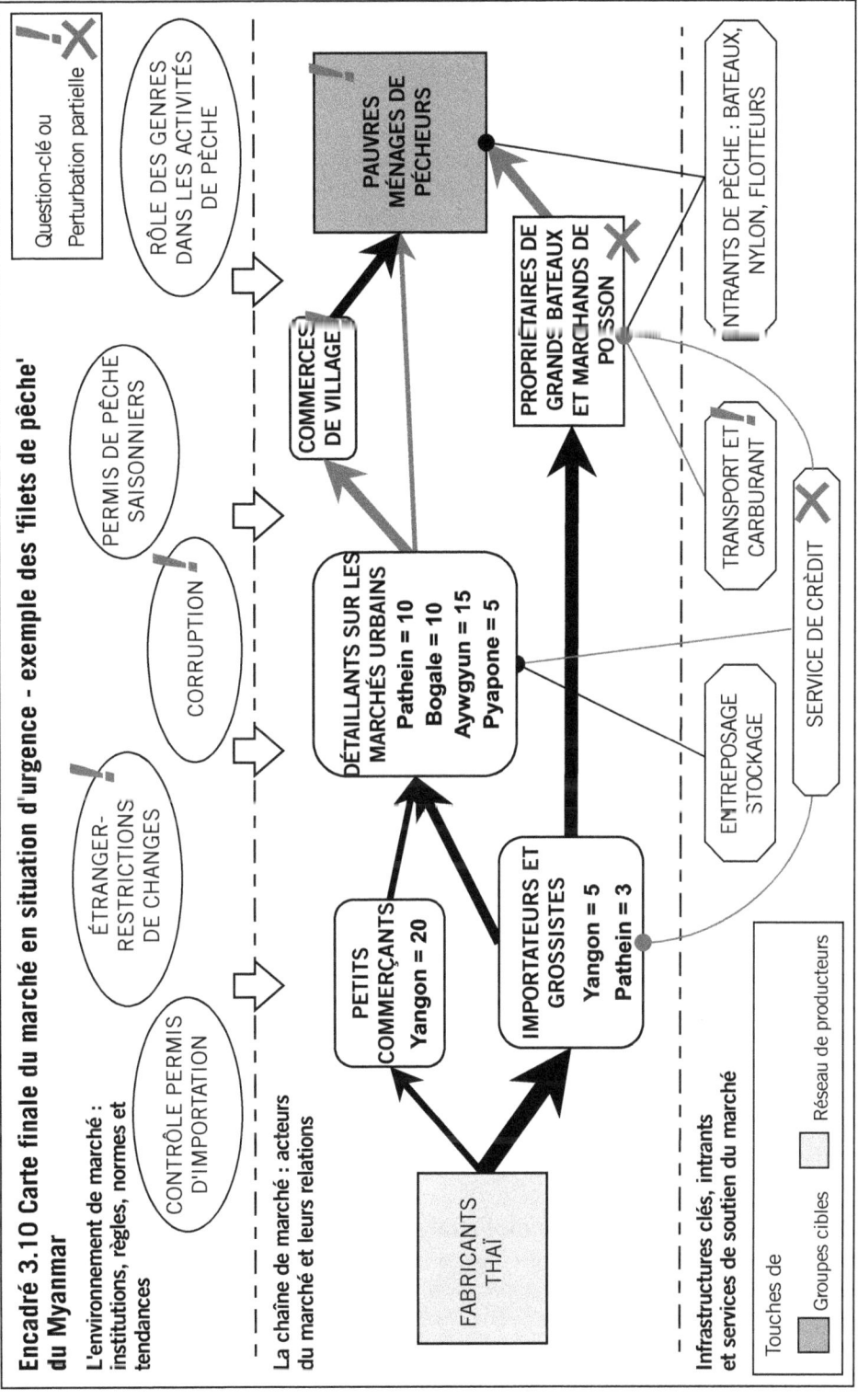

Encadré 3.10 Carte finale du marché en situation d'urgence – exemple des 'filets de pêche' du Myanmar

3.7 Calendrier saisonnier préliminaire pour un système de marché

Comme cela a été évoqué précédemment, de nombreux systèmes de marché connaissent de fortes variations saisonnières dans les modes de production, le commerce et les prix. Ces modèles peuvent se révéler à travers les fluctuations saisonnières des prix à l'importation et l'exportation. Ou encore il peut s'agir de grands changements saisonniers de l'activité, à mesure que les gens se déplacent, par exemple, de l'agriculture à l'emploi salarié.

Ceci est particulièrement évident dans les systèmes de marchés agricoles, avec des changements de la demande de main-d'œuvre pour le labour, le désherbage et la récolte, ou une forte augmentation de l'offre de produits après la récolte. Toutefois, les tendances saisonnières peuvent également figurer dans les marchés liés au logement et dans les activités extra-agricoles qui sont affectées par les conditions météorologiques ou l'état des routes, par exemple.

Il est essentiel que les utilisateurs d'EMMA soient capables de distinguer les fluctuations saisonnières « normales » des prix et des volumes d'échanges et les perturbations créées par une situation d'urgence. Sinon, votre diagnostic des problèmes du système de marché et les solutions proposées seront imparfaits. La carte de référence du marché doit représenter une image 'saisonnières pertinente'.

C'est donc une bonne idée de commencer par la construction d'une version préliminaire d'un calendrier saisonnier (encadré 3.11), pour chaque système de marché analysé, afin de capturer les tendances saisonnières « normales » des prix et des échanges. Lorsque d'autres renseignements seront disponibles, cela pourra aussi être utilisé pour décrire d'autres caractéristiques importantes du système, qui peuvent être pertinentes pour la réponse humanitaire.

Encadré 3.11 Calendrier saisonnier pour un système de marché

Facteur	S	O	N	D	J	F	M	A	M	J	J	A
Prix des articles	Faibles								Élevés			
Volumes des échanges	Élevés								Faibles			
Niveau d'emploi			Plantation : haute			Faibles			Récolte			
Achats des intrants				$					$			
Vente de la récolte principale												
Remboursements dus	$	$										
Saison des crues						Inondations						

3.8 Réviser les aspects clés de l'analyse EMMA

Les cartes préliminaires de marché et les calendriers saisonniers, quoi que fragmentaires et incomplets, sont les premières étapes dans le processus itératif aboutissant à de solides recommandations de réponses. De même, les questions clés que vous avez identifiées après la sélection du système de marché (section 2.4) évolueront et se modifieront à mesure que votre compréhension de la situation se développera.

ETAPE 3. ANALYSE PRELIMINAIRE 73

La dernière activité de l'étape 3 consiste à réfléchir aux cartes préliminaires et à vous poser les questions suivantes :
- Comment la population cible interagit-elle avec ce système de marché ?
- Quels sont les canaux et les acteurs du système les plus importants - sans doute des points focaux pour enquêter, les points de levier ?
- Quel a été l'impact de la crise ?
- Quelles autres informations avons-nous besoin de connaître ?

Demandez-vous qui est susceptible de pouvoir répondre à ces questions. Quelles personnes sont susceptibles de représenter les informateurs clés les plus utiles, en particulier au démarrage ? Ce sont certainement de plus grands acteurs du marché, des grossistes par exemple qui ont une vue d'ensemble sur le système de marché, y compris le rôle des services (comme la finance, le transport), de même que sur la politique et la réglementation.

Vous devez également penser à des responsables gouvernementaux, des responsables d'ONG locales, et des spécialistes du secteur qui peuvent aider les équipes d'EMMA à établir une compréhension préliminaire du système de marché et de la situation d'urgence.

Liste de contrôle pour l'étape 3

o   Formation de l'équipe de terrain EMMA aux concepts de base et aux techniques de cartographie.

o   Dessiner des cartes préliminaire du marché de référence et du marché en situation d'urgence

o   Dessiner un calendrier saisonnier initial pour le système de marché.

o   Révision des principales questions analytiques, grâce à une meilleure compréhension du système.

ÉTAPE 4
Préparation du travail de terrain

Le pont près de Lamno, dans la province d'Aceh, en Indonésie, a survécu depuis plus d'un an maintenant, fabriqué à la main par les villageois avec des cocotiers abattus par le tsunami.

L'étape 4 définit les questions, les plans d'entretien et les formats d'enregistrement des informations nécessaires pour les entretiens EMMA et les autres activités de terrain. Un mélange d'informations qualitatives et de données quantitatives sera recherché au moyen d'un travail sur le terrain rapide, informel et souvent réalisé dans la langue locale. Les entretiens EMMA doivent être prévus de manière à éviter toute rigidité et à faciliter la communication.

> ### Avant le démarrage de l'étape 4, le leader EMMA aura
> o dressé une liste préliminaire des sources d'information possibles (acteurs du marché, informateurs clés, emplacements) ;
> o acquis les techniques de base de l'entretien et la compréhension des objectifs d'EMMA, des outils et des concepts ;
> o dessiné les cartes préliminaires du système de marché (illustrant la situation de référence et des situations affectées par l'urgence).
> o élaboré les questions clés de l'analyse auxquelles EMMA cherche à répondre.

4.1 Vue d'ensemble de l'étape 4

Objectifs
- Développer un programmes d'ensemble axé sur des interviews concernant le système de marché spécifique.
- Rédigez la structure de l'entretien pour chaque catégorie d'informateurs.
- Adapter les formulaires de réponse afin de faciliter la saisie des données quantitatives et qualitatives.
- Actualiser les techniques d'entretien et les compétences sur le terrain de l'équipe EMMA.

Activités
Sections 4.2 à 4.5 : Programme d'entretien
- Identifiez les besoins d'information dans chaque volet d'EMMA
- Traduisez-les en questions de l'entretien, qui pouvant être utilisées dans le domaine

Sections 4.6 à 4.7 : Questions spéciales durant le programme de travail sur le terrain
- Genres, situations de conflit, transports et services financiers
- Questions de faisabilité de trésorerie

Sections 4.8 à 4.9 : Préparation et répétition
- Essai et test des formats d'entretien
- Préparation des fiches techniques

Principaux résultats
- Entretien des structures et des questionnaires pour les différents types d'acteurs du marché et autres informateurs
- Fiches techniques pour enregistrer et compiler les données quantitatives

4.2 Programme du travail de terrain EMMA

Le programme de travail sur le terrain représente une liste des problèmes ou des questions auxquels l'équipe EMMA tente de répondre. Les systèmes de marché sont souvent assez complexes, comme vous l'avez peut-être déjà découvert dans l'exercice de cartographie préliminaire à l'étape 3. Il est donc essentiel que le programme de travail sur le terrain soit soigneusement planifié et aussi précis que possible, dans la mesure où votre connaissance de la situation le permet.

Le point de départ doit être constitué par les questions clés de l'analyse déjà rédigées au cours des étapes 2 et 3. Plus généralement, les équipes EMMA seront intéressées par des questions telles que :
- Les besoins d'urgence sont-ils susceptibles d'être mieux satisfaits par des interventions en espèces ou par des distributions en nature ?
- Le système de marché local a-t-il la capacité de répondre aux besoins urgents de la population cible touchée, si son pouvoir d'achat augmente (par exemple par une intervention monétaire ?

- Quel est l'impact probable de toute intervention en espèces ou en nature sur les marchés, y compris un risque élevé ou prolongé de distorsions des prix ?
- Quelles sont les principales interventions susceptibles d'assurer plus de stabilité à long terme et de réhabiliter les systèmes de marché concernant les produits de première nécessité, alimentaires ou de consommation non alimentaires, ou encore les systèmes de marché qui fournissent des emplois ?
- Comment faire en sorte que les interventions d'urgence soient conçues pour soutenir les interventions existantes à long terme et ne leur nuisent pas ?
- Quels sont les indicateurs de marché clés devant être surveillés pendant toute la durée d'une intervention ?

Comme le décrit le chapitre d'introduction (article 0.4), EMMA répartit ce programme d'enquête en trois volets :

1. *Analyse des besoins au niveau des personnes*. Comprendre la situation d'urgence, les besoins prioritaires et les préférences de la population cible. Cela replace également les besoins de ces ménages c'est-à-dire les besoins de ressources dans le contexte de leur profil économique et de leurs stratégies de subsistance.
2. *Analyse du système de marché.* Ce volet porte sur la compréhension de chaque système de marché, en considérant sa capacité à jouer un rôle dans la réponse d'urgence et les contraintes qui lui sont propres. Ce volet permet de développer une carte et un profil de la situation d'avant la crise et d'explorer l'impact de l'urgence sur cette situation.
3. *Volet analyse de la réponse.* Ce volet vise à explorer les différentes options et possibilités dont disposent les agences humanitaires. Il permet d'examiner la faisabilité respective de chaque option, les résultats probables, les bénéfices et les risques, avant d'aboutir à des recommandations d'action.

Les sections suivantes examinent le programme de travail sur le terrain pour chacun de ces volets.

4.3 Programme d'analyse des besoins

Les objectifs de terrain, dans ce volet, sont essentiellement les suivants :
- vérifier votre compréhension des stratégies de subsistance et des facteurs saisonniers pour les femmes et les hommes des différents groupes cibles.
- confirmer et quantifier les besoins hautement prioritaires non satisfaits des ménages des groupe cible.
- examiner toute contrainte pesant sur les femmes et les hommes pour accéder aux marchés.
- enquêter sur les préférences en matière d'aide des différents groupes cibles.

Rappelez-vous, il ne s'agit pas ici d'une évaluation générale des besoins d'urgence, qui doit avoir eu lieu avant l'étape 2. Vous avez désormais choisi le système de marché à étudier. Votre programme doit mettre l'accent l'interaction de ces différents groupes cibles avec ce système de marché spécifique, la façon dont ils y accèdent et dont ils l'utilisent.

Afin de donner tout leur sens aux besoins d'informations énumérés ci-après, il est essentiel d'étudier le processus décrit dans l'étape 7 et de comprendre comment cette information sera utilisée dans l'analyse des besoins.

Besoins d'information pour l'analyse des besoins

- Quels sont les groupes et le nombre de personnes ayant eu accès normalement au système de marché ? Qui a été inclus et a été exclu ? Quels sont les coûts d'accès (transport par exemple) ?
- Y a-t-il des marchés dans lesquels il est plus facile aux femmes et aux hommes de cette zone de trouver les articles essentiels ? Comment les différents groupes cibles ont-ils physiquement accédé au système de marché ayant été affecté ?
- Quel a été l'impact de la crise dans les systèmes de revenus en termes de revenus, taux de salaire, quantité de travail, perte de revenus, et donc les effets sur le budget des ménages ? Quelle a été la différence entre les femmes et les hommes ?
- Quel a été l'impact de la crise dans les systèmes d'offre, en termes de réduction de la consommation ou de changement dans les dépenses des ménages ? Quelle a été la différence entre les femmes et les hommes ?
- Enfin, l'objectif idéal est d'être capable de réaliser des profils de revenus et de dépenses approximatifs, qui montrent comment les ménages, les femmes et les hommes s'adaptent à la situation d'urgence (encadré 4.1).
- Quels mécanismes d'adaptation les femmes et les hommes ont-ils mis en œuvre depuis la crise ?
- Les différents groupes cibles ont-ils une préférence marquée pour un certain type d'aide (aide en espèces ou en nature, par exemple), et pourquoi ?
- Quels autres facteurs influent ou sont susceptibles d'influer sur l'accès des différents groupes à ce système de marché (rôle du genre, distance des commerces, obstacles sociaux ou ethniques, par exemple) ?
- Y a-t-il des questions cruciales d'accessibilité qui doivent être prises en compte dans l'analyse de la situation ? En quoi cela affecte-t-il différemment les hommes des femmes ?

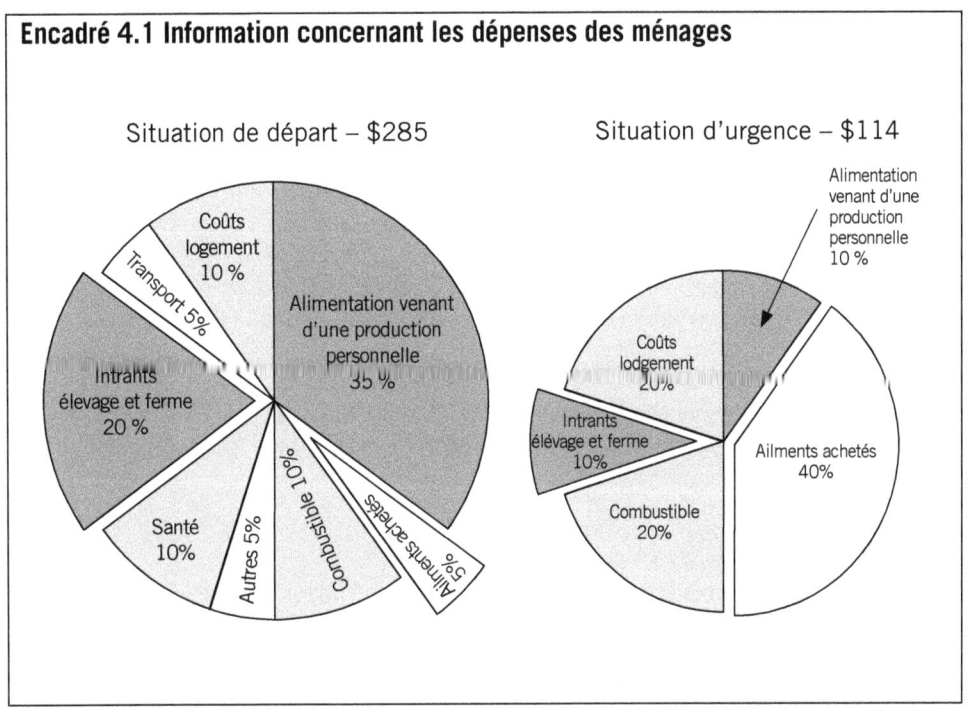

Encadré 4.1 Information concernant les dépenses des ménages

4.4 Programme d'analyse du marché

Les objectifs de terrain essentiels, dans ce volet, sont les suivants :
- Étudier la structure et le comportement du système de marché avant la crise.
- Obtenir des données sur les volumes de production et d'échanges « normaux », les prix dans la situation d'avant la crise.
- Explorer l'impact de la crise sur les acteurs du marché, les infrastructures et les services pour comprendre leurs stratégies d'adaptation.
- Évaluer (quantifier) les volumes de production et les échanges, les stocks et les prix depuis le début de la crise.
- Identifier les contraintes actuelles et attendues sur la performance du système de marché dans un proche avenir.

Ce programme est au cœur du guide pratique EMMA et le distingue des autres outils d'évaluation humanitaires existants. Parce que les systèmes de marché sont souvent complexes et difficiles à comprendre dans leur totalité, les cartes des systèmes de marché sont essentielles pour déterminer les besoins d'informations les plus importants. Vous devez utiliser les cartes préliminaires comme un outil pour attirer l'attention sur les composantes du système de marché et les fonctionnalités qui sont les plus pertinentes pour la population cible. Ce doit être un processus itératif, car la sensibilisation de l'équipe EMMA aux aspects saillants du système peut être initialement faible. À mesure que votre compréhension du système se développe durant le travail de terrain (étape 5), vous pouvez avoir besoin de recentrer la liste des besoins d'information et de réviser les questions que vous poserez aux informateurs.

Afin de donner tout leur sens aux besoins d'informations énumérés ci-après, il est essentiel d'étudier le processus d'analyse du marché décrit dans les étapes 6 et 8, pour comprendre comment cette information sera utilisée dans les étapes de cartographie et d'analyse.

Besoins d'information dans l'analyse du marché

Les acteurs de la chaîne de marché et leurs relations
- Qui étaient les acteurs de la chaîne de marché et quels liens y a-t-il entre eux ? Quelles fonctions (rôles) les différents acteurs du marché ont-ils occupées dans la chaîne d'approvisionnement ?
- Combien sont en concurrence pour exercer une fonction spécifique à différents points du système ?
- Quel impact la crise a-t-elle eu sur des acteurs particuliers de la chaîne de marché et sur leurs relations ? Des fonctions spécifiques du système de marché ont-elles été affectées ?
- Qu'ont fait les commerçants ou les autres acteurs du marché pour faire face et répondre aux impacts mentionnés précédemment ? Pourquoi certains biens sont ils disponibles ou non disponibles à leur avis ?

Infrastructures, intrants et services
- Quels sont les services et les infrastructures qui ont joué un rôle dans le soutien du marché (fournisseurs d'intrants, par exemple, informations sur le marché, le transport, le stockage, l'expertise technique, les services financiers, etc.) ?
- Quel impact la crise a-t-elle eu sur les services et les infrastructures qui normalement soutiennent le système de marché ?

Institutions, règles, règlements et normes
- Quelles sont les institutions, règles, règlementations, normes ayant joué un rôle important dans l'élaboration de l'environnement des entreprises pour ce système de marché, tant positivement que négativement ?
- Quel impact, positif ou négatif, la crise a-t-elle eu sur les institutions, règles, règlements et normes dans l'élaboration de l'environnement qui, habituellement, modèlent l'environnement des affaires dans ce système de marché ?

Quantités et prix
- Quels volumes / quantités seraient normalement échangés à cette période de l'année ?
- Quels prix, à divers points du système, comme l'importation, la vente en gros, la vente au détail, seraient « normaux » ?
- Comment ont évolué les stocks, les quantités disponibles et fournies, depuis le début de la crise ?
- Combien de temps faut-il aux commerçants pour commander ou pour se réapprovisionner en marchandises ?

Comment les prix ont-ils évolué à des moments clés, dans la chaîne d'approvisionnement ou dans la chaîne de valeur, depuis le début de la crise ?
- Les prix sont-ils comparables à ceux d'une une année normale ? Par rapport aux prix paritaires à l'importation ?
  Quelle est la tendance ? Quels pronostics les gens font-ils en ce qui concerne l'évolution des prix à venir ?

Saisonnalité
- Quelles transformations subit le commerce au cours de l'année, en relations avec les fêtes religieuses, la production, les conditions routières, les coûts de transport, le calendrier des cultures, etc.) ?
- Quand se produisent les variations saisonnières en termes d'accès, de prix, de variété et de quantités ?

Concurrence et pouvoir
- Y a-t-il des fonctions ou des relations dans le système de marché qui sont normalement dominées par un ou deux commerçants seulement, de sorte que ceux-ci sont en mesure de contrôler les prix ? Ou bien les commerçants sont-ils en concurrence les uns avec les autres ?
- Dans quelle mesure les conséquences de la crise ont-elles sapé la concurrence ou créé des déséquilibres de pouvoir dans le système de marché ?

Intégration du marché
- Où les commerçants achètent-ils généralement les marchandises introduites dans la région ? Y a-t-il normalement des échanges significatifs entre la région touchée par la crise et d'autres régions moins touchées ?
- Les fluctuations saisonnières des prix dans la région reflètent-elles normalement des fluctuations similaires sur le marché national ?
- Le marché local est-il facilement accessible par les fournisseurs et les acheteurs ?
- Dans quelle mesure les conséquences de la crise ont-elles réduit l'intégration avec les marchés voisins ?

4.5 Programme d'analyse de la réponse

Les objectifs de terrain essentiels, dans ce volet, sont les suivants :
- Identifier les actions de soutien plausible pour aider rapidement à l'adaptation, à la relance, ou à une meilleure performance du système de marché.
- Recueillir toute autre information qui indique la faisabilité opérationnelle des différentes options de réponse proposées par les personnes interrogées.

Afin de donner tout leur sens aux besoins d'informations énumérés ci-après, il est essentiel d'étudier le processus de réponse décrit à l'étape 9 pour comprendre comment cette information sera utilisée dans l'analyse de la réponse.

Besoins d'information dans l'analyse de la réponse
- Quelles sont les principales contraintes pesant sur le rôle du système de marché dans une réponse d'urgence ?
- Quelles actions, immédiates, et à long terme, pourraient être décidées en vue de remédier à la situation ?
- Avec quelle rapidité ces interventions pourraient-elles être mises en œuvre, de façon pertinente ?
- Quelles ressources seraient nécessaires pour mettre en œuvre chaque approche ?
- Avec quelles structures existantes serait-il possible de travailler, à savoir les syndicats, associations, ONG, groupes locaux, organismes de prêt, réseaux locaux, agences gouvernementales, etc. ?
- Dans quelle mesure est-il possible dans la pratique, de répondre à chacune des options de soutien, en termes techniques, sociaux et politiques ?

4.6 Questions spécifiques à l'analyse du système de marché

Impacts sur certains acteurs du marché et sur leurs relations
Recherchez les effets néfastes sur certains types d'entreprises dans la chaîne d'approvisionnement ou la chaîne de valeur. Évaluez principalement les impacts sur les liens d'affaires out les relations commerciales qui causent la plus grande perturbation à l'ensemble du système, du point de vue de la population cible, tels que ménages, producteurs ou travailleurs.

La perte de leurs fonds de commerce, des locaux, des véhicules ou des stocks pour certains acteurs du marché, grossistes et propriétaires fonciers par exemple,, peut avoir affecté de manière particulièrement sévère le système de marché dans son ensemble. Faites attention aux combinaisons de problèmes : si, par exemple, les commerçants sont la principale source de crédit, la destruction des commerces peut doublement affecter les ménages .

Zones économiques
Lorsque vous quantifiez des volumes de production et d'échanges, il est essentiel de définir la zone économique à laquelle se réfèrent les données. La principale source d'approvisionnement peut être la zone d'urgence locale elle-même ou, plus largement, un district ou une région, voire le pays. La raison en est expliquée à l'étape 8.

Souvent, il n'y a pas de définition objective des limites de la « zone économique locale ». Toutefois, les commerçants locaux sont généralement en mesure de vous expliquer ce qu'ils considèrent comme leur territoire. Cela peut être déterminé par la géographie locale (une vallée, une île) ou par la zone économique d'un village ou d'une ville en particulier.

Impacts sur les services et les infrastructures
Renseignez-vous sur les dommages qu'ont subis les services essentiels, qui étaient importants pour la performance effective du système de marché dans la situation de référence : transports, communications, finances, santé animale. Notez ce qui s'est passé pour les prestataires de ces services, et les perspectives de reprise.

Considérez aussi toute infrastructure publique essentielle dont dépendait largement le système de marché dans la situation de référence : routes, voies navigables, ports et docks, réseaux téléphoniques et électriques, approvisionnement en eau, installations de stockage. Notez la manière dont ils ont été affectés et quelles en sont les perspectives de réhabilitation.

Prenez note des plans des gouvernements locaux ou nationaux, ou d'autres agences, susceptibles d'entreprendre la réhabilitation des infrastructures essentielles.

Services de transport

Le transport n'est souvent pas considéré comme un besoin prioritaire dans une situation d'urgence, mais les services de transport jouent un rôle crucial dans le soutien des chaînes d'approvisionnement et des chaînes de valeur pour de nombreux systèmes différents du marché. Le transport compte, non seulement pour la circulation des produits alimentaires ou des chaînes d'approvisionnement mais aussi pour permettre aux personnes touchées de se déplacer sur les lieux de travail, ou de retrouver des membres de leur famille. Le caractère transversal du transport peut justifier qu'on le traite comme un système de marché à part entière dans l'enquête EMMA.

Services financiers

Les services financiers sont toujours une question clé dans l'analyse des marchés. Bien que les services bancaires formels puissent être rares, il y a généralement des accords de crédit informels entre les acteurs du marché et les consommateurs, de la plupart des systèmes du marché. De tels accords informels sont facilement perturbés en cas de crise et souvent lents à se rétablir, en raison de l'interdépendance des acteurs tout au long de la chaîne de marché. Par exemple, un détaillant qui a perdu son magasin en raison d'une inondation peut être incapable de reconstituer ses stocks, car ses clients sont également incapables de rembourser les intrants qu'ils ont pris à crédit avant la crise. La situation sera encore pire si son grossiste souffre également d'un « effondrement du crédit ».

Les équipes EMMA doivent essayer de comprendre les relations financières entre les acteurs du marché, tout aussi pertinentes que la logistique physique de la production et du commerce. Parfois, ces relations sont bien adaptées à une réponse d'urgence immédiate et de grande envergure mettant en jeu des ressources financières (voir les sections 9.3 et 9.4). *Voir les Normes minimales de redressement économique après une crise (SEEP Network, 2009).*

Changements dans les institutions, règles et normes

Enquêtez sur toutes les directives, réglementations, normes sociales ou pratiques commerciales qui ont une influence importante sur la façon dont le système de marché fonctionne, tant de manière positive que négative La situation d'urgence peut avoir exposé l'importance de certains de ces facteurs ; ou encore elle peut avoir provoqué une modification des règles.

Les politiques gouvernementales et les réglementations peuvent être considérées comme ayant une influence notable sur la situation d'urgence, par exemple :
- les restrictions et les taxes sur la circulation et le commerce des cultures vivrières de base.
- les contraintes sur les activités économiques des réfugiés : emploi, propriété foncière, etc.

De telles politiques pourraient être la cible d'un lobbysme sélectif de la part des agences humanitaires.

Les rôles et les normes de genre

Les normes sociales ou culturelles qui régissent la façon dont les différents groupes ou, distinctement, les femmes et les hommes, accèdent aux marchés, les utilisent ou participent à certaines formes d'emploi peuvent, dans un contexte d'urgence, devenir une cause de préoccupation humanitaire.

Les urgences ont des impacts différents sur les femmes et les hommes. Par exemple, la charge consistant à s'occuper de parents malades ou blessés peut empêcher les femmes de tirer parti des opportunités économiques en période de crise. La responsabilité de la recherche d'alimentation ou de carburant a tendance à retomber sur les femmes, ce qui signifie qu'elles disposent de moins de temps pour les activités économiques. L'insécurité comme la menace de la violence fondée sur le genre de la personne peut avoir un impact considérable sur la manière, le moment et le lieu où les femmes sont en mesure de participer aux systèmes du marché.

Il est essentiel d'inscrire ces facteurs dans la cartographie et l'analyse de marché.

Répercussions de l'action humanitaire

Ne négligez pas les répercussions que les actions humanitaires peuvent également avoir, maintenant ou dans un proche avenir, sur le système de marché, ni les répercussions futures des interventions planifiées pouvant être anticipées. Parfois, ces effets post-crise sont tout aussi significatifs que le choc de la crise initiale. Il peut être important d'inclure ce genre d'activités et leurs répercussions dans votre analyse. Par exemple :

- la distribution de vivres à grande échelle peut mener les commerçants et les détaillants à la faillite.
- Les programmes Argent contre travail (cash for work) peuvent réduire la disponibilité de la main-d'œuvre pour l'emploi local.

Systèmes de marché dans les situations de conflit

Les situations de conflit conduisent habituellement à des perturbations très profondes des règles et des normes qui permettent aux systèmes de marché de fonctionner efficacement. La violence ou la menace de violence, est fréquemment utilisée pour créer de nouvelles relations de pouvoir sur le marché, qui ont trait à des questions telles que « qui peut commercer avec qui, quand et où ? ». De nouveaux coûts de transaction sont imposés, par exemple à cause de barrages routiers visant à obtenir une rente. Parfois, des systèmes de marché parallèles émergent pour contrôler le commerce des biens lucratifs : ce peut être l'une des causes principales de conflit.

Voir le Guide pratique EMMA pour en savoir plus sur les marchés et les conflits ; voir également Jaspars et Maxwell (2009), et le site web microLINKS dans l'encadré 1.2

4.7 Faisabilité des programmes d'aide financière

L'un des objectifs d'EMMA est d'aider l'encadrement humanitaire à décider quand les interventions monétaires sont un élément approprié de la réponse d'urgence. Cette décision a un aspect analytique autant qu'opérationnel. Du point de vue de l'analyse du marché, dans les étapes 8 et 9, vous évaluerez la capacité du système de marché à répondre à la demande supplémentaire que les espèces devraient engendrer. D'un point de vue opérationnel, si un programme d'aide financière en espèces se présente comme une possibilité réelle, il est important d'inclure des questions (voir encadré 4.2) concernant leur faisabilité opérationnelle dans le programme EMMA sur le terrain.

Encadré 4.2 Aspects « opérationnels » des programmes d'aide financière

Besoins et préférences
- Dans quelle mesure les femmes et les hommes dépendaient-ils des espèces avant la crise ?
- Quelles sont les stratégies des ménages pour faire face à l'insécurité alimentaire ou à l'insécurité des revenus ?
- Les populations affectées par la crise ont-elles une préférence pour l'aide en espèces ou en nature ?

Les relations sociales (les déséquilibres de pouvoir au sein des ménages et de la communauté)
- Les hommes et les femmes ont-ils des priorités différentes ?
- Comment est géré le contrôle des ressources au sein des ménages ?
- Quelles sont les différences au sein de la communauté en termes de contrôle des ressources ?
- Quel sera l'impact des distributions en espèces sur les divisions sociales et politiques existantes ?

Politique
- Quelle est la politique du gouvernement à propos de l'utilisation des interventions monétaires ?

Sécurité et moyens de transfert
- Quelles sont les options possibles pour remettre les espèces aux gens ?
- Les systèmes bancaires ou des mécanismes informels de transfert financier fonctionnement-ils ?
- Quels sont les risques que des prestations en espèces soient taxées ou confisquées par les élites ou saisies par les parties belligérantes ?
- Comment ces risques se comparent-ils avec les risques que posent les solutions alternatives en nature, ?

Corruption
- Quels sont les risques que les espèces soient détournées par les élites locales ou le personnel du projet ?
- Comment ces risques se comparent-ils avec les risques que posent les solutions alternatives en nature, ?
- Quelles sont les garanties permettant de minimiser ces risques ?

Historique d'intervention
- Des interventions monétaires ont-elles déjà été mises en œuvre dans la région ?
- Quel en fut le résultat ? Où y a-t-il eu des problèmes particuliers ? Quelles ont été les recommandations positives tirées de cette expérience ?

Source : Creti et Jaspars, 2006

4.8 Planification et préparation des entretiens

Faire correspondre besoins d'information et sources
Avant de concevoir les structures d'entretien et les questionnaires, il est essentiel de réfléchir aux différentes sources d'informations et de données que vous pourrez consulter à l'étape 5. Elles doivent être constituées d'une grande diversité de personnes : ménages cibles, petits commerçants, boutiquiers, employeurs, représentants du gouvernement, grossistes, agents d'import-export, personnel local des ONG, banquiers…

Pour chaque type de personne interrogée ou d'informateur, l'équipe EMMA doit tenir compte :
- du type d'informations (besoins, marché, réponse) que chaque informateur est le plus susceptible de fournir ;
- du temps disponible et, par conséquent, du nombre de questions que vous aurez l'occasion de poser ;
- de la langue et du style de questions appropriés à un individu ou à un groupe donné.

Gardez en mémoire les questions clés de l'analyse. Les programmes d'information énumérés ci-dessus sont très denses et il est généralement irréaliste d'essayer de couvrir toutes les questions. Vous devrez adapter les questions de votre entretien et vos méthodes en fonction de vos informateurs. En règle générale, il existe quatre catégories d'informateurs (voir encadré 4.3).

Encadré 4.3 Catégories d'informateurs et style d'entretien	
Source d'information	Objectif et méthode d'interview
Groupes de ménages cibles (femmes et hommes bénéficiaires finaux des interventions d'urgence)	Questionnaire semi-formel, étroitement ciblé sur les questions d'analyse des besoins. Utilisez des questions simples et directes dans la langue locale. Il peut être conduit individuellement ou en petits groupes. Durée : 20 à 30 minutes. Dans la mesure du possible, entretenez-vous avec les femmes et les hommes séparément.
Acteurs du marché local *dans les chaînes d'approvisionnement* (commerçants, petits commerçants, fournisseurs d'intrants, transporteurs) *dans les chaînes de valeur* (employeurs, acheteurs, commerçants)	Entretien structuré, centré sur des questions d'analyse du marché et d'analyse des réponses les plus tangibles. Concentrez-vous sur des informations et des données pratiques concernant la chaîne de marché, les services et les intrants : prix, volumes, disponibilité, contraintes, stratégies d'adaptation. Inclure les conversations au bord de la route et les conversations dans des réunions. Utilisez des questions simples et directes dans la langue locale. Posez des questions ouvertes pour permettre des réponses qualitatives et obtenir des données quantitatives. Généralement en entretien individuel de 20-40 minutes.
Les acteurs les plus importants du marché (importateurs, grossistes, fabricants, transformateurs industriels, fournisseurs de services)	Entretien structuré, centré sur des questions d'analyse du marché et d'analyse des réponses plus stratégiques. Concentrez-vous sur des questions ouvertes des « vues d'ensemble » afin de comprendre le système dans son ensemble, en particulier les parts de marché, les tendances et la disponibilité. Entretien individuel de 30 minutes.
Informateurs clés (représentants du gouvernement, personnel des ONG, des chambres de commerce, consultants)	Entretien structuré, centré sur des questions visant l'ensemble du système à partir de tout le programme de travail sur le terrain, considérant en particulier des questions sur la politique, les règlements et les normes. Jusqu'à 60 minutes, en fonction de l'individu.

Grilles d'entretien et questionnaires

Les grilles d'entretien et les questionnaires sont généralement plus efficaces lorsqu'ils sont préparés, testés et révisés au préalable. Lors de la préparation des questionnaires, utilisez des questions ouvertes et non techniques. En général, les questions qui encouragent les gens à réfléchir et à révéler des détails sont les meilleures. Éviter les « questions fermées »', les « questions suggestives » qui invitent à un simple Oui ou Non et qui tendent tout simplement à faire confirmer par les gens vos propres hypothèses.

Les questionnaires fonctionnent généralement mieux lorsque les questions sont organisées et classées en catégories. Organisez vos questions pour qu'elles passent, de manière logique, d'un sujet à l'autre, ce qui permet à l'interviewé de rester concentré. Gardez à l'esprit les questions clés de l'analyse EMMA afin que l'entretien reste centré sur votre objectif principal.

Il vous faudra préparer des questionnaires spécifiquement dédiés au système de marché que vous étudiez. Vous aurez généralement besoin d'élaborer des questionnaires différents pour chaque catégorie d'interlocuteurs. Les encadrés 4.4 à 4.7 fournissent des exemples de questions. Toutefois, il est important de comprendre que dans la plupart des situations sur le terrain, les équipes EMMA ne disposant pas du temps suffisant pour couvrir autant de questions lors d'un entretien. L'art de faire des travaux sur le terrain de manière efficace en cas d'urgence réside dans le choix des questions à poser, en tenant compte des facteurs suivants :

- Le temps disponible pour des entretiens est n'est jamais idéal, surtout si les acteurs du marché et les fonctionnaires sont occupés.
- Des personnes peuvent être réticentes à fournir certains types d'informations et c'est compréhensible.
- La façon dont les questions sont formulées ou présentées doit tenir compte du type d'interlocuteur, de sa langue, de son éducation et de sa situation actuelle.
- Les questions les plus pertinentes à poser dépendront de ce que vous connaissez déjà.

Les équipes EMMA doivent donc se préparer à un ensemble flexible de questions ou de formats d'entretien pour chaque catégorie d'interlocuteurs. Ceci devra être quotidiennement examiné et révisé. Les outils évolueront à mesure que progressera le travail de terrain.

Test du format de l'entretien et des questions

Dans la mesure du possible, vous devez tester les grilles d'entretien et les questions au cours de la première semaine de travail avec EMMA, même si cela signifie une entrevue avec un petit nombre de commerçants situés en dehors de la zone de crise, afin que l'équipe ait l'occasion de réfléchir sur les résultats avant d'aller sur le terrain (voir aussi section 5.2). Cet exercice peut être intégré dans la formation des équipes locales EMMA et leur fournira aussi l'occasion de vérifier et de réviser leurs techniques d'entretien.

4.9 Exemples de questions

> **Encadré 4.4 Exemples de questions pour les ménages cibles**
> **Votre situation au cours de la dernière période « normale » (par exemple, la même saison, mais l'année dernière)**
> 1. Quels ont été les principaux produits alimentaires (céréales, viande, poisson, huile et légumes) consommés dans votre foyer ?
> 2. Comment vous êtes-vous procuré ces denrées alimentaires de base ? (*production propre [agriculture, pêche, élevage], achats sur le marché, nourriture sauvage collectée, dons de la famille, travail troqué contre alimentation, aide alimentaire*)
> 3. Quels ont été les articles non alimentaires ou les services les plus indispensables utilisés dans votre foyer (*par exemple le transport, les prêts*) ?
> 4. Quelles ont été vos principales sources de revenus en espèces ou d'avantages en nature à cette époque de l'année ? (*Par exemple le travail salarié, la vente des récoltes ou du bétail, les activités de micro-entreprise, les envois de fonds*)
>
> **La situation alimentaire actuelle**
> 5. Comment votre consommation des aliments de base est-elle affectée par la situation d'urgence ? Lesquels des aliments évoqués ci-dessus ont-ils été touchés ?
> 6. Quelle est l'ampleur du manque auquel vous faites maintenant face pour chacun de ces aliments de base ?
> 7. Dans chaque cas, de quelle manière la situation d'urgence affecte-t-elle votre consommation normale ? (*Par exemple, vos cultures ont été détruites, vos revenus ont diminué, les prix ont augmenté, la disponibilité est réduite sur le marché, il vous est impossible d'accéder au marché...*)
>
> **Articles non alimentaires essentiels ou services**
> 8. Quels articles non alimentaires essentiels et services, utilisés normalement dans votre foyer ont été touchés par la situation d'urgence ?
> 9. Dans chaque cas, de quelle manière la situation d'urgence a-t-elle affecté votre consommation normale ?
> (*Par exemple, vos cultures ont été détruites, vos revenus ont diminué, les prix ont augmenté, disponibilité est réduite sur le marché, il vous est impossible d'accéder au marché...*)
> 10. À quels autres besoins urgents, non alimentaires ou de services, faites-vous maintenant face du fait de la crise ?
>
> **Revenu et / ou situation actuelle d'emploi**
> 11. Si vous vous appuyez normalement sur le travail occasionnel ou un emploi pour en tirer un revenu, veuillez décrire tout changement dans la quantité de travail que vous êtes aujourd'hui en mesure de trouver
> 12. Si vous comptez normalement sur la vente de vos propres produits (aliments, bétail, produits manufacturés) pour en tirer un revenu, merci de décrire tout changement dans la quantité que vous êtes en mesure de vendre et / ou le prix que vous en obtenez.
> 13. Dans chaque cas, dites-nous en quoi la situation d'urgence a une incidence sur votre salaire ou votre revenu normal. (*vous êtes incapable de travailler du fait de la crise, demande de main-d'œuvre réduite, demande de produits réduite, pas de transports pour aller travailler, niveaux de salaires réduits, prix de vente de vos produits réduits, modification dans la part du temps rémunéré et celle non rémunérée*) .

Réponse humanitaire
14. Comment vous-mêmes et votre famille vous adaptez-vous ? Quels changements vous et votre famille avez-vous dû introduire pour vous adapter à ces nouvelles épreuves ?
15. Combien d'agences sont-elles déjà intervenues pour remédier à la situation ? Quelles sont les activités offertes par le gouvernement ou des ONG pour vous aider à traverser cette période ?
16. Si vous receviez des espèces plutôt qu'une aide matérielle, quels types de produits ou de services achèteriez-vous en premier ? À quoi pourriez-vous dépenser cet argent ? Si vous aviez le choix, comment préféreriez-vous recevoir de l'aide pour les besoins non alimentaires de votre foyer ? (*distributions, aide en espèces*)

Encadré 4.5 Échantillons de questions pour les acteurs du marché local

Votre entreprise
1. Comment votre entreprise se porte-t-elle ? Quel est l'impact de la crise sur votre entreprise ? Comment les commerçants et la communauté en général font-ils face à ces moments difficiles ?
2. Quels sont les produits / articles que vous vendez depuis le début de la crise ? Combien / en quelle quantité ?
3. Combien / quelle quantité vendez-vous normalement à cette époque de l'année ?
4. Quel est le niveau de votre stock ? Est-ce plus ou moins que la normale pour vous ?

Vos clients / acheteurs
5. Qui sont vos clients ? Qu'est-ce qui les caractérise ? (NB : « Client »désigne une personne qui vous achète, pas nécessairement l'utilisateur final)
6. Combien de clients avez-vous ces temps-ci ? (*Par exemple, nombre de transactions par semaine*)
7. Combien de ventes avez-vous effectuées à la même époque de l'année avant la crise ?
8. Comment la crise affecte-t-elle la demande de vos clients pour des produits/ articles particuliers ?
9. Quel est votre prix de vente actuel ? Quel était votre prix de vente l'année dernière ?

Crédit / dette
10. Avant la crise faisiez-vous normalement crédit à vos clients ?
11. Permettez-vous à tous vos clients de disposer d'un crédit aujourd'hui ?
12. Quelle somme vous est due, au total, par vos clients ? Combien cela représente t-il de semaines de revenu ?
13. Avant la crise obteniez-vous du crédit auprès de vos fournisseurs ?
14. Êtes-vous toujours en mesure d'obtenir ce crédit
15. Combien devez-vous à vos fournisseurs ? Combien de semaines d'approvisionnement ?

Vos fournisseurs
16. Qui et où sont vos fournisseurs ?
17. Est-ce que cela a changé depuis le début de la crise ?
18. Y a-t-il des facteurs saisonniers influant sur les prix qui vous affectent lorsque vous achetez des intrants et des fournitures ?

19. Les prix de vos fournisseurs ont-ils changé depuis le début de la crise ? De combien ?
20. Si la demande de vos clients augmentait, à quelle vitesse pourriez-vous satisfaire : a) la même quantité qu'avant ; b) le double de la quantité ; c) trois fois plus ?
21. Pensez-vous que vous auriez à payer plus cher qu'avant pour obtenir ces fournitures / intrants ?

Vos coûts professionnels (transport, stockage, loyers, etc.)
22. Quels sont les principaux coûts que vous engagez dans votre entreprise en dehors de vos achats ? (*Par exemple, transport, stockage, locaux, travail, licences*)
23. Quel est l'impact de la crise sur ces coûts ?

Vos concurrents (autres entreprises)
24. Combien d'autres entreprises (commerçants) vendent les mêmes produits / /articles que vous dans la même zone locale ?
25. Quelle « part » estimez-vous avoir du marché total de la région que vous desservez ?
26. Y a-t-il des zones voisines qui ne reçoivent pas d'approvisionnement régulier du marché ? Si oui, pourquoi ?

Diagnostics des infrastructures.
27. Quels sont les principaux problèmes auxquels vous êtes confrontés pour faire des affaires aujourd'hui ?
28. Y a-t-il des restrictions sur l'endroit où vous pouvez déplacer les marchandises à vendre ou les biens à acheter ? Des réglementations du marché ? Lequel de ces problèmes est lié à l'impact de la crise ?
29. À votre avis, qu'est-ce qui pourrait être fait pour résoudre tous ces problèmes, en particulier ceux liés à l'impact de la crise ? Quelles sont les mesures potentielles immédiates et à long terme qui peuvent être prises pour remédier à la situation ?

> **Encadré 4.6 Exemples de questions pour les acteurs les plus importants du marché / les interlocuteurs clés**
>
> **Situation de référence : la structure normale et le fonctionnement du système de marché**
>
> *Acteurs du marché*
> 1. Décrivez les étapes fonctionnelles et les personnes ou entreprises concernées par l'obtention de ce produit sur le marché, c'est-à-dire des producteurs, vendant par l'intermédiaire des commerçants et de ces intermédiaires vers les consommateurs.
> 2. Quelles sont les fonctions de chacune de ces personnes ou entreprises dans la chaîne ?
> 3. Quels sont, dans une année normale, les prix généralement payés dans toute la chaîne de marché, à cette époque de l'année ?
>
> *Fournisseurs de services*
> 4. Y a-t-il des services importants fournis par d'autres entreprises qui soutiennent ou rendent cette chaîne de marché viable ? *(Par exemple les fournisseurs d'intrants, les services de transport, les installations de stockage, les communications, les services financiers)*
> 5. Y a-t-il des services importants fournis par d'autres entreprises qui soutiennent ou rendent cette chaîne de marché viable ? *(Par exemple facilités de crédit, réseaux d'électricité ou d'eau, places de marché)*
>
> *Institutions, règles et normes*
> 6. Quelles lois, règles formelles, ou règlementations ont une grande influence (positive ou négative) sur le fonctionnement de la chaîne d'approvisionnement ?
> 7. Y a-t-il des pratiques informelles de douane, des habitudes et les pratiques qui façonnent les relations (par exemple, instaurer la confiance) entre les acteurs du marché ? *(Par exemple les douanes, à qui vendre ou à qui acheter)*
>
> *Performance de référence du système de marché*
> 8. Quels sont les mois dont la demande est la plus forte, dans une année « classique » ? Et ceux dont la demande est la plus basse ?
> 9. Merci d'estimer la production totale combinée locale que vous et vos concurrents avez échangée la saison dernière (au niveau national et dans la région touchée par la crise).
> 10. Le prix de ce produit change-t-il en fonction de la saison ? A quelles périodes de l'année les prix sont-ils généralement les plus hauts et les plus bas? Quels seraient les prix moyens à ce moment de l'année ?
> 11. Quelle est la valeur de stock généralement disponible dans une année normale ? (Décomposition du stock total et du stock dans les entrepôts et dépôts de l'arrière-pays.)
> 12. Qui achète normalement vos produits : les riches, la classe moyenne, les pauvres ? Pourriez-vous estimer combien chacun de ces ménages consomme habituellement par semaine ?
>
> *Ce marché est-il habituellement concurrentiel et généralement bien intégré ?*
> 13. Y a-t-il des points dans la chaîne d'approvisionnement où un ou deux acteurs du marché (commerçants par exemple) sont capables de dominer ou de contrôler l'offre et pour autant de fixer le prix des marchandises ?
> 14. Le schéma des variations saisonnières des prix dans la zone touchée a-t-il tendance à se rapprocher du modèle dans d'autres régions ou dans la capitale (une fois les frais de transport pris en compte) ? Si non, pourquoi pensez-vous que les variations de prix saisonnières dans cette zone sont différentes dans d'autres zones ?

Situation affectée par l'urgence
Comment la situation d'urgence a-t-elle affecté le fonctionnement du marché ?
15. Quels sont les impacts / changements qui sont apparus dans les voies d'approvisionnement du producteur au consommateur par l'intermédiaire d'un commerçant ?
16. Certains acteurs du marché ou des fonctions dans la chaîne de valeur ont-ils été particulièrement touchés ?
17. Comment la situation d'urgence a-t-elle affecté les services professionnels importants mentionnés précédemment, les services publics importants, ou les infrastructures publiques ?
18. Quelle est la perte de marge dans les affaires en situation d'urgence ? Quels sont les coûts des entreprises qui augmentent et de combien ? (*Par exemple, carburants, stockage, acquisitions, travail, etc.*)
19. Vos ventes ont-elles augmenté ou diminué ? Si oui, pourquoi ?
20. Votre accès à la production locale a-t-il changé et si oui comment ?
21. L'urgence a-t-elle eu des conséquences sur votre capacité à importer ? (*Par exemple, des dommages aux ports, aux transports ferroviaires, routes, ou le manque de personnel douanier pour dédouaner les marchandises*)
22. Pour ce produit, les prix ont-ils augmenté, diminué ou sont-ils restés stables, par rapport à l'évolution normale à cette époque de l'année ? Précisez dans quelle mesure.
23. Quelle est la quantité en stock de ces produits actuellement disponible ? Décomposition du stock total et dans les entrepôts et dépôts de l'arrière-pays, en particulier dans la zone affectée par la catastrophe.)
24. Existe-t-il des groupes de consommateurs qui, aujourd'hui, ne peuvent acheter ces produits en raison des prix élevés ou du manque d'accès aux fournisseurs ?

Comment faites-vous face à l'urgence ?
25. Comment avez-vous adapté votre structure commerciale normale pour surmonter les difficultés causées par la situation d'urgence ?
26. Comment les autres acteurs de la chaîne de marché se sont-ils adaptés ? (*Par exemple les fournisseurs d'intrants, les transporteurs, les producteurs, etc.*)

Comment la situation d'urgence a-t-elle affecté la concurrence ?
27. La situation d'urgence a-t-elle affecté la façon dont les fournitures et les prix sont contrôlés et, si oui, comment ? (Par exemple en réduisant le nombre d'entreprises en activité, ou en limitant les options de transport)
28. Pensez-vous que votre principal concurrent a assez de poids pour restreindre l'offre et faire monter les prix maintenant ?

Que se passerait-il si le pouvoir d'achat des ménages affectés était restauré ?
29. Si une plus grande demande dans la zone d'urgence était garantie, dans quelle mesure seriez-vous capable d'augmenter vos achats / votre volume d'affaire dans la région touchée ?
30. Où vous approvisionneriez-vous pour des achats supplémentaires si nécessaire ?
31. Quels facteurs seraient les plus susceptibles de limiter votre capacité à augmenter vos volumes d'affaires ?
32. Combien de temps vous faudrait-il à l'échelle de votre commerce pour satisfaire une demande accrue ?
33. Y aurait-il encore certains groupes de consommateurs qui seraient difficiles à fournir, par exemple en raison des risques élevés, de la faiblesse des infrastructures, des routes en mauvais état ?

Encadré 4.7 Exemples de questions pour les principaux employeurs

Situation de référence : la structure normale et le fonctionnement de ce système de marché

Acteurs de la chaîne de valeur
1. Quelle est l'activité de votre entreprise, produit-elle des biens ou des services et quelles sont vos ressources ? Qui est impliqué dans la livraison de vos marchandises, etc. ? Quelles sont les fonctions de chacune des personnes ou entreprises dans la chaîne ?
2. Dans quelle mesure sont-elles en concurrence les unes avec les autres, ou avec l'offre des autres chaînes ?

Fournisseurs de services
3. Y a-t-il des services importants fournis par d'autres entreprises qui soutiennent ou rendent cette chaîne de marché viable ? (*par exemple les fournisseurs d'intrants, les services de transport, les installations de stockage, les communications, les services financiers*)
4. Y a-t-il des services importants fournis par le gouvernement / les autorités locales ou des infrastructures qui soutiennent cette chaîne de marché ou la rendent viable ? (*Par exemple facilités de crédit, les réseaux d'électricité et d'eau, les places de marché*)

Environnement des entreprises / institutions
5. Quelles lois, règles, ou réglementations ont une influence majeure (positive ou négative) sur le fonctionnement de la chaîne d'approvisionnement ?
6. Y a-t-il des pratiques informelles, des habitudes et qui façonnent les relations, par exemple, en instaurant la confiance entre les acteurs du marché ? Il s'agit par exemple de *savoir à qui vendre ou à qui acheter.*

Performance de référence du système de marché
7. Combien de personnes employez-vous normalement à cette époque de l'année ? Cela change-t-il avec les saisons ? D'où viennent vos travailleurs ? Pourcentage d'hommes / de femmes ?
8. Combien vos travailleurs gagnent-t-ils normalement ? Ont-ils d'autres avantages ?
9. Le profit varie-t-il selon la saison ? À quel moment de l'année employez-vous le plus grand / nombre de personnes / le plus petit ? Dans une année normale, combien d'employés travailleraient pour vous et quelles seraient vos profits ?
10. Qui achète normalement vos produits - les riches, la classe moyenne, les pauvres ? Pourriez-vous estimer combien chacun de ces ménages consomment habituellement par semaine ?

Ce marché est-il habituellement concurrentiel et généralement bien intégré ?
11. Avez-vous des concurrents ? Vous ou vos concurrents contrôlez-vous l'approvisionnement et donc fixez-vous le prix des marchandises / services ? Si oui, comment avez-vous / ont-ils établi et maintenu ce contrôle ?
12. Le schéma des variations saisonnières des prix dans la zone touchée a-t-il tendance à se rapprocher du modèle d'autres régions ou de la capitale (après prise en compte des frais de transport) ? Si non, pourquoi pensez-vous que les variations de prix saisonnières dans cette zone sont différentes de celles d'autres zones ?

Situation affectée par l'urgence
Comment la situation d'urgence a-t-elle affecté le fonctionnement du marché ?
13. Quels facteurs ont impacté et modifié votre capacité à rester en activité et à employer du personnel ?
14. Certains acteurs du marché ou certaines fonctions dans la chaîne de valeur ont-ils été particulièrement touchés ?
15. Comment la situation d'urgence a-t-elle affecté les services professionnels importants ou les infrastructures publiques mentionnées ci-dessus ?
16. Quelle est la perte de marge dans les affaires en situation d'urgence ? Quels sont les coûts des entreprises qui augmentent (carburants, stockage, acquisitions, travail, etc.) et de combien ? Comment faites-vous face à l'urgence ?
17. Comment avez-vous adapté votre fonctionnement pour surmonter les difficultés causées par la situation d'urgence ?
18. Comment les autres acteurs de la chaîne de marché se sont-ils adaptés ? (Fournisseurs d'intrants, transporteurs, producteurs)

Comment la situation d'urgence a-t-elle affecté la concurrence ?
19. La situation d'urgence a-t-elle eu une influence sur la concurrence dans votre secteur ? (Par exemple, certains ont-ils été plus sévèrement touchés par la catastrophe que votre entreprise ?)
20. Pensez-vous que vous ou vos concurrents ayez assez de poids pour limiter l'offre et faire monter les prix maintenant ?

Comment le marché se porte-t-il aujourd'hui ?
21. Vos ventes ont-elles augmenté ou diminué ? Si oui, pourquoi ?
22. Les prix de ce produit / service ont-ils augmenté, diminué ou sont-ils restés stables, par rapport à l'évolution normale à cette époque de l'année ? Précisez de combien.
23. Est-il exact que certains groupes de consommateurs ne peuvent aujourd'hui acheter ces produits / services en raison des prix élevés ou du manque d'accès aux fournisseurs ?

Que se passerait-il si le pouvoir d'achat de vos acheteurs était restauré et que vous puissiez continuer à employer du personnel ?
24. Si une plus grande demande pour vos produits / services dans la zone d'urgence était garantie, dans quelle mesure seriez-vous capable d'augmenter vos achats / votre volume d'affaires dans la région touchée ?
25. Vos employés sont-ils toujours disponibles et des matières premières sont-elles accessibles actuellement ?
26. Quels facteurs seraient les plus susceptibles de limiter votre capacité à augmenter vos volumes d'affaires ?

4.10 Feuilles de collecte de données

Les méthodes d'enregistrement des informations recueillies lors des entretiens sont discutées à l'étape 5. Pour de nombreux praticiens EMMA, il s'agit d'un choix personnel. Cependant, quand il s'agit de données quantitatives, il est utile de préparer des feuilles de collecte de données standard. Celles-ci peuvent aider à garantir que les données sont systématiquement notées dans un format cohérent, afin qu'elles puissent être facilement comparées, rassemblées, ou utilisées d'une manière qui vous permette de mieux comprendre le marché.

Vous trouverez peut-être utile d'inclure un tableau de données sur la même feuille que le questionnaire d'entretien. Ceux-ci peuvent être transposés et les calculs effectués et consolidés ultérieurement, dans l'étape 6. Des modèles de ces feuilles peuvent être trouvés dans le manuel de référence EMMA sur CD-ROM.

Profils de revenus et de dépenses des ménages

Une fiche de données aussi simple que celle de l'encadré 4.8 peut être utilisée pour recueillir des renseignements sur les revenus des ménages. Un format similaire est approprié pour explorer comment les dépenses du ménage sont réparties.

Encadré 4.8 Fiche technique relative au revenu du ménage - exemple		
Principales sources de revenus *y compris les aliments produits pour la consommation personnelle*	Emplacement	Taille H / H
	Situation de référence	*Situation d'urgence*
1. La consommation de du maïs produit (production propre)	15 kg / semaine (Valeur estimée 6 $)	Néant (pertes de récoltes)
2. Bénéfice de la vente du surplus de production de haricots	Somme forfaitaire 75 $ (Plus de 12 semaines)	Néant (pertes de récoltes)
3. Les salaires pour un travail occasionnel dans les étangs de poisson	8 $ / semaine	4 $ / semaine
4. Fonds reçus du frère en capital	2 $ / semaine	4 $ / semaine
5. Prêt (avance) du propriétaire (par ex 10 semaines)	somme de 50 $ jusqu'à juillet	Néant(propriétaire déplacé)
6. Programme gouvernemental Argent contre travail (cash-for work)	Néant	10 $ / semaine
Total approximatif	*27 $ / semaine*	*18 $ / semaine*

Données de l'analyse des besoins

La fiche technique illustrée de l'encadré 4.9 est un moyen utile pour résumer l'analyse des « besoins » ou insuffisance, auquel un ménage est confronté dans l'attente de la prochaine récolte, dix semaines plus tard. La stratégie d'adaptation du ménage a été de réduire sa consommations de maïs de 15 à 8 kg par semaine ; mais ils fait face à une insuffisance de stocks d'environ 100 kg, ce qui représente 10 kg par semaine pendant dix semaines.

Encadré 4.9 Fiche d'informations des « besoins » - exemple

	Situation de référence	Situation d'urgence	Écart prévu dans les prochaines semaines
Exemple A : Maïs (aliment de base)			
Consommation du foyer	15 kg / semaine	8 kg / semaine	10 kg / semaine pour la nourriture, pour les 10 semaines suivantes 50 kg de semences de maïs en mai
Stocks du foyer	150 kg de nourriture (= 10 semaines)	50 kg (= 3 semaines) pas de semences de maïs	
Exemple B : Pêche côtière (travail occasionnel)			
Revenu du ménage	8 $ / semaine	4 $ / semaine (pas de transport vers la côte pour travailler)	15 $ pour les tickets d'autobus
Exemple C : Financement informel			
Revenu du ménage	50 $ forfaitaire (avril) Prêt du propriétaire	Néant(propriétaire déplacé)	5 $ / semaine pendant 10 semaines -(Pour les intrants agricoles, les aliments)

Données des petits commerçants / détaillants (dans un système de marché de fourniture)

La feuille de données dans l'encadré 4.10 est un moyen utile de résumer l'impact de l'urgence sur un petit commerçant ou un détaillant local. Rappelez-vous que la compréhension de la tendance est tout aussi importante que d'obtenir des chiffres précis.

Encadré 4.10 Fiche d'informations pour un commerçant / détaillant local - exemple

Type d'acteur : *magasin du village*		**Article** : *Haricots (détail)*	**Emplacement** : *Dhaizpur*
	Référence	*Urgence*	*Modification ou tendance*
Volume des ventes Kg / semaine	150 à 200	Octobre : 200 à 300 Novembre : 50 à 100	Les ventes ont atteint un sommet après le séisme, mais maintenant, ~ 30% normal
Coûts des intrants $ / Kg	25 à 30 en gros + 6 pour le transport	Octobre : 70 Novembre : 50	Coûts initialement doublé mais revenant maintenant à la normale
Prix de vente $ / Kg	40 à 45	Octobre : 90 Novembre : 55	Marges réduites au minimum
Stocks détenus en kilo	1 200	300	Stocks très bas, en cette période de l'année

Données des producteurs (dans un système de marché de fourniture)

Une fiche de données similaires (encadré 4.11) est utile pour résumer les expériences des producteurs locaux ou des agriculteurs.

Encadré 4.11 Fiche d'informations pour un agriculteur / producteur local - exemple			
Type d'acteur		Article	Emplacement
	Référence	*Urgence*	*Modification ou tendance*
Production kilo / mois			
Ventes en $ / mois			
Coûts des intrants $ / kilo			
Gains nets $ / Mois			

Données de l'employeur (dans un système de revenu du marché)

Le type de fiche de données utilisée pour les producteurs ou les détaillants peut également être adapté aux employeurs dans les systèmes de revenu du marché (encadré 4.12).

Encadré 4.12 Fiche d'informations pour un employeur local - exemple			
Type d'acteur	Activité d'emploi		Emplacement
Propriétaire d'un bateau de pêche	*Pêche en mer*		*Modification ou tendance*
	Situation de départ	*Situation d'urgence*	*Modification ou tendance*
Emploi	36 hommes jours / semaine (6 personnes) ont eu 2 des 13 bateaux dans l'estuaire local (= 15%)	10 jours / semaine (5 jours x 2 personnes)	Perte d'un bateau et des membres de l'équipage ont été déplacés
Taux de salaires	1,50 à 2,00 généralement	2,20 à 2,60	Les salaires ont augmenté en raison de l'indisponibilité ou de la perte de l'équipage
Masse salariale	60 $ / semaine	25 $ / semaine	
Ventes	N'a pas voulu divulguer ces informations	N'a pas voulu divulguer ces informations	Les ventes ont chuté de plus de 50%

Liste de contrôle pour l'étape 4

o   Programme d'entretien pour l'analyse des besoins

o   Programme d'entretien pour l'analyse du système de marché

o   Programme d'entretien pour l'analyse des réponses

o   Prévision de trésorerie

o   Préparation des fiches techniques

ÉTAPE 5
Activités et entretiens sur le terrain

Vélo transportant de l'herbe coupée qui va être utilisée comme fourrage pour les animaux, Cambodge

L'étape 5 couvre le travail de terrain d'EMMA : interviews et autres informations collectées, qui constituent le cœur de l'enquête EMMA. Cela comprend des conseils sur la mise en place et la conduite des entrevues avec les différentes catégories d'informateurs : les ménages, les acteurs du marché, les fonctionnaires.

> **Avant de commencer l'étape 5, vous aurez ...**
>
> o   élaboré les questions clés de l'analyse auxquelles EMMA cherche à répondre.
> o   décidé de votre itinéraire sur le terrain et organisé le transport et l'hébergement ;
> o   préparé les programmes (questions et les structures interview) pour les différentes catégories d'informateurs ;
> o   conçu les formes de collecte de données et de réponse pour aider au travail de terrain ;
> o   préparé vos méthodes et techniques d'interview.

5.1 Vue d'ensemble de l'étape 5

Objectifs

Analyse des besoins
- Confirmer et quantifier les besoins prioritaires non satisfaits des divers groupes cibles.
- Vérifier votre compréhension des stratégies des moyens de subsistance des ménages et des facteurs saisonniers.
- Examiner toute contrainte sur les femmes et les hommes pour l'accès aux marchés.

Analyse de marché
- Comprendre la structure du système de marché, son comportement et le rendement antérieur à la crise.
- Évaluer les effets de la crise sur l'infrastructure du système de marché et les services de soutien.
- Comprendre l'impact sur les différents acteurs du marché et leurs stratégies d'adaptation.
- Recueillir des données sur les volumes de production et d'échanges, les prix et la disponibilité dans la situation de référence et dans la situation affectée par la crise.
- Identifier les contraintes existantes et prévues sur les performances du système dans un futur proche.

Analyse de la réponse
- Comprendre les formes d'aide préférées des groupes cibles.
- Identifier les actions de soutien possibles qui pourraient renforcer les stratégies d'adaptation des acteurs du marché et encourager la reprise du système de marché ou l'amélioration des performances.

Activités
- Entretiens avec les acteurs du marché les plus importants du système de marché (grossistes, importateurs, transformateurs).
- Entretiens avec les informateurs clés (représentants du gouvernement, personnel des agences de développement, consultants économiques, personnel de banque, etc.) .
- Entretiens, discussions avec un échantillon de femmes et d'hommes issus du groupe cible des ménages.
- Entretiens, discussions avec une sélection d'acteurs du marché local de la région touchée par la crise (producteurs, détaillants, distributeurs, employeurs)
- Collectez des informations informelles et improvisées (rendez-vous informels, discussion spontanée avec des gens dans la rue)
- Reconsidérez quotidiennement le programme de terrain, les entretiens et les priorités d'information, fondées sur l'examen et l'interprétation des dernières informations recueillies par l'équipe EMMA

Principaux résultats

Les résultats de cette étape seront enregistrés en trois formats :
1. *Fiches techniques* : les fiches techniques enregistrent systématiquement des données quantitatives, par exemple :
   - estimations de l'ampleur des besoins prioritaires des ménages cibles (besoins non satisfaits) ;
   - estimations de la production de référence et de la production actuelle, des stocks et du volume des échanges ;
   - données de référence et prix actuels en des points clés du système de marché.
2. *Dossiers d'entretien* : il s'agit des notes prises lors des entretiens et réunions, comme :
   - les descriptions des moyens de subsistance et des stratégies d'adaptation des divers groupes cibles ;
   - les préférences des femmes et des hommes pour les différentes formes d'assistance humanitaire ;
   - les opinions concernant les impacts de la crise sur les entreprises et sur le système de marché au sens large ;
   - les informations sur la réglementation ainsi que sur la conduite des acteurs du marché, cartels et pouvoir sur le marché ;
   - les stratégies d'adaptation signalées comme étant utilisées par un large éventail d'acteurs du marché en réaction à la crise ;
   - les goulets d'étranglement et les contraintes signalées ou prévues par les commerçants.
3. *Autres notes de terrain* : elles concernent les idées des membres de l'équipe EMMA et les interprétations au cours de travaux sur le terrain, c'est-à-dire :
   - les informations sur la structure du marché de référence, y compris les relations entre les personnes ;
   - les schémas ou croquis du système de marché, ou du profil de revenus et de dépenses des ménages ;
   - les notes et observations pour la réalisation des calendriers saisonniers ;
   - les facteurs qui influent sur l'accès des différents groupes cibles à l'économie de marché ;
   - les points de vue sur les formes les plus urgentes et les plus efficaces possible de soutien du système de marché.

5.2 L'itinéraire de travail de terrain

Où, quand et avec qui vous réaliserez des entretiens sont des paramètres qui dépendront de nombreux facteurs : la géographie du système de marché, le temps dont vous disposez ; les emplacements des différents acteurs du marché, les contraintes auxquelles l'équipe EMMA doit se plier, sécuritaires par exemple. Ce qui suit n'est qu'un guide.

Dans les situations d'urgence, il y a généralement trois zones d'investigation pour le travail de terrain EMMA.
1. *La zone d'urgence ou zone de crise*
   C'est là que les ménages cibles sont situés, ainsi que les acteurs du marché local (producteurs, détaillants, distributeurs, employeurs).

2. *Centres du système de marché ou centres commerciaux*
   Ce sont les principaux villages, ports ou villes où sont situés les acteurs du marché les plus importants (importateurs, grossistes, usines de transformation).
3. *Le centre administratif du gouvernement*
   Il s'agit de la ville la plus proche où sont installés les représentants du gouvernement, agences humanitaires, bailleurs de fonds où d'autres informateurs clés sont souvent présents.

Vous devez diviser le temps de l'équipe entre ces zones avec souplesse. Avec de la chance, la deuxième et la troisième zone coïncideront. Dans la pratique, votre itinéraire sera souvent dicté par la logistique du transport, le calendrier et les contraintes d'accès sur le terrain.

Première phase des travaux sur le terrain

- Publication des entretiens avec les acteurs les plus importants du marché dans son ensemble (grossistes, importateurs, acheteurs).
- Entretiens avec des informateurs clés (représentants du gouvernement, spécialistes du secteur, ONG locales).

Les équipes EMMA doivent commencer le travail de terrain dans le(s) centre(s) de marché et le centre administratif s'il est différent. Parlez avec des acteurs du marché importants (par exemple des grossistes), qui ont une vue sur le système de marché dans son ensemble ; prenez en compte le rôle des services (tels que la finance, le transport), la politique et la réglementation.

Au cours de cette première phase, vous devez également entendre tout informateur clé qui peut aider les équipes EMMA à s'appuyer rapidement pour avancer sur une compréhension préliminaire du système de marché et de la situation d'urgence, telle qu'elle résulte des étapes 1 et 3 ; ces informateurs seront par exemple des représentants du gouvernement, les responsables d'ONG locales, et des spécialistes du secteur.

Le mode d'investigation principal dans cette phase consiste en des entretiens structurés. Initialement, les trames d'informations (par exemple la section 4.4) seront plutôt étendues mais elles devront être adaptées à la personne interrogée. Pensez aussi à utiliser des entretiens au plus tôt, pour poser des questions relatives à d'autres contacts : à savoir qui sont les autres acteurs importants du marché et où les trouver.

Deux ou trois jours d'enquête dans ces zones, souvent en dehors de la zone d'urgence, constitueront une excellente préparation pour le travail de terrain dans la région touchée par la crise. Après avoir s'être entretenues avec quelques informateurs et acteurs du marché bien informés, les équipes EMMA devront s'attendre à revenir aux étapes 3 et 4 pour réexaminer l'analyse des questions clés et des cartes préliminaires.

Note : le retour aux étapes précédentes est une action normale dans le processus EMMA. La compréhension du système de marché et des questions primordiales s'accumule progressivement et de manière itérative. Les équipes EMMA doivent régulièrement réfléchir aux informations collectées lors des entretiens (quotidiennement par exemple) et utiliser leurs réflexions pour affiner les lignes d'enquête lors de réunions ultérieures.

Deuxième phase de travaux sur le terrain
- Entretiens avec les femmes et les hommes des ménages du groupe cible touché.
- Réunions (et discussions de groupe) avec les acteurs du marché local (commerçants, boutiquiers, les producteurs)
- Conversations informelles et improvisées grâce à des exercices.

Le travail de terrain dans la zone d'urgence est généralement la phase la plus fastidieuse, en raison du grand nombre de personnes à interroger et de la logistique des déplacements. C'est à ce moment qu'une équipe EMMA de grande taille peut être utile, à condition que chaque membre soit bien guidé. Le travail comprend des entretiens avec un échantillon de femmes et d'hommes de différents groupes cibles et des rencontres avec les acteurs du marché local (producteurs, détaillants, distributeurs, employeurs). En général, il est préférable de commencer par rencontrer les informateurs clés, les anciens du village et les responsables locaux, quel que soit le lieu. Cela permettra satisfaire aux normes locales et conduira et conduira souvent à des introductions auprès d'autres contacts importants. Ensuite, parlez aux femmes et aux hommes des ménages cibles de la zone touchée, de préférence séparément. Après quoi vous vous adresserez aux acteurs du marché local (producteurs, détaillants, distributeurs, acheteurs) avec lesquels les ménages cibles disent qu'ils sont en contact, sur le marché local par exemple. Un mélange de visites informelles associées à des conversations et des entretiens plus formels est souvent avantageux.

Il y a également des avantages à se déplacer dans des endroits différents pour divers types d'entretien, de sorte que les différents points de vue viennent élargir votre compréhension de la situation et enrichir vos entretiens ultérieurs.

Après avoir parlé à de petits acteurs locaux, les équipes EMMA pourront trouver utile de remonter le long de la chaîne de valeur ou de la chaîne d'approvisionnement, en suivant les liens vers les acteurs du marché les plus importants dans les principaux centres de commerce et les villes. Cela vous permet de concentrer vos efforts uniquement sur les acteurs du marché les plus pertinents pour la population cible (voir encadré 3.6 « l'ignorance optimale »).

Troisième phase de travail sur le terrain
- Des entretiens de suivi avec de plus grands acteurs du marché
- Des entretiens de suivi avec des informateurs clés

Après le travail de terrain dans la zone d'urgence, il est très fréquent de constater que d'autres questions plus précises et des problèmes plus spécifiques surgissent ultérieurement. Ceux-ci peuvent exiger plus d'informations de la part des acteurs du marché les plus importants et des informateurs clés. Par exemple, les équipes EMMA pourront avoir besoin d'étudier la faisabilité d'activités spécifiques qui apparaissent commendes options de réponse intéressantes (section 9.7). Des entretiens de suivi sont généralement nécessaires avec des informateurs clés dans les centres de commerce ou dans les centres administratifs.

Analyse sur place

À ce stade, vous avez sans doute réalisé que l'analyse des informations et des données récoltées sur le terrain doit être lancée au cours du travail de terrain. En d'autres termes, les étapes 6, 7 et 8 doivent idéalement commencer pendant le travail de terrain. Après chaque entretien et à la fin de chaque journée, prenez le temps de vous demander : « Que nous apprend cette information sur les questions clés auxquelles nous essayons d'apporter une réponse ? »

Ce temps de réflexion est essentiel et il est beaucoup plus productif de réfléchir immédiatement lorsque l'information est récente, que d'attendre d'être de retour au siège. Idéalement, les équipes ont besoin quotidiennement de :

- modifier ou de redessiner les croquis de cartes de marché pour tenir compte de l'évolution de leur compréhension du système ;
- vérifier que les questions posées au cours des entretiens sont restées pertinentes. Modifiez les questions si nécessaire pour refléter les écarts les plus importants dans votre connaissance du système de marché, à mesure que le travail de terrain progresse.

Ayez conscience qu'à mesure que vous rassemblez et traitez l'information quotidienne, vous aurez probablement à ajouter de nouvelles interviews à votre programme et devrez ajuster les plans et les priorités en conséquence.

Encadré 5.1 Vérifications quotidiennes durant le travail de terrain

1. Mettre à jour les cartes de référence et d'urgence.
2. Mettre à jour les calendriers saisonniers.
3. Résumer les conclusions clés des entretiens / observations.
4. Compléter / précisez vos fiches de données.
5. Examiner et révisez votre plan d'entretien.
6. Revoir les questionnaires d'entretien / feuilles de questions.

5.3 Affectation du temps d'entretien disponible

Il n'y a jamais suffisamment de temps pour suivre toutes les pistes et parler à chaque personne, il est donc essentiel de fixer des priorités. Calculez combien de « temps d'entretien » vous êtes susceptible de pouvoir faire entrer dans le délai dont vous disposez. Cela dépendra du nombre de jours, de la durée des trajets et de la taille de l'équipe EMMA, c'est-à-dire en combien de paires d'entretien vous pouvez vous diviser.

À titre indicatif, vous devez allouer le temps d'entretien disponible (sans compter le temps de déplacement) dans les proportions indiquées dans l'encadré 5.2.

Encadré 5.2 Diviser la durée de votre entretien

Type d'entretien	Partage du temps	Exemple
Ménages cibles	15%	8 heures (12 entretiens courts)
Détaillants locaux, les négociants, acheteurs ou employeurs	30%	12 heures (15 entretiens moyens)
Négociants, grossistes, grands acheteurs, importateurs dans les centres commerciaux, la ville	30%	12 heures (15 entretiens moyens)
Autres informateurs clés, fonctionnaires, etc.	15%	6 heures (6 entretiens longs)
Entretiens d'urgence et de suivi	10%	4 heures

Il est vital de garder un peu de temps disponible pour les entrevues de suivi. À mesure que votre compréhension du système de marché progresse et que vous commencez à examiner l'analyse de la réponse, vous pourrez avoir besoin de temps pour revenir explorer des questions particulières ou des possibilités de réponse plus détaillée.

5.4 Sélection des personnes à interroger

Essayez de parler à un éventail aussi large de personnes que le temps le permet lors du travail sur le terrain EMMA. N'oubliez pas, cependant, que le processus EMMA n'attribue pas de temps pour une étude systématique rigoureuse des ménages ou des acteurs du marché. Au mieux, vous interrogerez un échantillon restreint mais à peu près représentatif des femmes et des hommes.

Encadré 5.3 « Imprécision appropriée »

EMMA ne peut pas atteindre le même genre de précision statistique que dans de grandes enquêtes avec des dizaines ou des centaines d'entretiens. Par exemple, supposons que vingt personnes vous disent combien ils dépensent pour l'achat de riz chaque mois. Leurs réponses (en moyenne) représenteront l'ensemble de la population mais avec une précision limitée, peut-être plus ou moins 10 %, au mieux.

Par conséquent, il serait trompeur d'affirmer le résultat comme ceci :« Dépense moyenne = 72,30 roupies ». C'est trop précis. Un constat plus correct serait « La dépense moyenne se situe aux alentours de 60 à 80 ». Si l'échantillon est plus petit (par exemple 10 personnes), la précision des résultats sera encore moins bonne : peut-être seulement plus ou moins 30 %.

Le mieux qu'EMMA puisse espérer atteindre est un niveau « d'imprécision appropriée ». Au lieu de grands échantillons, supposez que les résultats ne soient que très approximatifs et essayez de vérifier par recoupement (triangulation) avec les autres sources d'information.

Les implications sont claires dans EMMA :
- Ne perdez pas de temps à essayer d'obtenir des réponses très précises aux questions quantitatives.
- N'utilisez pas abusivement des résultats précis dans votre analyse.

Entretiens avec les gros négociants, les employeurs, et les acheteurs

Essayez de vous entretenir avec des acteurs majeurs du marché, se trouvant en dehors de la région touchée. Il peut s'agir de négociants importants, de grossistes ou d'importateurs des principaux centres commerciaux et villes. Cela peut également concerner les fournisseurs de services (du secteur du transport et de la finance, par exemple).

N'oubliez pas que les commerçants, comme tout le monde, peuvent avoir leur propre agenda et leurs propres raisons de vouloir vous parler. En général, il y a peu à gagner avec des réunions de groupes de négociants importants et les entretiens individuels sont généralement beaucoup plus faciles à organiser.

Vous identifierez qui sont ces gens à travers différents réseaux, y compris les suivants :
- responsables de la logistique des agences humanitaires et des ONG, qui ont parfois des bases de données des principaux fournisseurs ;
- représentants du gouvernement et autres informateurs clés, qui peuvent savoir qui sont les acteurs principaux ;
- commerçants locaux, détaillants, employeurs, qui peuvent vous diriger vers leurs fournisseurs et vers les acheteurs.

Rappelez-vous : quand une intervention d'urgence majeure est probable ou attendue, les commerçants peuvent avoir un très grand intérêt dans les résultats d'EMMA. Par exemple, ils peuvent prétendre avoir une certaine capacité de production parce qu'ils espèrent obtenir des commandes. Les équipes EMMA doivent réfléchir sur ce qu'on leur dit. Ne présumez pas que quelqu'un peut réellement s'acquitter de ce qui vous est dit, à moins d'avoir signé un contrat. Il n'y a pas de substitut à votre bon sens et à votre propre jugement.

Informateurs clés

Envisagez d'interroger toute personne clé susceptible de comprendre le système de marché et même si elle ne participe pas aux échanges elle-même. Cela peut inclure :
- les fonctionnaires des bureaux locaux du ministère de l'Agriculture, de l'élevage, etc. ;
- le personnel de l'ONU et des organisations humanitaires importantes, comme la FAO, le PAM, le PNUD, etc. ;
- les autorités de marché ou de négociation dans les centres de commerce, les fonctionnaires des douanes (près des frontières) ;
- le personnel d'une ONG locale de développement, y compris vos propres collègues.

Souvent, il sera nécessaire de vous présenter aux aînés de la région ou aux fonctionnaires pour obtenir la permission de faire des recherches dans la zone. Cela peut être une bonne occasion d'enquêter sur leur connaissance de la situation. Rappelez-vous que ce ne sont pas seulement les connaissances de ces personnes qui sont précieuses, mais aussi leur accès à d'autres informations, rapports et études. Par exemple, des études de marché localisées (relatives à la zone d'urgence) peuvent être disponibles dans les bureaux du gouvernement de district ou les ONG locales. Parfois, les agences gouvernementales, la Banque mondiale ou les ONG peuvent avoir effectué des analyses sous-sectorielles, pour des marchés spécifiques, qui vous donneront un bon aperçu de la situation de départ.

Des données nationales sur les prix et les volumes de référence pour diverses denrées et autres produits peuvent être disponibles auprès des gouvernements (par exemple un indice de prix à la consommation), ou d'autres agences comme le PAM, la FAO FEWSNET, l'USAID et d'autres ONG.

Dans les systèmes alimentaires et d'autres systèmes du marché liés à l'agriculture, en particulier, vous pourrez peut-être accéder à l'information au niveau national sur les marchés et la sécurité alimentaire à partir des profils de marché du PAM, des rapports CFSVA et CFSAM, et sur le Web à partir des données de FAOSTAT, FEWSNET et l'USAID Bellmon analyses (voir liens dans les encadrés 1.1 et 1.2).

Interviews des ménages

Envisagez de parler à un échantillon restreint mais représentatif de femmes et d'hommes du groupe cible. Ne négligez pas votre propre personnel à l'agence : les pilotes, les nettoyeurs et les gardes peuvent être des sources d'information très utiles. Assurez-vous que votre « échantillon » comprend, le cas échéant, des ménages de différents groupes cibles :
- des femmes et des hommes venant de différents endroits, groupes ethniques, etc. ;
- des ménages représentant des groupes ayant différentes stratégies de subsistance, agriculteurs, ouvriers agricoles, pêcheurs, bergers, etc. ;
- des personnes représentant les différents types de structures familiales, dirigées par des femmes et dirigées par des hommes, jeunes, personnes âgées, etc.

Idéalement, les femmes et les hommes seront interviewés séparément, ce qui représente un maximum de cinq ménages pour chaque type de groupe cible, mais cela dépendra de la diversité et de la complexité de la situation. Pensez à la date et au lieu des entretiens ou des réunions. Les femmes et les hommes ont souvent des horaires journaliers et des responsabilités différents, par exemple, la collecte de l'eau et du bois, cherché du travail au quotidien, ce qui aura une incidence sur les rencontres que vous pourrez effectivement faire et le lieu qui sera préférable.

Rappelez-vous : un petit nombre d'entretiens avec les ménages ne suffit pas à créer une image fiable. Essayez de « trianguler », c'est-à-dire confirmer, vos résultats en utilisant au moins deux sources d'informations différentes.

Il y a diverses manières d'enquêter sur des informations provenant des ménages et les entretiens individuels formels n'en sont qu'une. Songez aussi à des exercices moins formels tels que des visites dans les camps de réfugiés et de déplacés internes, où les conversations discrètes peuvent avoir lieu au gré du hasard, en flânant autour des zones de vie des populations. Bien que le programme d'information (section 4.3) dans de tels exercices puisse être limité, cela peut être un moyen efficace pour se faire une idée des problèmes, des besoins et des préférences d'une population cible.

Une enquête un peu plus formelle peut souvent être conduite par le biais de discussions de groupe et peut être un bon moyen d'entendre rapidement de nombreuses d'opinions et de susciter de nouvelles idées (par exemple pour les options de réponse). Voir le manuel de référence EMMA pour des indications supplémentaires sur la façon de monter des groupes de discussion.

Entretiens avec des acteurs locaux du marché

Envisagez d'interroger un échantillon diversifié de détaillants locaux, d'acheteurs, de commerçants, de petits employeurs, etc., en fonction de leur pertinence par rapport au système de marché et à vos objectifs EMMA. Concentrez-vous sur les personnes ou les entreprises qui sont les plus importantes dans l'économie locale et pour ce système de marché crucial en particulier.

Il peut être plus facile d'avoir une discussion informelle avec plusieurs petits commerçants locaux dans un marché ouvert. En fait, essayer de restreindre le débat à un seul opérateur économique serait plus difficile. Dans les situations où il y a trop de d'acteurs locaux pour pouvoir tous les interroger, vous devez adapter votre échantillon afin de vous concentrer sur ceux qui sont connus comme étant les plus importants sur le plan économique.

- Les ménages, les salariés et les producteurs (agriculteurs) devraient être en mesure de vous indiquer les personnes les plus importantes à qui parler.
- Les détaillants et les commerçants identifieront les autres : leurs fournisseurs et leurs concurrents.
- Le personnel des agences locales / vos collègues, y compris les chauffeurs et les gardes de sécurité, vous donneront souvent une bonne explication de la façon dont fonctionne l'économie locale, si vous le leur demandez.

Attendez-vous à ce que les acteurs du marché local soient des gens occupés, dont le temps est précieux. Ils peuvent légitimement être suspicieux ou effrayés que des inconnus leur posent des questions sur leurs activités. Forger une relation et de gagner leur confiance est la clé du succès de votre entrevue. Agissez avec modestie et gratitude envers eux, et ne leur faites pas perdre leur temps avec des détails inutiles ou indiscrets.

Encadré 5.4 Conseils pour interviewer des commerçants du marché local

Minutage: Entretien à un niveau approprié, à un moment calme de la journée, par exemple tôt le matin, lorsque le magasin ouvre, ou après le déjeuner. Obtenez des conseils sur le meilleur moment pour leur rendre visite. Limitez l'entrevue à un maximum de 30 minutes, surtout si vous vous présentez à une heure de pointe.

Éviter de susciter des attentes : Ne soyez pas tenté de renforcer les attentes naturelles des gens selon lesquelles vous seriez là pour leur apporter une aide immédiate. Faites bien comprendre qu'EMMA concerne l'évaluation et la planification. Il ne faut pas faire de promesses d'assistance à ce stade.

Utilisez des cartes et des diagrammes : Soyez préparé avec une carte préliminaire du système de marché et le calendrier saisonnier. Soyez prêt à dessiner des graphiques pour illustrer les tarifs en haute et basse saison, par exemple. Mettez à jour ces diagrammes avec les commerçants, s'ils sont sensibles aux images. Encourager les informateurs à dessiner leurs propres cartes est un bon moyen d'obtenir une réponse plus engagée des personnes interrogées, révélant souvent des informations inattendues que vous n'auriez pas recherchées autrement.

Informations sensibles : Respectez la vie privée des personnes interviewées. Certaines informations dont vous avez besoin sont commercialement sensibles (par exemple, ventes, profits), il ne faut pas attendre de réponses à des questions directes. Utiliser des approches obliques : « Qu'est-ce qu'une boutique de cette taille peut vendre par semaine ? ». Ne demandez pas le nom des gens.

Autant que des entretiens individuels formels avec les acteurs du marché local, les équipes EMMA peuvent apprendre beaucoup de conversations *de couloirs* informelles. Ces conversations, avec des personnes rencontrées au hasard du travail dans la chaîne du marché, tels les producteurs et fournisseurs peuvent ne durer que cinq ou dix minutes. Comme c'est le cas pour les *visites* dans des ménages, l'éventail des questions qu'il vous sera possible de poser peut être limité, mais cela vous offrira encore un moyen efficace pour vous faire une idée de la situation d'urgence et de son impact sur l'économie locale.

5.5 Conseils pour la conduite des entretiens

Soyez clair et réaliste quant à vos objectifs EMMA : avant chaque entrevue, rappelez-vous les questions clés de l'analyse auxquelles vous espérez trouver des réponses et identifiez les sujets les plus pertinents pour cette interview. Soyez réaliste sur ce que vous pouvez trouver dans le temps imparti, par exemple 30 ou 40 minutes.

Évitez la duplication et la fatigue de celui que vous interrogez : assurez-vous de la coordination avec d'autres ONG opérant dans la zone d'urgence, afin d'éviter de dupliquer les entrevues avec les commerçants, même avec des questionnaires légèrement différents. L'agence des Nations Unies OCHA coordonne souvent ces activités.

Organisation de l'équipe : utilisez votre équipe avec précaution. Demandez à une personne de poser des questions et à une deuxième personne d'inscrire les réponses dans les notes ou sur des feuilles de données. D'autres membres de l'équipe peuvent discuter avec les passants le cas échéant. L'intervenant ne doit pas écrire tout en s'entretenant avec la personne. Comme dans toute conversation, il ou elle doit maintenir un contact visuel continu, démontrer de l'intérêt et apprécier les réponses de la personne interrogée. Si un traducteur est utilisé, il ou elle devra être présenté à la personne interrogée mais la personne posant les questions devra toujours parler directement à la personne interrogée tout au long de la conversation. Examinez les notes d'entretien avec le traducteur après chaque entretien.

Présentez-vous et présentez votre agence correctement : expliquez clairement votre objectif au début de l'entretien. Vous désirez planifier efficacement des programmes humanitaires pour aider les gens de la région, sans nuire à l'activité du marché, c'est-à-dire que vous n'êtes pas là pour vérifier les permis d'exercer ni à des fins fiscales. Par exemple : « Nous sommes le groupe d'étude <votre organisation>. Nous essayons de voir comment les communautés touchées par la crise peuvent avoir accès à <produits ou articles critiques>. Nous avons besoin de votre aide pour comprendre le marché de ce produit. Nous n'avons pas besoin de connaître votre nom, mais s'il vous plaît pourriez-vous nous aider en nous communiquant des informations ? »

Pensez « conversation structurée » plutôt que « enquête » : essayez de faire l'entretien comme une conversation naturelle, couvrant quelques sujets intéressants. Ne laissez pas la personne interrogée penser que vous êtes là uniquement pour remplir un questionnaire. Permettez à l'informateur de diriger la conversation. Ne vous inquiétez pas si vous ne pouvez pas aborder toutes les questions lors de chaque interview.

Utilisez des questions ouvertes et ne suggérant pas la réponse : en général, des questions qui encouragent les gens à réfléchir et à révéler les détails sont les meilleures. Écoutez avec attention. Évitez les « questions fermées » qui suggèrent la réponse en invitant à dire un simple « Oui » ou « Non » et qui tendent tout simplement à faire confirmer par les gens vos propres hypothèses.

Soyez flexible et spontané : ne vous limitez pas à votre questionnaire. Si vous voyez ou entendez quelque chose de vraiment intéressant, si une livraison de nouveaux stocks arrive, par exemple, suivez votre instinct et renseignez-vous à ce sujet. Si vous ne pouvez pas obtenir l'information dont vous avez besoin directement, essayez d'autres angles d'approche. Par exemple : si un détaillant ne peut pas donner les chiffres de vente estimés, demandez-lui combien de clients il voit dans une journée et combien un client typique dépense.

Ne soyez pas distrait : garder vos questions clés à l'esprit en permanence et ne perdez pas votre temps et celui de la personne que vous interrogez en entrant dans des détails inutiles ou en explorant ce qui n'est pas pertinent pour l'enquête (voir encadré 3.6). Par exemple, si vous voulez connaître le volume des échanges dans un endroit particulier, vous avez besoin de l'estimation des ventes réelles de différents opérateurs. Mais si vous voulez uniquement comparer le commerce actuel avec le commerce avant la crise, ce n'est que la tendance qui compte (jusqu'à un tiers, en baisse de la moitié, etc.), pas les chiffres réels des ventes.

5.6 Enregistrez vos conclusions

La tâche la plus importante et la compétence primordiale pour celui qui pose les questions est l'enregistrement des résultats de manière efficace, de sorte que l'information puisse être utilisée efficacement, plus tard, lors de l'analyse.

Prenez des notes pendant l'entretien

- Prenez des notes brèves concernant les points clés de la réunion, plutôt que d'essayer d'enregistrer tout ce qui est dit. Concentrez-vous sur les informations les plus pertinentes pour les objectifs EMMA (questions clés).
- Organisez concrètement vos notes autour des grands thèmes de l'entretien, à mesure que vous avancez : par exemple, conservez séparément dans votre bloc-notes les pages afférentes à chaque problème.
- Lisez, vérifiez et discutez de toute ambiguïté dans vos notes avec les membres d'une autre équipe immédiatement après chaque entretien.

Enregistrez les données

- Les données quantitatives doivent être notées de façon systématique sur une feuille de données. Les fiches techniques doivent être préparées à l'avance (voir l'étape 4), et adaptées aux questions de l'entretien et au type d'informateur.
- Les commerçants locaux, les producteurs et les ménages peuvent souvent utiliser des unités traditionnelles ou non-standard de poids et de mesures. Renseignez-vous et notez les facteurs de conversion. Notez ce que les personnes interrogées vous disent, mais convertissez ces indications en unités standard dès que possible.
- Ne vous enlisez pas dans des détails inutiles, des estimations et des approximations sont suffisantes. Si les gens ne peuvent pas ou ne veulent pas vous donner de chiffres, vous pouvez toujours enregistrer la direction ou le rythme des changements.

Dans l'étape 4, différentes fiches de données pro-forma sont fournies à titre d'exemple. Ces fiches ne conviennent pas à toutes les situations : elles doivent être adaptées à l'économie de marché et notamment au type d'acteur du marché que vous avez décidé d'interroger.

Utilisez des diagrammes

Souvent, il est utile de tracer un diagramme lors de l'entretien pour représenter l'information reçue (et vérifier votre bonne compréhension). Par exemple, l'importance relative pour un commerçant des différents liens commerciaux peut être représentée par un schéma comme celui de l'encadré 5.5. Ce type d'information est facilement pris en compte ultérieurement dans une carte du système de marché.

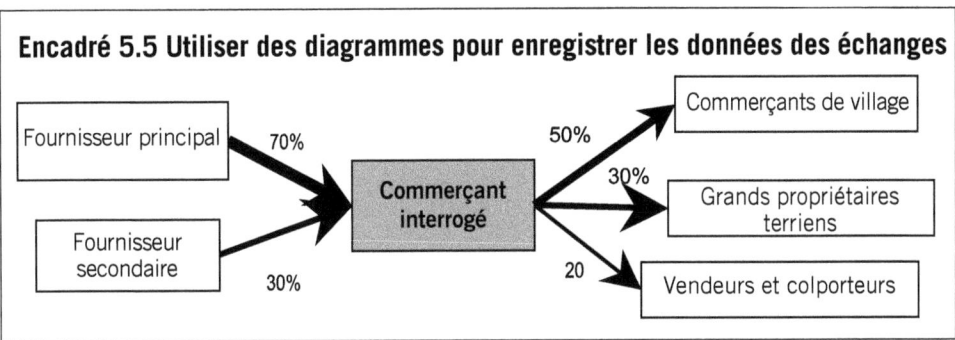

Encadré 5.5 Utiliser des diagrammes pour enregistrer les données des échanges

De même, vous pouvez enregistrer des informations sur d'autres facteurs (par exemple les questions de saisonnalité) dans des diagrammes simples que vous intégrerez plus tard dans votre analyse, comme calendrier saisonnier. Voir l'encadré 5.6.

Encadré 5.6 Utiliser des diagrammes pour l'information saisonnière

Employeurs	M	J	J	A	S	O	N	D	J	F	M	A
Variations de prix		Faibles					Élevés		Pic			
Niveaux des stocks	Élevés								Faibles			
Problèmes d'approvisionnement						Routes inondées						
Disponibilité de la main d'œuvre			Faible : Semis								Faible : Récolte	

Notes de terrain

Les notes de terrain sont des observations générales et d'autres informations concernant les impacts de la crise sur les acteurs, les liens et l'intégration des marchés, ne peuvent être saisies sur les questionnaires et les feuilles de données.

Observations : vos yeux peuvent vous en dire beaucoup et il est essentiel de noter les tendances importantes, les changements ou les événements survenus dans votre région cible. Remarquer ces tendances et les appliquer à la situation actuelle est une clé pour vous permettre de vous ajuster aux prochains entretiens, en analysant l'évolution de la situation, et pour préparer des interventions pertinentes et opportunes.

- Est-ce que l'économie (de la zone cible) semble en bonne santé ?
- Les magasins et les transporteurs semblent-ils être ouverts et en activité ? Le quartier est-il animé et commerçant ?
- Qui utilise le marché, les femmes, les hommes, quels groupes cibles ?
- Avez-vous remarqué des distributions ou d'autres interventions ?
- La communauté cible utilise-t-elle le système de marché crucial ou y trouve-t-elle des alternatives (revenu et marchés d'approvisionnement) ?
- Certains groupes ethniques ont-ils des moyens de subsistance ou sont-ils exclus du processus de réhabilitation ?

Liste de contrôle pour l'étape 5

o   Entretiens avec des groupes cibles, les femmes et les hommes.

o   Entretiens avec les commerçants et les producteurs locaux.

o   Entretiens avec les employeurs, les informateurs clés, d'autres plus grands acteurs du marché.

o   Mise à jour les cartes de référence et d'urgence ainsi que les calendriers saisonniers.

o   Résumé des conclusions clés des entretiens, des observations, des notes.

ÉTAPE 6
Cartographie du système de marché

Acheminement d'un poisson sur un marché au Kenya, lors de la crise alimentaire.

L'étape 6 regroupe les données brutes quantitatives et qualitatives recueillies lors de travaux sur le terrain afin d'établir une description concise et cohérente du système de marché. L'accent est mis sur la production de versions finales des cartes du marché, des calendriers saisonniers et des profils des ménages, qui vont documenter les étapes « analytiques » qui suivent.

> **Avant de commencer l'étape 6, vous aurez ...**
>
> o   dessiné les cartes préliminaires du système de marché de référence et du système de marché en situation d'urgence.
> o   recueilli des informations sur la façon dont le système de marché fonctionnait avant la crise ;
> o   exploré la façon dont la crise a affecté le système de marché et la manière dont les acteurs du marché y font face ;
> o   consulté les acteurs du marché et les informateurs clés sur les mesures de soutien du marché possibles.

6.1 Vue d'ensemble de l'étape 6

Objectifs
- Produire la version finale des cartes du marché, en comparant la situation de référence avec celle affectée par l'urgence.
- Produire les versions finales des calendriers saisonniers et les profils économiques des ménages des groupes cibles.
- Donner des explications sommaires sur toutes les caractéristiques du système de marché qui s'avèrent pertinentes, en considération des aspects clé à analyser définis à l'étape 3.

Activités
- Trier et rassembler les informations provenant de vos feuilles de données quantitatives.
- Compiler l'ensemble des informations qualitatives des dossiers d'entretien et les notes de terrain.
- Redessiner les versions finales des deux cartes du système de marché ; avant et après l'urgence.
- Compiler les versions finales des calendriers saisonniers du système de marché.

Principaux résultats
- La carte de référence finale, ajustée aux variations saisonnières, qui représente le système de marché tel qu'il était avant le début de la crise.
- Les données sur le nombre d'acteurs du marché, les prix et les volumes de production et le commerce dans la situation « normale »(représentées sur la carte du marché ou incluses dans des tableaux distincts).
- Le texte explicatif décrivant les caractéristiques du système de marché de référence les plus pertinentes dans la situation de crise.
- La carte finale, corrigée des variations saisonnières, en situation d'urgence, représentant le système de marché tel qu'il est aujourd'hui.
- Les données sur le nombre d'acteurs du marché, les prix et les volumes de production et le commerce dans la situation de crise, représentés sur la carte du marché ou dans des tableaux distincts.
- Le texte explicatif décrivant les principaux aspects de l'impact de la crise sur le système de marché, y compris les principales contraintes, les goulets d'étranglement et les stratégies des acteurs du marché.
- Le calendrier saisonnier du système de marché.

6.2 Carte de référence du système de marché

Le résultat principal de l'étape 6 est la version finale de la carte *de référence du système de marché*. Son but est de comparer la situation « normale » à la situation « affectée par la crise » : cela montre le système de marché *comme il aurait pu être maintenant*, si la crise n'avait pas eu lieu. Le résultat final sera une version améliorée de la carte de référence préliminaire du marché, que vous aviez commencée à l'étape 3 puis révisée et développée au cours du travail de terrain.

Le processus de cartographie

Pour élaborer la version finale de la carte de référence du système de marché, vous devrez rassembler et représenter les informations collectées à partir des nombreuses sources utilisées pendant les étapes 1 à 5, y compris la recherche de fond (en particulier tous les profils de marché ou les rapports précédents), les entretiens avec les principaux informateurs, qui avaient une bonne connaissance du secteur et avec les acteurs du système de marché, en particulier les commerçants importants et les entreprises qui ont été en mesure de vous fournir des informations rétrospectives.

Les activités de base de la cartographie du système de marché ont été expliquées à l'étape 3 :

- Commencez par obtenir une image claire de la structure principale du système de marché (acteurs, filières et liens), avec la position ou le rôle bien défini des groupes cibles EMMA.
- Ajoutez les intrants clés, les fournisseurs, les services et l'infrastructure, en particulier ceux qui ont été les plus touchés par la crise. Indiquez les acteurs ou les liens qui sont les plus dépendants de ces services.
- Ajoutez les problèmes « institutionnels » critiques, toujours en attirant l'attention sur la pertinence par rapport à la crise et les possibilités pour les agences humanitaires d'influer sur la situation.
- Incorporez des données « quantitatives », en ajoutant les chiffres clés (section 6.4) ou en
- en utilisant des indices visuels dans la carte (par exemple, différentes épaisseurs de liens).

Viser la simplicité

Les cartes de marchés et les calendriers ont tendance à être simples au départ mais à devenir plus complexes au cours des travaux sur le terrain et des entretiens, qui génèrent plus d'informations et de données. A ce stade, votre compréhension de ce qui est pertinent et de ce qui ne l'est pas devrait permettre aux équipes EMMA de se concentrer uniquement sur les caractéristiques les plus pertinentes de la carte ou du calendrier. Vous devez affiner et retravailler les diagrammes complexes, les simplifier progressivement jusqu'à ce que vous obteniez un résultat utile.

Pour remplir leur rôle en tant que dispositif de communication, les plans définitifs du système de marché doivent être visuellement clairs et simples, de sorte que les caractéristiques essentielles s'en dégagent pour le lecteur du rapport et pour le décideur. Elles doivent aussi être pertinentes en termes de variations saisonnières et montrer le système de marché à la période de l'année où l'intervention d'urgence est nécessaire.

N'oubliez pas que votre objectif principal est de produire des diagrammes et une analyse clairs et accessibles pour des responsables manquant de temps. Cela implique d'être très sélectif sur les informations que vous incluez et présentez : exclure impitoyablement les informations superflues ou les données qui ne sont pas pertinentes par rapport à la situation de crise et aux défis humanitaires. Pour atteindre cet état « d'ignorance optimale » (voir encadré 3.6), les équipes EMMA finiront inévitablement par devoir jeter des données qu'ils ont pourtant eu du mal à recueillir.

6.3 Carte du système de marché en situation d'urgence

Le deuxième résultat essentiel de l'étape 6 est une version finale de la carte du système de marché en situation d'urgence. L'objectif principal de la deuxième carte est de montrer comment la structure du système de marché, sa capacité et son rendement ont été affectés par la crise. Il s'agit de l'illustration de base autour de laquelle vos autres textes descriptifs et vos résultats seront construits.

Un aspect clé de la cartographie est la comparaison des situations de référence et des situations de crise. Cela facilite la compréhension des enjeux actuels, des problèmes et des opportunités. Des marques ou des drapeaux sur la carte attireront l'attention sur les changements importants provoqués par la situation d'urgence, ou résultant de la réponse humanitaire.

Les choses à mettre en évidence au moyen d'indicateurs visuels, sur la carte de la situation d'urgence, incluent :

- les dommages aux biens ou la perturbation des activités de subsistance des ménages cibles ;
- l'interruption partielle ou totale des entreprises (commerçants, détaillants) dans la chaîne d''approvisionnement / de valeur ;
- le blocage ou l'obstruction partielle des liens ou des relations spécifiques du système ;
- la panne ou la perte de services essentiels ou de formes d'infrastructures ;
- l'émergence de voies alternatives temporaires des articles, par exemple grâce à des activités humanitaires ;
- les politiques, les règlements ou les normes sociales qui agissent comme une contrainte sur le système de marché.

Pour la clarté visuelle et pour concentrer l'attention des lecteurs, il est intéressant de limiter le nombre de drapeaux sur la carte à un maximum d'environ dix. Cela signifie que vous devez vous concentrer sur les questions prioritaires : celles qui ont le plus d'impact sur la population cible.

Texte explicatif - caractéristiques de la carte

Les cartes ne racontent pas à elles seules tout ce qu'il faut savoir. Les cartes du système de marché, dans la situation de référence et en situation d'urgence, doivent être complétées par de courts textes explicatifs, attirant l'attention sur des caractéristiques clés, *particulièrement pertinentes par rapport à la situation de crise*.

Ce texte donne des détails sur le système de marché, par exemple :

- où (localisation sur la carte) et comment (quelles sont les activités et les rôles) les différents groupes cibles sont-ils impliqués dans le système de marché ;
- quelles voies (ou maillons) du système sont les plus importantes pour satisfaire les besoins ;
- quels acteurs du marché sont primordiaux pour ces filières ;
- quelles formes d'infrastructures et quels types de services de soutien sont particulièrement importants ;
- toute règle, tout règlement, toute norme sociale, ou pratique (comportement) constituant des facteurs importants affectant la performance du système ou l'accès de groupes cibles particuliers. Ce dernier point comprend des rôles socialement ou culturellement déterminés par le genre des personnes.

Pour chaque drapeau sur la carte, vous devrez écrire un court texte de commentaire, décrivant la nature de l'impact ou du problème. Ayez en tête votre auditoire de décideurs fort occupés : essayez de rédiger un texte bref et pertinent. Voir l'encadré 6.1.

ETAPE 6. CARTOGRAPHIER LE SYSTEME DE MARCHE 119

Encadré 6.1 Carte du marché en situation d'urgence - Exemple des 'haricots' à Haïti

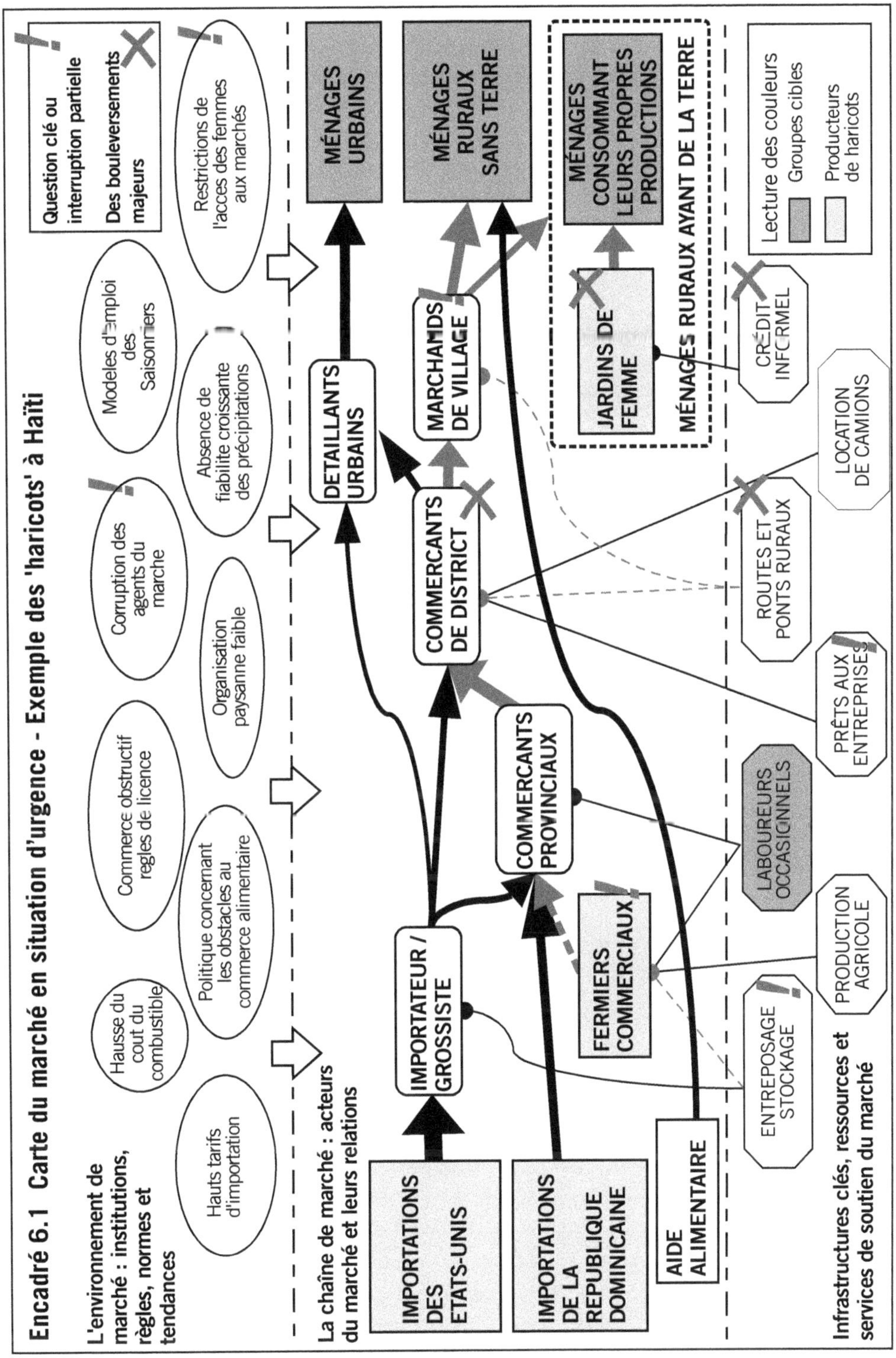

6.4 Quantifier : mettre des chiffres sur la carte

Les résultats EMMA seront plus informatifs et intéressants si vous pouvez y associer quelques chiffres essentiels pour appuyer votre analyse et vos recommandations. Cette section explique comment faire d'EMMA un processus quantitatif autant que descriptif.

Les données que vous compilez ici seront utilisées plus tard, notamment à l'étape 8. En particulier, elles vous aideront à tirer des conclusions sur la capacité du système de marché à jouer un rôle dans la réponse humanitaire : par exemple, en répondant à des activités d'approvisionnement local, ou en réagissant à l'augmentation de la demande, lorsqu'une aide en espèces est attribuée aux groupes cibles.

Deux mises en garde

- Il est souvent difficile et fastidieux d'obtenir des données exactes et fiables du système de marché de référence dans une situation d'urgence soudaine. Les résultats de l'analyse quantitative peuvent ne pas toujours justifier les efforts, les compétences et le temps dépensé.
- À moins que vous n'ayez des preuves très solides, considérez vos données comme imprécises et incertaines (voir encadré 5.3). Si vous n'interrogez que deux ou trois commerçants, il sera préférable de donner une estimation approximative (par exemple 100 à 150 tonnes) que d'enregistrer un nombre apparemment précis mais en fait très incertain (par exemple 137.5 tonnes)

Par conséquent, dans la pratique, EMMA doit faire un compromis et se concentrer uniquement sur un petit nombre de données essentielles. Ne laissez pas la collecte et l'analyse des données quantitatives vous conduire à négliger des informations qualitatives plus utiles.

Les données quantitatives sur lesquelles se concentrer, plus utiles pour EMMA, sont les suivantes :

- *nombre* d'acteurs du marché, à chaque étape de la chaîne de valeur / d'approvisionnement ;
- *prix* des articles, à des points clés de la transaction ;
- *volumes* (quantités) de biens ou de services produits et commercialisés.

Encadré 6.2 Types de données quantitatives utiles pour EMMA		
Données	*Détails*	*Pourquoi les données sont-elles utiles ou importantes ?*
Nombre d'acteurs	**Nombre de ménages cibles (différence entre le nombre de femmes et d'hommes, le cas échéant). Nombre d'acteurs du marché à des points clés de la chaîne**	Pour comprendre l'ampleur des activités. Pour extrapoler à partir de l'échantillon.
Données sur les prix	**Prix pour les ménages cibles et à des points clés le long de la chaîne d'approvisionnement / de valeur**	Pour aider à diagnostiquer l'offre ou l'échec de la demande.
Volumes	**Consommation ou production par différents groupes cibles (différenciation entre les femmes et les hommes, le cas échéant - par exemple pour la production)** **Les volumes d'échanges au niveau des marchés locaux, provinciaux, nationaux**	Pour évaluer la disponibilité. Pour évaluer la capacité à répondre aux besoins d'approvisionnement.

Nombre des acteurs du marché

Il est important de surveiller et de prendre note de toute modification significative du nombre des acteurs du marché à des points clés du système, surtout si ces changements laissent entrevoir la possibilité de problèmes graves tels que

- le manque d'accès physique au système de marché pour les groupes cibles ;
- la concentration excessive du pouvoir de marché entre les mains de quelques acteurs restants (voir les questions de « concurrence » ci-dessous) ;
- les situations où il y a un risque d'ententes générant un comportement monopolistique (comportement à éviter).

La perturbation du système de marché peut entraîner la perte ou le déplacement des acteurs du marché et la destruction de leurs actifs d'entreprise, stocks et locaux. Le nombre des acteurs sur le marché (y compris les ménages des différents groupes cibles) et leur localisation, peuvent souvent être affichés directement sur la carte du système de marché, comme dans l'encadré 6.3.

Encadré 6.3 Afficher le nombre d'acteurs sur les cartes de marché

Utilisation de données sur les prix

Il y a, du moins en principe, un prix de 'marché' typique ou moyen, associé à chaque maillon d'une transaction dans une chaîne d'approvisionnement ou de valeur, à tout moment de l'année. Ceci est particulièrement utile pour enregistrer les variations des prix consécutives à l'apparition de l'urgence. La comparaison entre les prix de référence et les prix affectés par la crise, à condition qu'ils soient pertinents pour la saison, peut être utile pour identifier les goulets d'étranglement ou les contraintes exercées par la crise sur le système de marché.

Les données sur les prix peuvent être localisées sur la carte, comme dans l'encadré 6.4.

Encadré 6.4 Afficher les prix le long d'une chaîne de marché

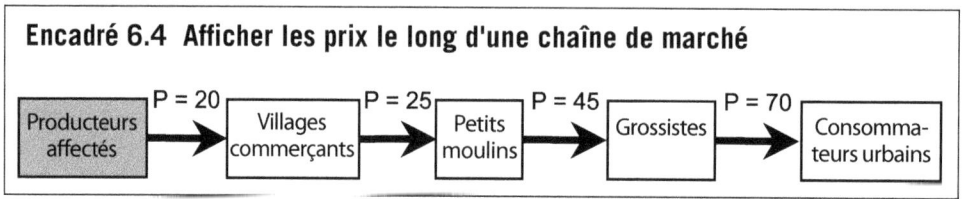

Il est également utile d'examiner l'orientation et le rythme des changements de prix - également connu sous le nom de dynamique des prix. Quand il s'agit de l'évaluation des déficits alimentaires et / ou de la chute de la demande (à l'étape 8), savoir si les prix sont généralement en hausse, en baisse ou s'ils restent stables est aussi important que de connaître leur niveau relatif par rapport à la situation de référence.

Les comparaisons des prix en vigueur à des moments différents (c'est-à-dire de référence et dans la situation actuelle) doivent tenir compte de toute inflation de base, dans l'économie nationale, qui se répercute dans la croissance générale des prix mais n'est pas liée à l'impact de l'urgence. Si l'inflation de base est un facteur important (supérieur à 10 % par an), vous devez ajouter cette inflation aux prix de référence historiques Dans les situations d'hyperinflation ou de grande instabilité de la monnaie locale, il peut être préférable de convertir tous les prix en dollars américains ou en euros, avec un taux de change réaliste (informel ou marché noir).

Les volumes de production et les échanges

Même si elles sont difficiles à collecter et à analyser, les données sur les quantités ou volumes de marchandises produits et commercialisés sont potentiellement très utiles, pour les raisons suivantes :

- dans les systèmes d'approvisionnement du marché, elles constituent un guide de la disponibilité des articles et de la capacité des acteurs du marché à répondre aux besoins d'approvisionnement local des agences et / ou de la population cible.
- Dans les systèmes de revenu du marché, elles peuvent indiquer la capacité du système de marché à créer des revenus pour la population touchée, en achetant les produits ou la main d'œuvre.
- Des changements dans les volumes de production et les échanges sont également des indicateurs importants de la nature de l'impact de la crise sur le système de marché (voir la section sur l'offre et la demande en échec à l'étape 8).

Au minimum, les praticiens EMMA doivent essayer d'estimer (approximativement) la production en saison et le volume des échanges dans la 'zone économique locale', dans laquelle la population visée est située, de même que, plus largement, dans l'économie provinciale ou nationale dans laquelle la région est intégrée.

Comment y parvenir
Il y a essentiellement deux façons d'estimer la production totale et les volumes d'échanges dans une zone économique donnée (voir encadré 6.5). Vous pouvez utiliser la plus pratique des deux méthodes, ou les deux si possible, comme moyen de recoupement (triangulation) des conclusions.

Méthode 1 - basée sur la consommation
a. Estimez la consommation totale ou l'usage économique (en utilisant les données des ménages).
b. Ajouter toute marchandise sortante (exportations) vers d'autres zones économiques ou marchés (à partir des données des commerçants).

Encadré 6.5 Estimer les volumes de données de consommation

Exemple de la méthode 1 : la consommation et les exportations
Le comté de Ghazia a une population d'environ 140 000 ménages.
Normalement, de mai à juillet, la consommation domestique moyenne = 2,5 kg de lentilles par mois.
Estimation *consommation de base* = 140 000 x 2,5 kg = 350 tonnes / mois
À cette époque de l'année, Ghazia exporte normalement des lentilles vers la capitale. Trois opérateurs principaux (qui contrôlent les deux tiers du marché) exportent normalement 40 tonnes par mois environ.
Commerce de référence estimé *sortant* de Ghazia = 40 ÷ 3.2 = 60 tonnes / mois
Production totale et le commerce (de référence) = 350 + 60 = 410 tonnes / mois

---

Méthode 2 - basée sur la production
a. Production totale estimée dans le domaine économique (en utilisant les données des producteurs, du gouvernement).
b. Ajoutez les marchandises entrantes (importations) en provenance d'autres zones économiques ou de marchés
(à partir des données des commerçants).

Il est important de ne pas se laisser influencer par de tels calculs et de ne pas y passer trop de temps. Dans une situation d'urgence, et en particulier avec les données de référence, vous pouvez raisonnablement espérer, au mieux, une estimation très approximative des quantités : juste une « perception » de l'échelle de l'activité économique.

124 ANALYSE ET CARTOGRAPHIE DES MARCHES EN ETAT D'URGENCE

> **Encadré 6.6 Estimer les volumes de données de production**
> *Exemple de la méthode 2 : la production augmentée des importations.*
> Les récoltes du district de Kandarpur représentent généralement environ 12 000 tonnes de blé en septembre/octobre, pour la consommation durant l'hiver (six mois). Estimation *de la production* = 12 000 ÷ 6 = 2000 tonnes/mois (répartis sur l'hiver)
> Au cours de cette saison, le district importe aussi normalement du blé en provenance de la région Sud. Les deux principaux grossistes (qui, ensemble, contrôlent 80 % de ce marché) ramènent généralement 60 tonnes par semaine environ.
> Le commerce estimé *entrant dans* le district = 60 x 4 ÷ 80% = 300 tonnes / mois
> La production totale et le commerce (de référence) = 2 000 + 300 = 2 300 tonnes / mois
>
> Les informations sur les volumes de production et des échanges peuvent être incluses dans la carte du système de marché de deux façons. Si vous n'avez que des estimations très approximatives, l'importance relative des différentes formes d'articulation ou des voies dans le système peut être illustrée à l'aide de différentes épaisseurs de flèches. Sinon, les estimations chiffrées à des points clés dans le système peuvent être superposées sur la carte, comme dans l'encadré 6.8.

6.5 Disponibilité (stocks et délais)

Outre l'intérêt de vous faire une idée des volumes de production et des échanges dans les systèmes de marché selon l'offre, il vous sera très utile (à l'étape 9) de disposer d'informations sur la disponibilité. Ces données sont les suivantes :
- les stocks détenus par les différents types d'acteurs du marché le long d'une chaîne d'approvisionnement, et
- les délais (entre la commande et la livraison) entre chaque maillon de la chaîne.

Cette information proviendra des entretiens avec les acteurs du marché (commerçants, détaillants, etc.). Lorsque vous étudiez les délais, traitez les réponses obtenues avec prudence. Les personnes interrogées peuvent exagérer la rapidité avec laquelle elles peuvent s'approvisionner, pour vous impressionner, ou parce qu'elles ignorent l'existence des goulets d'étranglement. Vérifiez toujours vos informations auprès d'autres acteurs du marché dans la chaîne.

L'information sur la « disponibilité » peut être utilement résumée dans un tableau similaire à l'encadré 6.7.

> **Encadré 6.7 Analyse de la disponibilité le long d'une chaîne de marché**
>
> | | Producteurs | Commerçants | Meuniers | Détaillants | Consommateurs |
> |---|---|---|---|---|---|
> | Stocks | N: 70 à 100
1.500 tonnes comme cultures dans des champs | N: 10 à 15
50 tonnes en transit | N: 6
150 tonnes en stock dans les moulins | N: 100 à 150
30 tonnes en stock dans les magasins | N: ~ 20,000
100 tonnes dans les garde-manger des ménages |
> | Délai de livraison | Six semaines (récolte en juin) | Une semaine (transport) | Deux semaines (broyage, ensachage) | 3 jours (stocks à domicile) | |

ETAPE 6. CARTOGRAPHIER LE SYSTEME DE MARCHE 125

Encadré 6.8 Afficher les données sur les volumes de production et les échanges sur les cartes du marché - exemple des 'haricots' d'Haïti

La chaîne de marché :	Capitale	Communes affectées
Acteurs du marché et leurs liens	Port au Prince	Par l'ouragan
	Régions de Gonaïves et Jacmel	

```
IMPORTATIONS              IMPORTATEUR /
DES            ──V: 4,000──▶ GROSSISTE
ETATS-UNIS                  N = 3
V: 4,000
                                │
                                │ V: 500
                                ▼
                          DETAILLANTS          V: 500
                          URBAINS    ──────────▶  MÉNAGES URBAINS
                          N > 50                  N = 50,000
                                ▲
                                │ V: 1,600
                                │
                          COMMERCANTS       V: 1,500
                          DE DISTRICT  ──▶ MARCHANDS ──▶ MÉNAGES RURAUX
                          N = 20           DE VILLAGE      SANS TERRE
                                ▲          N ~ 200         N = 200,000
                                │ V: 2,000
                                │                      ┌───────────────────┐
IMPORTATIONS                                           │  V: 700           │
DE LA      ──V: 1,500–2,000 ?──▶ COMMERCANTS           │ JARDINS DE  ──▶ MÉNAGES
REPUBLIQUE                       PROVINCIAUX           │ FEMME           CONSOMMANT
DOMINICAINE                      N = 8                 │                 LEURS PROPRES
                                    ▲                  │                 PRODUCTIONS
                                    │                  │  MÉNAGES RURAUX AYANT DE LA TERRE
FERMIERS                            │                  │  N = 70,000
COMMERCIAUX ────────────────────────┘                  └───────────────────┘
N = 2,000 ?
V: 1,000 - 2,000
                                                 Autres Régions
                                                 V: 6,000 – 7,000
AIDE
ALIMENTAIRE ─ ─ V: 900 ─ ─ ─ ─ ─ ─ ─ ─ ─ ─ ─ ─ ─▶
INTERNATIONALE
```

N = Nombre d'acteurs / ménages
V = Volume en tonnes métriques par mois

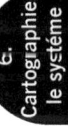
6. Cartographier le système

6.6 Calendrier saisonnier d'un système de marché

De nombreux systèmes de marché connaissent de fortes variations saisonnières dans les modes de production, le commerce et les prix. Ces modèles peuvent se révéler à travers les fluctuations saisonnières des prix des intrants et des produits. Ou bien il peut s'agir de grands changements saisonniers de l'activité à mesure que les gens se déplacent, par exemple, de l'agriculture à l'emploi salarié.

Ceci est particulièrement évident dans les systèmes de marché agricole - avec des changements de la demande de main-d'œuvre pour le labour, le désherbage et la récolte et une forte augmentation de l'offre de produits après la récolte. Toutefois, ces tendances saisonnières peuvent également être présentes dans les marchés liés au logement et dans les activités extra-agricoles qui sont affectées par les conditions météorologiques ou routières, par exemple. Il y a souvent une forte relation au genre dans ces modèles, car les rôles et les responsabilités des femmes et des hommes diffèrent. Cela doit être compris, car les situations d'urgence en général ont des impacts différents sur le temps des femmes et celui des hommes.

Il est essentiel que les utilisateurs d'EMMA soient capables de distinguer les fluctuations saisonnières « normales » des prix et des volumes d'échanges, des perturbations créées par une situation d'urgence. Sinon, votre diagnostic des problèmes du système de marché et les solutions proposées seront mauvais. La carte de référence du marché doit représenter une image « pertinente pour la saison ».

C'est une bonne idée, donc, de construire une version préliminaire d'un calendrier saisonnier, pour chaque système de marché analysé, afin de capturer les cycles saisonniers « normaux » des prix et des échanges. Cela peut aussi être utilisé pour décrire d'autres caractéristiques importantes du système, qui peuvent être pertinentes pour la réponse humanitaire.

Encadré 6.9 Calendrier saisonnier pour un système de marché - exemple

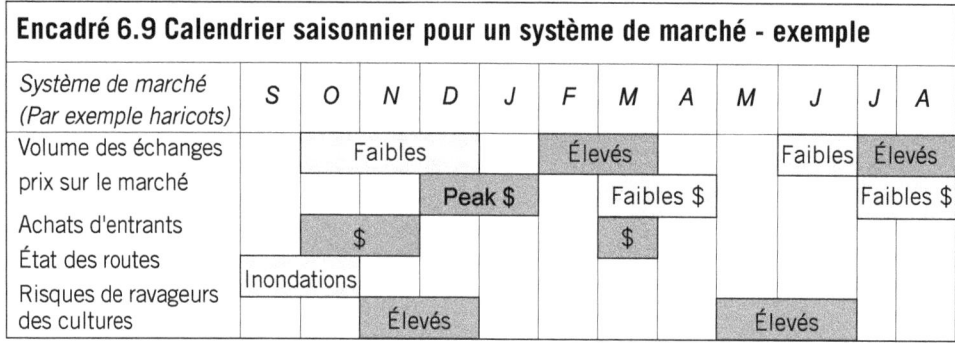

Système de marché (Par exemple haricots)	S	O	N	D	J	F	M	A	M	J	J	A
Volume des échanges			Faibles			Élevés				Faibles	Élevés	
prix sur le marché				Peak $			Faibles $				Faibles $	
Achats d'entrants			$				$					
État des routes	Inondations											
Risques de ravageurs des cultures			Élevés					Élevés				

Liste de contrôle pour l'étape 6

o   Cartes finalisées des marchés, de référence et en situation d'urgence

o   Détails appropriés quantifiés : nombre d'acteurs, prix et disponibilité

o   Principales caractéristiques du système signalés et décrits

o   Calendrier saisonnier finalisé.

ÉTAPE 7
Analyse des besoins

Distribution de moustiquaires dans le village de Bubulo, en Ouganda

Étape 7 : Réalisez le volet d'analyse des besoins. Il devrait produire une estimation finale du manque à gagner ou du déficit auquel la population cible est confrontée pour un article ou un service essentiel. Cette estimation sera requise par l'équipe EMMA à l'étape 8 afin de déterminer si, et dans quelle mesure, le système de marché crucial sera en mesure de combler le déficit.

> ### Avant de commencer l'étape 7, vous aurez ...
> o analysé et confirmé les besoins prioritaires des ménages dans chaque groupe cible ;
> o réalisé les schémas des profils économiques des ménages et les facteurs saisonniers ;
> o étudié toutes les contraintes relatives à l'accès au système de marché crucial ;
> o consulté les groupes cibles sur leurs idées et leurs préférences pour l'aide humanitaire.

7.1 Vue d'ensemble de l'étape 7

Objectifs
- Calculer l'amplitude de la réponse d'urgence nécessaire, basée sur une estimation suffisamment bonne du besoin total auquel la population cible est confrontée.
- Analyser l'importance des besoins dans les profils économiques des différents groupes cibles et dans quelle mesure celui-ci constitue un facteur dans leurs préférences pour une forme d'aide.
- Tirer des conclusions concernant les facteurs clés qui influent sur l'accès des différents groupes cibles au marché.

Activités

Compiler les données
- Compiler toutes les informations qualitatives disponibles sur les besoins prioritaires, les préférences et les contraintes d'accès (à partir des recherches documentaires, de l'évaluation des besoins d'urgence, des dossiers d'entretiens et des notes de terrain).
- Tirer et compilez toutes les données quantitatives (enquêtes auprès des ménages et fiches de données des entretiens).

Analyse et interprétation
- Tirer des conclusions sur les besoins prioritaires des groupes cibles leurs contraintes d'accès au marché et leurs préférences.
- Estimer le déficit total auquel la population cible fait face.

Principaux résultats
- Un simple tableau de rapport (voir Encadré 7.1), qui résume les détails primordiaux et les caractéristiques de chacun des groupes cibles, leur nombre, leur localisation, leur profil de revenus.
- Une matrice plus détaillée (voir Encadré 7.2), quantifie les besoins prioritaires de chaque groupe cible et montre le déficit total estimé pour cette population cible.
- Des informations sur la durée probable des déficits, les contraintes d'accès et les préférences exprimées par les différents groupes cibles sur la forme d'aide dont ils ressentent le besoin.
- Notes pour enregistrer les hypothèses retenues dans l'estimation de ces chiffres et souligner tout risque important (par exemple un retard dans l'aide attendue d'un autre organisme).

7.2 Population cible : détails essentiels

Le premier résultat est un tableau final résumant des informations générales sur les personnes constituant la population cible : leur nombre, leur localisation et les caractéristiques essentielles, du point de vue d'EMMA. Ce tableau est une version finale de l'encadré 1.7, d'abord rédigé à l'étape 1, puis enrichi et confirmé par les données de l'enquête auprès des ménages réalisée à l'étape 5.

Ce tableau répondra également aux questions humanitaires fondamentales :
- quelle est la zone géographique qui a le plus besoin d'aide ?
- qui sont les personnes qui ont le plus besoin d'aide ou sont en danger ?
- Combien de personnes sont en danger et / ou ont besoin d'assistance ?

Si la population affectée a été divisée en groupes cibles lors du travail sur le terrain, ce tableau décompose l'information en conséquence. Le rapport final EMMA peut aussi exiger une brève explication des raisons pour lesquelles des groupes cibles distincts ont été choisis et définis de cette manière.

Encadré 7.1 Détails sur la population cible - exemple				
Groupes cibles	Femme	Homme	Emplacement	Caractéristiques essentielles
1. Ménages ruraux sans terre	42 000	35 000	~ 130 villages dans les vallées au sud de Geld	Comptent généralement sur le travail saisonnier des producteurs de maïs. Font face à l'absence de revenu du travail agricole, au moins jusqu'en mars l'année suivante.
2. Subsistance des petits exploitants ruraux	21 000	15 000		Comptent généralement sur la production d'aliments de base (haricots, manioc) pour 40 à 60% des besoins alimentaires. La plupart ont perdu 90% de leurs propres cultures et des aliments stockés.
3. Ménages urbains très vulnérables	12 000	5 000	Geld, Madi et trois petites villes	Comptent généralement sur du travail occasionnel, sur la charité et les versements de parents. Durement touchés par la hausse des prix des denrées alimentaires.
Population cible totale	75 000	55 000		

7.3 Analyse numérique des besoins

La deuxième tâche consiste à produire une analyse des besoins (encadré 7.3) qui résume la meilleure estimation d' EMMA quant aux « déficits » totaux auxquels la population cible doit faire face. Ce résultat sera utilisé dans l'étape 8 en particulier.

La nature de ce « déficit » dépend de la raison pour laquelle le système de marché a été considéré comme crucial. Voir Encadré 7.2.

Encadré 7.2 Raisons pour lesquelles un système de marché peut être crucial

Pourquoi le système est-il crucial	Nature du besoin
Il fournit les aliments ou les denrées indispensables à la survie	Écart entre ce que les ménages ont et ce qui est nécessaire pour répondre à des normes minimales de protection de la vie (Sphere)
Il fournit des intrants ou des biens pour la protection des moyens de subsistance	Insuffisance des intrants, des biens ou des services dont les ménages ont besoin pour protéger et soutenir les activités de subsistance (par exemple la production alimentaire)
Il fournit un revenu, des salaires ou l'accès à des acheteurs	Perte de la possibilité de vendre son travail, de vendre du bétail, du surplus de production, etc., ce dont les ménages ont besoin pour gagner un revenu vital minimum

Les raisons peuvent varier d'un groupe cible à un autre au sein d'un même système de marché. Par exemple, le système de marché des haricots en Haïti (encadré 6.1) a été crucial en tant que source de nourriture pour les zones urbaines et les ménages ruraux sans terre. Mais il a également été primordial comme source de revenus pour de nombreuses femmes agricultrices dans de petites exploitations rurales.

Parallèlement à des estimations chiffrées, le tableau d'analyse des écarts doit comprendre des informations sur les facteurs suivants :
- *durée* : combien de temps s'attend-on à ce que cet écart se prolonge ;
- *préférences* : souhaits des ménages cibles concernant la forme que l'aide devrait prendre ;
- *autres formes d'assistance* : par exemple, les distributions par d'autres agences ou par le gouvernement, ou en cours d'exécution.

Encadré 7.3 Résumé de l'analyse des besoins - exemple

Groupe cible	Ménages dans le besoin	Manque à gagner des ménages*	Autres aides	Déficit total	Durée probable du déficit	Préférences pour l'aide
Ménages ruraux sans terre	20.000	10 kg / semaine	–	200 tonnes par semaine	Jusqu'à la fin du mois d'août	Généralement en nature
Agriculteurs de subsistance en milieu rural	14.000	4 kg / semaine besoins alimentaires (+ 10 $ / semaine de perte de revenu)	–	55 tonnes par semaine	Jusqu'à la fin de juin (prochaine récolte)	Principalement en espèces
Ménages urbains vulnérables	9.000	5 kg / semaine (en raison des prix élevés)	10 tonnes par semaine (Église)	35 tonnes par semaine	Jusqu'à ce que les prix reviennent à la normale	Principalement en espèces
TOTAL	43.000			290 tonnes par semaine		

ÉTAPE 7. ANALYSE DES BESOINS

Comment y parvenir
- S'appuyer sur les évaluations des besoins d'urgence existantes, qui peuvent inclure des informations détaillées sur les besoins prioritaires (en particulier pour l'alimentation et les biens de première nécessité).
- Rassemblez vos résultats sur la consommation des ménages, les stocks, et les insuffisances à partir de l'échantillon d'entretiens avec les ménages touchés.
- Utilisez le calendrier saisonnier (voir ci-dessous) pour documenter les estimations de la durée probable du déficit (par exemple en considérant les tendances saisonnières des prix et de la disponibilité).
- Consignez toutes les hypothèses que vous faites au sujet de l'aide prévue ou effective des autres agences.

Les réunions des groupes sectoriels (clusters) des Nations Unies (lorsqu'elles fonctionnent) peuvent jouer un rôle important dans l'analyse des besoins, en particulier pour les questions hautement prioritaires comme la nourriture, les matériaux destinés aux abris et les articles WASH. Elles seront souvent la meilleure source d'information sur la planification de toutes les autres agences.

Normes minimales

Pour des besoins nutritionnels alimentaires minimaux, voir les normes Sphere et le manuel EFSA (PAM 2009). Le site NutVal (www.nutval.net) fournit une application de feuille de calcul pour la planification et le suivi de la valeur nutritive des rations d'aide alimentaire en général.

Les estimations des insuffisances peuvent impliquer de tenir compte des stocks des ménages, y compris les récoltes. Voir l'encadré 7.4.

Encadré 7.4 Tenir compte des stocks en estimant les besoins

Supposons que vous trouviez que la consommation normale des ménages est d'environ
20 kg/semaine et que vous trouviez les stocks des ménages restants après un choc = 70 kg
Plus la récolte attendue des cultures endommagées = 200 kg
Total = 270 kg
Durée normale des stocks à cette époque de l'année = 30 semaines
Puis ECART pour les 30 prochains semaines = 20 - (270/30) = 11 kg par semaine

---

Pour les autres normes minimales pour les besoins d'urgence, consulter les normes Sphere. Pour les besoins de revenu minimum, les définitions HEA (approche économique par foyer) sont utiles ; voir l'encadré 7.5.

> **Encadré 7.5 Définitions HEA pour les exigences de revenus essentiels**
>
> Le seuil de survie représente le revenu total nécessaire pour couvrir :
> a) 100% des besoins alimentaires énergétiques minimaux (2 100 kcal par personne), plus
> b) les coûts associés à la préparation des aliments et à leur consommation (par exemple le sel, le savon, le pétrole et / ou le bois de chauffage pour la cuisson et l'éclairage de base), plus
> c) toute dépense d'eau pour la consommation humaine.
>
> La protection du seuil de subsistance représente le revenu total nécessaire pour soutenir les moyens de subsistance locaux. Cela signifie une dépense totale destinée à :
> a) assurer la survie (voir ci-dessus), plus
> b) maintenir l'accès aux services de base (par exemple les frais médicaux courants et les frais de scolarité), plus
> c) assurer les moyens de subsistance à moyen et long terme (par exemple des achats réguliers de semences, d'engrais, de médicaments vétérinaires, etc.), plus
> d) obtenir un niveau de vie un minimum localement acceptable (par exemple l'achat de vêtements, de café de base/thé).
>
> *Source* : Consulting FEG et Save the Children, 2008

7.4 Aspects qualitatifs de l'analyse des besoins

L'analyse quantitative des besoins ne présente, en général, qu'une partie du tableau. Elle doit être soutenue par un examen attentif de toutes les questions importantes et qualitatives des contextes identifiés au cours des travaux sur le terrain (étape 5), comme suit :

Des facteurs ou des contextes qualitatifs

- Contraintes physiques sur les femmes et les hommes pour l'accès au système de marché
- Besoins de transport liés à l'accès au marché
- Barrières ethnique, ou liée au genre ou autres obstacles à la participation sociale ou à l'accès au système
- Les facteurs saisonniers (autres que la durée du déficit)
- Impacts particuliers affectant les différents groupes cibles de diverses manières
- Stratégies d'adaptation particulières, utilisées pour répondre à ce besoin prioritaire
- Préférences particulières ou idées sur les options de réponse
- Risques ou problèmes spécifiques qui excluent l'une des options préliminaires de réponse

Ce type de résultats doivent être identifié et notés., Cela apportera souvent des idées pour les options de réponse à l'étape 9 et influencera les décisions et les recommandations formulées à ce moment-là. Rappelez-vous que les divers groupes, notamment les femmes et les hommes, ressentent différemment les conséquences de l'urgence. Leurs besoins, préférences et possibilités ne peuvent pas être présumés identiques.

Encadré 7.6 Préférences pour des formes d'assistance alternatives
En 2008, IRC a mené une étude sur le marché du bois de chauffage dans les camps de déplacés internes dans la province frontalière du Nord-Ouest du Pakistan, car l'obtention de combustible pour la cuisine a été un problème majeur et un risque pour les femmes et les enfants. Une première question à analyser était de savoir si les femmes préfèrent des espèces ou des distributions en nature pour le bois de chauffage. Les femmes dans les camps font état d'une préférence pour les distributions de gaz de pétrole liquéfié (GPL) pour la cuisson. L'adoption du GPL permettrait d'économiser du temps pour les femmes, alors qu'elles sont déjà surchargées de responsabilités liées aux urgences. Cela permettrait également de réduire les dommages environnementaux locaux et, en ce qui concerne les enfants, les risques associés au ramassage du bois.

Les facteurs qualitatifs sont susceptibles d'être particulièrement significatifs et importants dans les situations de conflit et aussi dans des situations où différents groupes cibles ont des besoins ou des perspectives très distincts.

Comment y parvenir
- Examinez les entretiens avec des informateurs clés qui sont les mieux informés sur ce contexte d'urgence.
- Examinez les notes de terrain des entretiens avec les ménages.
- Analysez le calendrier saisonnier des différents groupes cibles de ménages (voir
- Encadré 7.7)
- Analyser les changements dans le profil économique des ménages (voir encadré 7.8) (revenu des marchés en particulier).

7.5 Calendrier saisonnier des ménages
Lorsque des facteurs saisonniers sont susceptibles d'être particulièrement importants, par exemple en modifiant les préférences des gens ou en déterminant la durée des déficits, un calendrier à l'échelle des ménages peut être utile comme moyen de rassembler et de résumer les informations issues des interviews des ménages. Voir l'encadré 7.7.

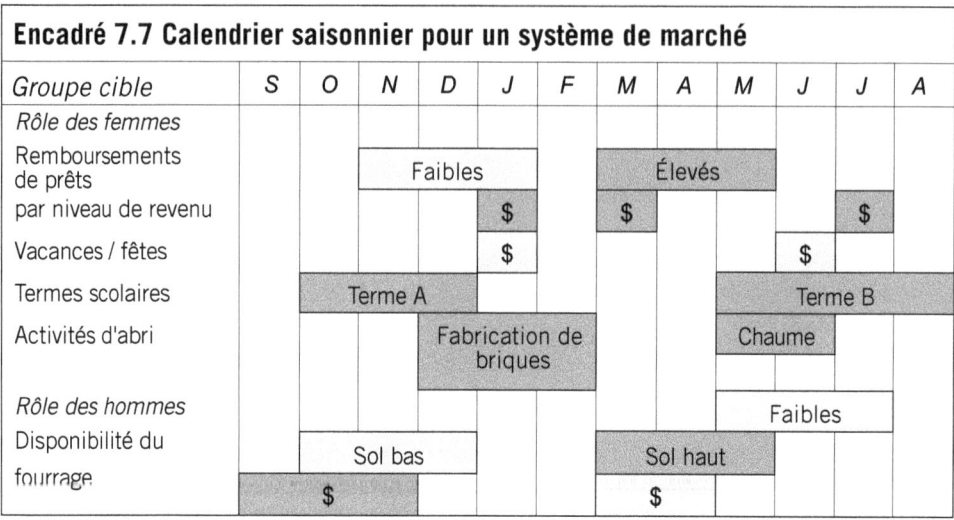

N'oubliez pas de penser aux différents rôles et responsabilités qui sont assumées par les femmes et les hommes au sein des ménages. Il peut être bénéfique de les séparer clairement dans le calendrier saisonnier, de sorte que les différences en termes d'impact et de besoins soient aisément identifiables.

7.6 Profils de revenus et de dépenses par foyer

Le chapitre d'introduction donne un aperçu de cet outil dans la section 0.9. La principale valeur de ces profils pour EMMA vient de l'examen des modifications dans le revenu des personnes ou la structure des dépenses à la suite de la crise. Pour de plus amples renseignements, voir FEG Consulting et Save the Children, 2008.

Un détail des profils de revenus et de dépenses par foyer (par exemple Encadrés 0.16 et 0.17) peut être particulièrement utile pour les exercices EMMA dans lesquels des programmes visant la relance économique, à moyen ou long terme (par exemple un ou deux ans), sont envisagées. Ceci est plus probable dans les études EMMA des systèmes de revenus de marché. Ne pas attendre que la phase d'urgence soit terminée pour commencer.

Si vous avez très peu de temps, votre priorité doit être de savoir comment les revenus ou les dépenses liées au système de marché crucial ont changé. Comment les changements de revenu ont-ils été accueillis par les ménages dans leurs habitudes de consommation ? Voir l'encadré 7.8.

Encadré 7.8 Modification du profil de dépenses - exemple

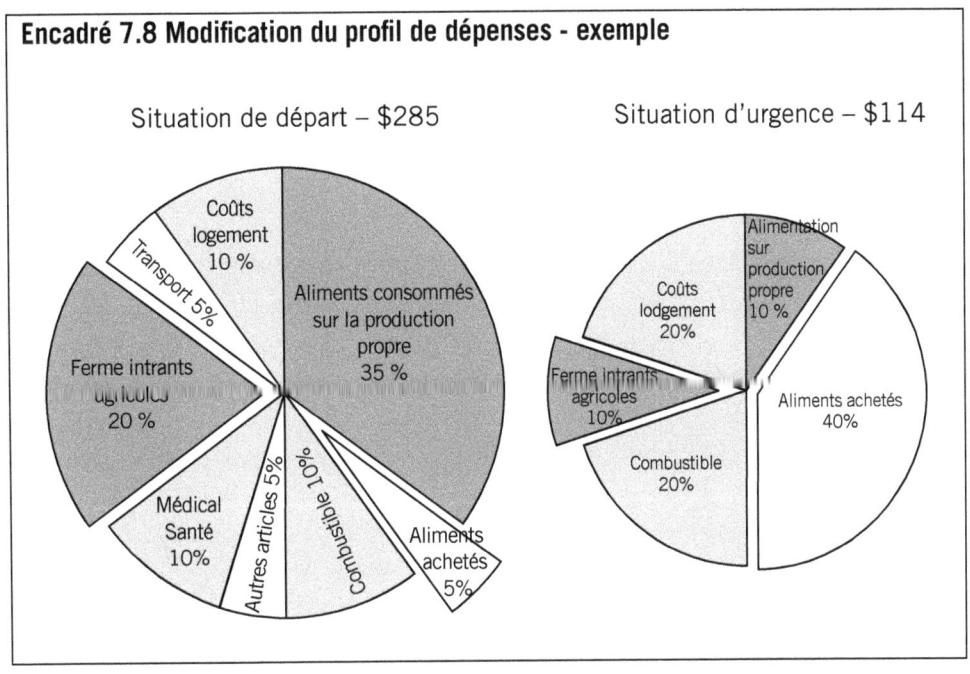

Encadré 7.9 Simple analyse de l'évolution des revenus et des dépenses des ménages

	Référence		Urgence	
Revenu total (y compris la production autoconsommée)	30 $		20 $	
Revenu mensuel - main-d'œuvre agricole	20 $	65%	5 $	25%
Dépenses mensuelles - les haricots	10 $	30%	15 $	75%

Comment analyser les revenus et les dépenses par foyer

- Dans la mesure du possible, n'oubliez pas de distinguer entre sources de revenus et responsabilités financières des femmes et des hommes au sein des ménages.
- Recherchez les tendances et les changements dans les proportions relatives - en termes de dépenses, de revenus, de bénéfices.
- Recherchez des moyens simples pour satisfaire les besoins (par exemple, le panier alimentaire).
- Recherchez en particulier le rôle des envois de fonds et des prêts.
- Reliez ces résultats aux autres résultats qualitatifs décrits précédemment.
- Mettez en lumière les stratégies d'adaptation néfastes à long terme (par exemple l'absence d'aliments pour animaux ou de traitement pour le bétail, la réduction des intrants agricoles, la déscolarisation des enfants).
- Regardez les résultats inhabituels et frappants (par exemple, une forte proportion de dépenses sur des points précis tels que le savon, le sucre).

Liste de contrôle pour l'étape 7

- o Détails essentiels concernant la population cible
- o Résumé de l'analyse des besoins (données numériques)
- o Questions qualitatives et préférences des groupes cibles
- o Calendriers saisonniers
- o Modifications dans le profil de revenus et de dépenses des ménages

ÉTAPE 8
Analyse du système de marché

Un vendeur d'eau au Myanmar

L'etape 8 complète le volet de l'analyse de marché, en utilisant des cartes et des calendriers à partir de l'étape 6 et l'analyse des besoins de l'étape 7. C'est l'une des étapes les plus déterminantes du processus EMMA. Elle implique une évaluation finale de la capacité du système de marché crucial à combler les besoins auxquels la population cible fait face, grâce à l'augmentation de la production et du commerce. Ce résultat constitue un apport essentiel pour l'analyse de la réponse finale de l'étape 9.

> **Avant de commencer l'étape 8, vous aurez ...**
>
> o   étudié la façon dont la crise a affecté les acteurs du système et la manière dont ils y répondent ;
> o   consulté les acteurs du marché et les informateurs clés sur les mesures possibles au soutien du marché ;
> o   réalisé les cartes préliminaires de marché, en situation de référence et en situation d'urgence ;
> o   dessiné le calendrier saisonnier pour un système de marché ;
> o   complété le volet d'analyse des besoins.

8.1 Vue d'ensemble de l'étape 8

Objectifs
- Analyser *la disponibilité* et l'offre principale et/ou les problèmes de demande dans le système de marché.
- Analyser et évaluer les capacités existantes ou potentielles du système de marché pour contribuer à l'intervention d'urgence exigée, mise au point à l'étape 7.
- Identifier les options plausibles pour soutenir indirectement le système de marché, aspects de l'étape 9.
- Répondre et tirer les conclusions concernant les questions clés de l'analyse, définies à l'étape 3.

Activités

Section 8.3 : Analyse de référence
- Évaluation de la capacité et des performances antérieures du système de marché
- Analyse des données sur les volumes de production et les échanges, l'intégration des marchés, la concurrence, et les comportements

Section 8.4 : Analyse des conséquences
- Exploration des conséquences de la situation d'urgence
- Comparaison des situations de référence et d'urgence en termes de volumes d'échanges, de prix, d'intégration et de comportements

Sections 8.5 à 8.6 : Prévisions
- Estimations de la capacité du système de marché à contribuer à la réponse d'urgence
- Identification des options de soutien du marché

Principaux résultats
- *Situation de référence* : une évaluation des capacités et de la performance de référence du système de marché
- *Que s'est-il passé* : conclusions sur l'impact de la crise sur le système de marché et, en particulier, l'analyse des problèmes d'approvisionnement et de la demande dans la situation d'urgence
- *Comment la situation est-elle susceptible d'évoluer dans l'avenir* : évaluation de la capacité du système et du potentiel de contribution de la réponse d'urgence
- *Options de soutien du marché* : une liste d'options d'aide possibles pour un marché en situation d'urgence (afin de renforcer les capacités locales et de contribuer à l'action humanitaire), pour examen à l'étape 9

8.2 Aperçu du processus d'analyse

L'objectif essentiel de l'étape 8 est de déterminer si le système du marché pourrait contribuer utilement et de manière fiable à la réponse d'urgence. (Voir l'encadré 8.1 pour une définition). Si la réponse est oui, alors l'étape 8 vise également à :
- estimer sa capacité de contribuer à combler l'écart ;
- identifier les possibilités de soutien qui pourraient restaurer ou améliorer cette capacité.

> **Encadré 8.1 « Contribuer à la réponse humanitaire » - définition**
> Un système de marché est capable de contribuer à l'intervention d'urgence si, sans provoquer de changements négatifs dans les prix ou la disponibilité pour les autres, il peut fournir :
> - un approvisionnement suffisant de l'aliment essentiel et à un prix raisonnable, des denrées ou des services directement à la population ciblée – en supposant que cette dernière y a accès et dispose du pouvoir d'achat nécessaire (par exemple, espèces, bons d'achat) ;
> - une source fiable et abordable pour l'aliment essentiel, des articles ou des services, pour l'approvisionnement local des agences humanitaires ; ou
> - un débouché fiable (à savoir employeurs et acheteurs) et un prix équitable pour le travail ou la production des populations cibles, et pour autant une source essentielle de revenus.

Afin de procéder à cette évaluation, les équipes EMMA ont besoin de progresser à travers une série d'étapes d'analyse, qui sont bien représentées par ces quatre questions simples :

1. *Base de référence* : quelle était la capacité du système de marché et sa performance avant l'urgence ?
2. *Impacts* : qu'est-il advenu du système de marché dans la situation d'urgence ?
3. *Prévisions* : jusqu'à quel point le système est-il capable de contribuer à la réponse d'urgence à venir ?
4. *Support* : Quelles options existent pour rétablir ou renforcer les capacités du système de marché ?

Témoignages

L'étape 8 rassemble et utilise les témoignages, informations et données recueillies dans le cadre des recherches de fond et sur le terrain ainsi que la production des cartes et des calendriers saisonniers.

Encadré 8.2 Types de données et d'informations utilisés pour l'analyse du système de marché

Observations de terrain	Perturbations observées pour les producteurs et les entreprises. Perturbations signalées relatives aux liens du marchés, aux transactions. Perturbations signalées relatives aux infrastructures et aux services d'appui.
Disponibilité	Volumes de production et d'échanges dans les différentes parties du système. Stocks actuels et délais de livraison pour les approvisionnements.
Intégration du marché	Force des liens commerciaux avec d'autres marchés non affectés.
Information sur le prix	Variations de prix par rapport à la situation de référence Évolution des prix (direction et volatilité des mouvements de prix). Analyse des marges le long de la chaîne.
Conduite des acteurs du marché	Nombre d'acteurs (et implications en termes de pouvoir sur le marché). Comportements ou règlementations anticoncurrentiels, barrières à l'entrée.

8.3 Analyse de référence

Cet élément de l'analyse du marché consiste en trois questions principales :
- Comment la capacité de référence se mesure-t-elle face à l'ampleur du défi estimé grâce à l'analyse des besoins ?
- Jusqu'à quel point l'intégration du système de marché était-elle effective avant l'urgence ?
- Quelle était l'état de la concurrence dans le système de marché avant l'urgence ?

Capacité du système de marché

Avec de la chance, suffisamment de données ont été recueillies (à l'étape 6) pour faire des estimations quantitatives approximatives de l'activité économique de référence (c'est-à-dire les volumes de production et les échanges).
- Dans les systèmes d'approvisionnement du marché, ces données ont trait à la disponibilité des denrées et à la capacité des acteurs du marché à répondre aux besoins d'approvisionnement local des agences humanitaires et/ou de la population cible.
- Dans les systèmes de revenu du marché, elles peuvent indiquer la capacité du système de marché à créer des revenus pour la population touchée, en commercialisant leur production ou leur travail.

Il est important que ces estimations de référence soient des variations saisonnières significatives : c'est-à-dire qu'elles offrent une base de comparaison efficace avec les exigences d'intervention d'urgence à cette période de l'année.

Ces estimations doivent également être faites, si possible, à deux ou trois échelles économiques différentes (voir encadré 8.3) :

- dans la région en situation d'urgence (zone de la catastrophe, par exemple) ;
- plus largement, dans le marché provincial / régional (par exemple les districts autour d'un centre commercial important) ;
- sur le marché national.

Cela permet à EMMA d'estimer la capacité « normale »sous-jacente des acteurs du marché. En comparant ces données aux résultats de l'analyse des besoins, vous prendrez immédiatement conscience de l'ampleur du défi que constitue une réponse d'urgence face au système de marché.

Encadré 8.3 Production de référence et volumes d'échanges - exemple			
Volumes de production et d'échanges (MT par mois)	*Marché national*	*Marché provincial*	*Zone Locale affectée*
Activité de référence	5 000	1 200	200
Déficit auquel la population cible fait face dans la zone touchée = 350 (à partir de l'étape 7)			

Intégration du marché

L'intégration du marché est une mesure du degré d'interrelation des systèmes de marché dans différentes zones géographiques sont reliés les uns avec les autres. Lorsque les marchés sont intégrés, les articles indispensables ou les denrées alimentaires circuleront plus facilement à partir des zones excédentaires vers les zones déficitaires ; des producteurs aux consommateurs ; à partir des ports et des passages frontaliers vers les régions plus éloignées. Lorsque les marchés sont fragmentés, en revanche, il est difficile ou coûteux de transporter les marchandises, et les prix varient considérablement entre les lieux et les saisons.

Le degré d'intégration du marché est un élément essentiel pour l'analyse par EMMA des réponses appropriées.

- Un système de marché local, qui a été bien intégré dans des marchés plus larges dans la situation de référence, est beaucoup plus susceptible de développer les échanges nécessaires pour répondre aux besoins d'urgence.
- Lorsque les marchés locaux sont bien intégrés avec les grands marchés, les articles indispensables, les services ou les aliments sont plus facilement disponibles et les prix sont plus stables.
- Les achats locaux et les interventions monétaires sont fortement tributaires de l'intégration du marché, qui permettra aux articles cruciaux ou aux aliments de circuler depuis des régions excédentaires vers d'autres.
- Lorsque les marchés locaux sont fragmentés c'est-à-dire mal intégrés aux grands marchés, les prix ayant tendance à être plus volatiles. Les groupes cibles connaîtront des prix plus hauts (revenus plus faibles) plus souvent.

Comment évaluer l'intégration des marchés

Si les données sont disponibles, le détail des prix au fil du temps indique généralement la façon dont les marchés sont intégrés. Voir l'encadré 8.4.

Dans des marchés *fortement intégrés*, des prix élevés dans les zones déficitaires motivent les commerçants des marchés *fortement intégrés*, à apporter des marchandises à partir des zones excédentaires. Par conséquent
- les prix ont tendance à suivre des courbes saisonnières semblables, montant et descendant à l'unisson et
- la différence de prix entre les marchés reste relativement constante (représentée en gris dans l'encadré).

Dans des marchés *faiblement intégrés* (ou fragmentés), les prix élevés dans les zones déficitaires ne créent pas des incitations suffisantes pour que les commerçants transportent les marchandises, en raison de coûts de transaction élevés (insécurité, routes détrempées). Par conséquent
- les prix ont tendance à suivre des schémas différents et
- de grandes variations saisonnières se produisent dans les prix, entre les marchés (gris dans la boîte).

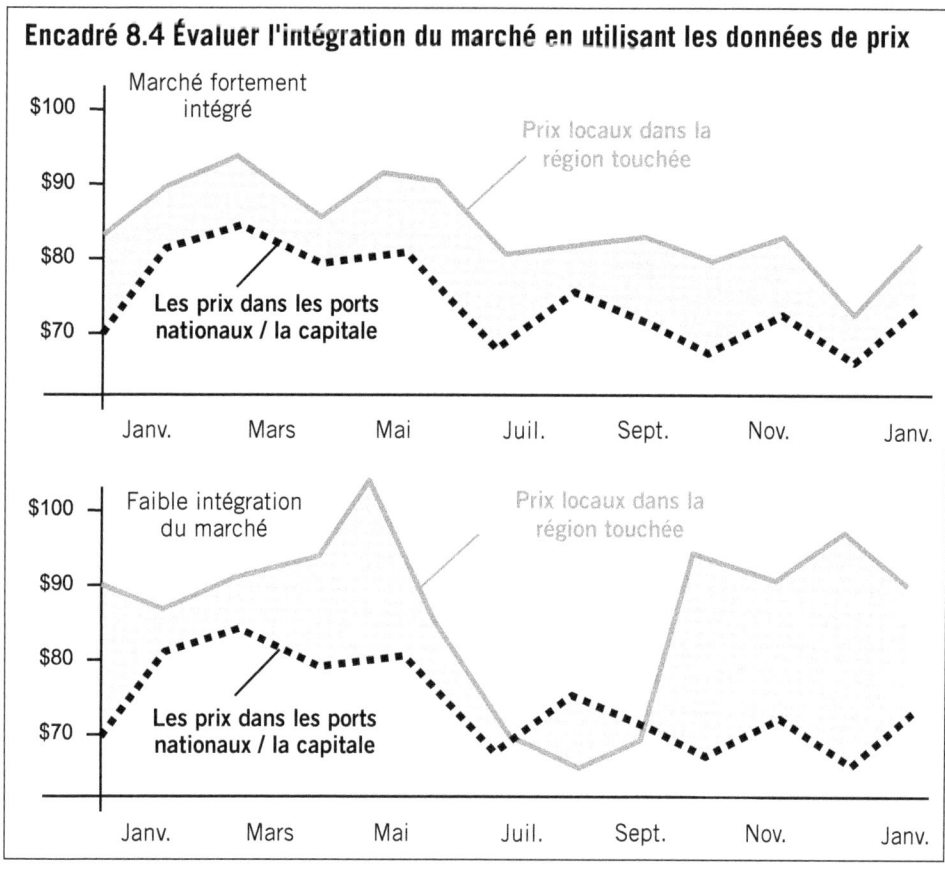

Encadré 8.4 Évaluer l'intégration du marché en utilisant les données de prix

Pour des conseils plus détaillés sur l'intégration des marchés, veuillez consulter le manuel de référence EMMA.

En l'absence de données détaillées sur les prix, il est généralement possible d'obtenir un aperçu pertinent de l'intégration du marché par les commerçants locaux et régionaux (étape 5). Les entretiens doivent révéler ce qui suit :
- d'où proviennent et où vont normalement les principaux flux commerciaux ;
- quelle est la proportion de la production locale et des importations ou des exportations ;

- si les pics et les baisses des prix locaux coïncident normalement avec les prix nationaux ;
- si, durant certaines périodes de l'année, le transport est limité ou difficile ;
- s'il y a d'autres raisons pour lesquelles le commerce est limité ou les marchés segmentés.

> **Encadré 8.5 Intégration d'un marché faible - exemple d'Haïti**
>
> L'analyse EMMA du système de marché des haricots en Haïti, en 2008, a révélé que les marchés ruraux des différentes provinces étaient très segmentés (peu intégrés).
> Il est apparu que cela était dû au fait que, dans la capitale Port-au-Prince, l'accès des correspondants à leurs marchandises était étroitement contrôlé par des clans de commerçants régionaux ou par des cartels. Après le passage de ces ouragans, ces cartels ont eu pour effet de restreindre la circulation des aliments entre les différentes parties de l'île.

Concurrence de référence et pouvoir sur le marché

Les équipes EMMA doivent également tenter d'évaluer la conduite dans le système de marché de référence, afin d'établir la manière dont les acteurs du marché font des affaires les uns avec les autres, et surtout qui fix le prix lors des transactions. Il est peu probable qu'un système de marché, qui a souffert d'abus de pouvoir sur le marché avant la crise, réalise de meilleures performances en situation d'urgence.

> **Encadré 8.6 Concurrence et pouvoir du marché**
>
> La concurrence est une rivalité sur le marché. Il existe une concurrence réelle lorsque les acheteurs ou les vendeurs ont effectivement le choix entre plusieurs acteurs du marché, sur une base propre à fournir, les biens les moins chers ou les meilleurs, les plus hauts salaires, etc. Le contraire de la concurrence est un pouvoir de marché, en particulier un « monopole ». Cette position dominante sur le marché apparaît lorsqu'un acteur unique - ou un petit cartel travaillant en collusion, est en mesure de dicter les prix ou de les influencer fortement en sa faveur, ce qui lui vaut des bénéfices excessifs. Outre le monopole sur le commerce, l'abus de pouvoir de marché peut résulter d'un contrôle monopolistique sur les ressources, les services, ou les connaissances.

La concurrence et le pouvoir sur le marché constituent un aspect des comportements, mais il y en a d'autres (à la fois positifs et négatifs). Les équipes EMMA doivent noter toute forme importante de comportement dans le système de référence, qui peut empêcher ou favoriser la performance du système de marché dans le contexte de l'urgence. Pour en savoir plus, consultez le guide de FEWS NET marché (FEWS NET, 2008).

Les comportements positifs peuvent inclure :
- la concurrence : les ménages ont un bon choix entre plusieurs fournisseurs (détaillants, distributeurs) ;
- des services intégrés : les grossistes et les détaillants offrent du crédit ou d'autres services à leurs clients ;

- la gestion des risques : les entreprises garantissent les ventes ou font des avances à leurs fournisseurs (par exemple les fermiers) ;
- un pouvoir collectif sur le marché : de petits agriculteurs commercialisent leurs produits collectivement.

Les comportements négatifs peuvent inclure :
- des comportements monopolistiques : la collusion entre des groupes de commerçants (cartels) influençant les prix en leur faveur ;
- distorsion du marché : les prix sont fixés par le gouvernement d'une manière qui désavantage les personnes vulnérables ou déprime l'activité économique ;
- l'exclusion et les obstacles à l'entrée : des restrictions sur le lieu et les moments où certains acteurs peuvent commercer.

8.4 Impacts de l'urgence

Cet élément de l'analyse peut être réduit à cinq questions principales :
1. Quels impacts ont été observés sur système de marché dans la situation d'urgence ?
2. Comment le niveau actuel du commerce et la disponibilité dans le système de marché se comparent-t-il avec la situation de référence ?
3. La performance du système de marché est-elle essentiellement limitée par des problèmes d'approvisionnement, des problèmes de demande, ou les deux ?
4. Comment l'intégration des marchés a-t-elle été affectée ?
5. Comment la concurrence et le pouvoir de marché ont-ils été affectés ?

Observations et cartographie des impacts de l'urgence

Les principaux impacts de la situation d'urgence ont été observées par les équipes EMMA sur le terrain ; ils ont été rapportés par les acteurs du marché durant leurs entretiens (étape 5) et inclus dans la carte de marché de la situation d'urgence (étape 6). De nombreux types d'impacts peuvent avoir été signalés et il est important d'attirer l'attention sur les parties du système (et les impacts) qui comptent le plus pour la population cible. Voir l'encadré 8.7.

Les cartes du marché peuvent aider à cet objectif, de deux manières :
- en montrant comment différents groupes cibles interagissent ou s'engagent dans le système de marché et,
- en véhiculant une idée du poids économiques relatif des différents acteurs et de leurs liens.

ETAPE 8. ANALYSE DU SYSTEME DE MARCHE 145

> **Encadré 8.7 Se concentrer sur les impacts principaux - un exemple d'intégration du marché**
>
> Lors du travail de terrain EMMA, les grossistes en riz, interviewés dans une ville commerciale, rapportent que l'impact majeur de l'urgence (pour eux) a été la destruction à grande échelle des stocks entreposés.
>
> Toutefois, la cartographie du marché montre que la production des grossistes est principalement destinée aux marchés d'exportation et qu'elle est d'une qualité supérieure au riz généralement consommés par les groupes cibles vulnérables, lesquels dépendent essentiellement du riz cultivé localement par de petits exploitants agricoles ; en d'autres termes, le marché du riz est intégré.
>
> L'équipe EMMA a donc décidé de concentrer son attention sur les options de réponse qui répondent aux contraintes de production rencontrées par ces petits agriculteurs.

Dans cette optique, les équipes EMMA doivent faire tout ce qui est indiqué ci-après ;
1. Passer en revue les cartes du marché, les résultats des entretiens et les notes de terrain.
2. Identifier les « impacts » spécifiques sur le système de marché, qui s'avèrent les plus importants pour la population cible et pertinents pour eux dans la situation d'urgence (besoins), par exemple :
    - la réduction de la production ou la perte de stocks antérieurs, comme les récoltes ;
    - la perte d'acteurs clés de la chaîne d'approvisionnement/de valeur, que les groupes cibles utilisent ;
    - des dommages aux infrastructures vitales, ou la perturbation de services essentiels ;
    - des goulets d'étranglement dans les transports (routes, l'insécurité).
3. Établir la liste des idées de soutien du marché se rapportant à ces impacts, ayant émergé au cours du processus EMMA. Par exemple, des solutions et le soutien proposés par les producteurs et les commerçants (voir section 8.6). Ces options de réponse préliminaires constitueront une entrée pour l'étape 9.

Capacité du système de marché dans une situation d'urgence

Quels changements se sont produits dans les volumes de production et les échanges, à différentes échelles géographiques, en raison de l'urgence ? Outre ces données sur les prix, ces changements sont des indicateurs clés de l'impact de la crise sur le système de marché. Les comparer avec les estimations de référence ci-dessus permet de mieux comprendre l'ampleur de l'impact sur le système de marché. Voir les encadrés 8.8 et 8.9.

Il est important de ne pas rester coincé sur le détail de ces estimations. EMMA a besoin d'une « perception » de la manière dont l'activité économique a été affectée. Même très approximatives, les estimations des quantités peuvent être utiles.

> **Encadré 8.8 Comparer les volumes de référence avec les échanges en situation d'urgence - exemple**
>
> La zone la plus durement touchée par les inondations exporte habituellement des lentilles vers la capitale à cette époque de l'année. Les inondations ont gravement endommagé la production. L'exportation a cessé et, au contraire, des lentilles sont actuellement importées dans le district.
>
> *Estimation de référence*
> Consommation du district   = 350 MT / mois (enquête nationale auprès des ménages)
> Commerce sortant du district   = 60 MT / mois (rapportés par les commerçants) ; de ce fait
> la production et le commerce totaux = 410 MT / mois
>
> *Estimation en situation d'urgence*
> Production dans le district   = 200 MT / mois (rapports des dommages aux fermes)
> Commerce à venir dans le district de = 20 MT / mois (entretiens avec des commerçants)
> Donc, la production et le commerce total = 220 MT / mois
> Conclusion : la production totale et le commerce sont en baisse d'environ 50%.

Avec de la chance, suffisamment de données ont été recueillies (à l'étape 6) pour faire une estimation approximative de l'activité économique en situation d'urgence (volumes de production et commerce) à l'échelle locale, provinciale et nationale.

Encadré 8.9 Analyse des volumes de référence et d'urgence - exemple			
Les volumes de production et échanges (Mesuré en tonnes par mois)	Marché national	Marché provincial	Zone Locale affectée
Activité de référence	5 000	1 200	20
Affecté par la situation d'urgence	5 000	1 100	50
Impact sur la production et le commerce	n / d	–10 %	–75 %
Interprétation : La production et le commerce de la zone sinistrée ont été très durement touchés par la crise (en baisse de 75%). Les équipes EMMA devront comprendre les causes de cet aspect en détail, afin d'évaluer les perspectives d'une contribution par le système local à la réponse d'urgence. Cependant, au niveau du marché provincial, la modification de l'activité a été assez marginale (en baisse de seulement 10%), ce qui suggère un impact relativement mineur sur la capacité du système à cette échelle géographique.			

Problèmes d'approvisionnement et problèmes de demande

Les systèmes de marché fonctionnent grâce à l'interaction entre la demande - la capacité des gens à payer pour des biens ou des services dont ils ont besoin - et l'offre - la capacité d'autres personnes à fournir ces biens ou services. Il est donc essentiel de comprendre comment la situation d'urgence a affecté cette dynamique offre-demande.

En particulier, il est essentiel de comprendre si les changements observés dans la production et le commerce sont essentiellement des symptômes de troubles de la demande, ou des problèmes d'approvisionnement, ou une combinaison des deux.

Du côté de l'offre et de la demande les problèmes ont des impacts très différents sur les groupes cibles, selon que les personnes sont affectées en tant que consommateurs, producteurs, ou travailleurs : il y a donc des implications différentes pour l'action humanitaire.

Encadré 8.10 Comparaison des problèmes du côté offre et demande	
Problèmes côté demande	*Problèmes côté offre*
En situation d'urgence, la demande effective (le niveau des dépenses des consommateurs finaux) est souvent affectée. Le plus souvent, la demande effective chute, parce que, quels que soient leurs besoins urgents, les consommateurs finaux ont moins d'argent à dépenser.	Les urgences perturbent très souvent la capacité des systèmes de marché à produire et à livrer de la nourriture, des objets ou des services répondant à la demande. Cela peut être dû à des problèmes en fin de chaîne de production, ou à des blocages de transaction à d'autres points du système de marché.
En outre, la demande risque de diminuer parce que les gens reçoivent des distributions d'urgence, suffisantes, ils ont donc moins besoin d'acheter.	Par exemple, une crise peut être liée à la destruction des récoltes, à la perte des stocks, à l'insécurité ou à la perturbation des transports.
Occasionnellement, la demande peut brièvement augmenter : par exemple par une hausse des achats de produits alimentaires ou d'un abri après un ouragan.	Parfois, les situations d'urgence peuvent également provoquer une hausse des problèmes de l'offre (vente de bétail par exemple lors d'une sécheresse).

Comment y parvenir, qualitativement

Le caractère fondamental des problèmes d'un système de marché, en situation d'urgence, est habituellement évalué assez facilement à partir d'informations qualitatives recueillies lors des entrevues avec des groupes cibles et les acteurs du marché.

La caractérisation des problèmes liés à l'offre ou à la demande diffère si le système de marché est un système d'offre ou un système de revenu :

Dans les systèmes d'approvisionnement du marché, la demande dépend de la capacité et du désir de la population cible d'acheter ce dont elle a besoin. Cette évaluation viendra de l'analyse des besoins (étape 7). La fourniture d'aliments, d'objets ou de services pour satisfaire cette demande est le rôle du reste du système de marché. Les problèmes typiques sont présentés dans l'encadré 8.11.

Encadré 8.11 Indicateurs de problèmes dans les « systèmes d'approvisionnement »	
Problèmes côté demande *(C'est-à-dire qui affectent la population*	*Problèmes côté offre* *(C'est-à-dire qui affectent les fournisseurs)*
• Les ménages cibles ont moins de liquidités (ou de crédit) qu'ils ne dépensent normalement. • Les ménages cibles ont un accès limité aux acteurs du marché ou aux endroits où les aliments cruciaux ou les articles de première nécessité sont disponibles.	• La disponibilité des aliments essentiels, d'un article ou d'un service est considérablement réduite. • Les acteurs clés du marché sont touchés. • Des perturbations ont eu lieu dans les liaisons de transport ou d'autres infrastructures clés le long de la chaîne d'approvisionnement.

Dans les systèmes de revenu du marché, la demande dépend du volume des achats effectués par les acheteurs et les consommateurs finaux ou de la quantité de travail demandée par les employeurs, qui tous deux génèrent des revenus pour la population cible. L'approvisionnement dépend de la capacité de la population cible à produire des biens ou du travail en vue de leur vente. Les problèmes typiques sont énumérés dans l'encadré 8.12.

Encadré 8.12 Indicateurs de problèmes dans les « systèmes de revenu »	
Problèmes côté demande *(c'est-à-dire qui affectent les acheteurs)*	*Problèmes côté offre* *(c'est-à-dire qui affectent la population cible)*
• les consommateurs finaux ou les autres acheteurs dépensent moins sur le produit primordial. • Les employeurs cherchent moins de main-d'œuvre. • Les principaux acteurs du marché sont durement touchés. • Les transports, le stockage ou les infrastructures clés le long de la chaîne de valeur ont été durement touchés.	• La production des ménages cibles (cultures de rente) est significativement réduite ou ils sont moins capables de travailler (par exemple pour cause de maladie, de traumatisme). • Les ménages cibles ont un accès plus restreint aux marchés des produits (par exemple contraintes de transport), ou ils ont moins d'accès au marché de l'emploi (déplacement, par exemple). • Il y a un excès d'offre de produits • (bétail) ou de main-d'œuvre.

Comment y parvenir quantitativement

EMMA peut également utiliser des données sur les variations de prix et de volumes de production et sur le volume des échanges comme indicateurs de ce qui arrive à l'offre et à la demande dans un système de marché par rapport à la situation de référence. Cela peut renforcer l'évaluation faite qualitativement ci-dessus.

Il est également utile d'examiner l'orientation et le rythme des changements des prix. Que les prix soient généralement en hausse, qu'ils baissent ou qu'ils restent stables peut être aussi important que la comparaison avec la situation de départ. Le tableau dans l'encadré 8.13 fournit une aide pour cette méthode.

Les conséquences des problèmes d'approvisionnement et de demande de réponse d'urgence sont examinées plus loin à l'étape 9. Pour une approche économique plus rigoureuse, mais aussi plus consommatrice de temps, voir l'outil de schéma décisionnel MIFIRA (Barrett et al , 2009), développé pour CARE.

Encadré 8.13 Utiliser des données pour diagnostiquer les problèmes d'offre et de demande

	Les prix augmentent ou sont beaucoup plus élevés dans la situation de référence	Les prix sont stables et similaires aux valeurs de référence	Les prix baissent ou sont beaucoup plus bas que les valeurs de référence
Les volumes sont plus importants que les volumes de référence	La demande est très forte. La réponse de l'offre est bonne. Indique que le système de marché fonctionne bien. Toutefois, des prix élevés suggèrent que les fournisseurs sont encore incapables de satisfaire la hausse de la demande, ou qu'il y a des goulets d'étranglement qui augmentent les coûts pour les opérateurs.	La demande est très forte. La réponse de l'offre est bonne. Cela indique que le système de marché fonctionne bien, par rapport aux valeurs de référence : répondant à l'augmentation des besoins, sans créer de distorsion de prix.	La demande est normale. L'offre est excessive. Cela indique que le système est saturé par une offre excédentaire. Il s'agit probablement des forces désespérées des gens à vendre leur main d'œuvre, leur élevage, ou leurs actifs dans de mauvaises conditions.
Volumes similaire aux volumes de référence	La demande est très forte. La réponse de l'offre est limitée. Cela indique que les niveaux de commerce sont normaux mais insuffisants pour satisfaire une demande accrue. Alternativement, les goulets d'étranglement augmentent les coûts pour les opérateurs.	La demande est normale. L'offre est normale. Cela indique que le système de marché est peu affecté, par rapport à la situation de départ.	La demande est relativement faible. L'offre est normale. Cela indique que le système de marché est saturé en raison de la faible demande.
Les volumes sont plus faibles qu'avant	La demande est normale (ou forte). La réponse de l'offre est faible. Cela signifie que les problèmes d'approvisionnement sont très sévères. Malgré les prix élevés, l'offre est insuffisante pour satisfaire la demande normale ou croissante.	La demande est faible. La réponse de l'offre est incertaine. Cela signifie que la demande est limitée : les acheteurs n'ont sans doute pas la capacité de dépenser.	Une demande très faible. La réponse de l'offre est incertaine. Cela signifie que la demande est très limitée : les acheteurs ne peuvent rien dépenser.

Goulets d'étranglement dans les chaînes d'approvisionnement ou les chaînes de valeur

Si EMMA a des prix fiables à différents points le long de la chaîne d'approvisionnement ou de valeur, vous pouvez également les utiliser pour identifier où les goulets d'étranglement ont un impact, en comparant l'évolution de la marge de chaque acteur. La « marge » est la différence entre prix d'achat et prix de vente.

Dans l'encadré 8.14, la marge de référence des commerçants du village = 5 ; marge = 20 et celle des grossistes et des meuniers = 25.

Les marges reflètent normalement les coûts et les risques supportés par chaque acteur du marché (main d'œuvre, transport, carburant, stockage, crédit). Un changement conséquent de la marge dans la situation d'urgence peut être un bon indicateur pour localiser un problème, une contrainte ou d'un goulet d'étranglement dans la chaîne d'approvisionnement ou dans la chaîne de valeur.

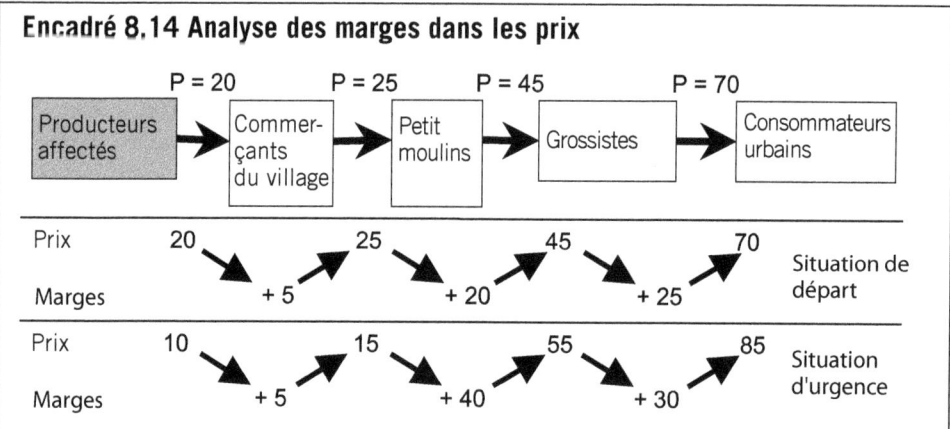

Encadré 8.14 Analyse des marges dans les prix

Interprétation : L'impact de l'urgence réside dans le fait que les prix aux producteurs ont baissé de 20 à 10, tandis que les prix à la consommation sont en hausse, de 70 à 85. Comment cela peut-il s'expliquer ? L'analyse des marges de chaque intermédiaire montre qu'un goulet d'étranglement semble se produire avec les meuniers : leur marge a augmenté de 20 à 40. D'autres informations peuvent révéler la raison de cette forte augmentation : par exemple, cela peut refléter le coût élevé de la réparation des machines de fraisage, ou le coût de fonctionnement d'un générateur d'électricité en raison d'une panne de secteur.

Il est intéressant de noter qu'une « contrainte de la demande » (le problème des meuniers dans l'encadré 8.14) provoque une réduction du revenu des producteurs. Dans le même temps, le même problème crée une « contrainte d'approvisionnement » pour les consommateurs urbains, qui font face, en conséquence à une hausse des prix. L'un ou l'autre ou deux groupes pourraient être les groupes cibles de l'aide humanitaire.

Réduction de l'intégration du marché

Un système de marché local, qui était bien intégré dans des marchés plus larges dans la situation de référence, est beaucoup plus susceptible de développer des échanges pour répondre aux besoins d'urgence. Cependant, l'intégration des marchés est souvent perturbée en cas d'urgence. Identifier les causes et les éliminer peut être une option à considérer pour les interventions d'urgence.

Les équipes EMMA ne seront certainement pas en possession des données sur les prix pour évaluer l'intégration dans une situation d'urgence (à moins que la surveillance des prix n'ait commencé immédiatement). Toutefois, des entrevues avec les grossistes, les commerçants et les détaillants permettront en général d'identifier des facteurs tels que :
- les infrastructures de transport endommagées (routes, ponts, voies navigables) qui affectent les échanges ;
- l'élimination d'acteurs clés du marché qui fournissaient des liens commerciaux avec d'autres marchés ;
- le manque de financement pour les activités commerciales (arrêt des accords de crédit) ;
- les contraintes sur le commerce créées par l'insécurité et les conflits.

Un conflit prolongé provoque souvent la fragmentation du marché et l'émergence de marchés parallèles ou cachés dans une économie de guerre déformée.

Modifications concurrentielles et pouvoir sur le marché

Il existe un risque important d'abus de pouvoir pour certaines options de réponse d'urgence.
- Dans les systèmes d'approvisionnement, une entente entre les opérateurs peut faire monter les prix (ou les maintenir élevés), même si les fournitures sont disponibles et si le système de marché donne par ailleurs de bons résultats.
- Dans les systèmes de profits, trop peu d'acheteurs pour les producteurs et un nombre trop faible d'employeurs pour employer tous les travailleurs peut tirer les prix et les salaires vers le bas, même si la santé finale des marchés est bonne et si les possibilités de travail existent.

EMMA doit évaluer comment la situation d'urgence a affecté la concurrence et d'autres aspects, positifs et négatifs, des comportements. Une crise peut frapper certaines entreprises dans le système et réduire ainsi la compétitivité parmi ceux qui restent. Elle peut détruire la capacité des opérateurs à offrir les services de prêts ou de crédit qu'ils offrent habituellement. Alternativement, si la cohésion sociale est forte, une situation d'urgence peut améliorer temporairement le comportement des gens, car un sentiment de solidarité avec la population touchée se fait sentir. Les facteurs à surveiller peuvent alors être les suivants
- *Réduction de la concurrence* : les ménages affectés ont un choix limité de fournisseurs (détaillants, distributeurs). Consultez les informations sur un nombre réduit d'acteurs du marché dans la carte du marché.
- *Augmentation du comportement monopolistique* : des signes d'entente se font jour entre des groupes de commerçants afin d'influencer les prix en leur faveur.
- *Dommages à des services intégrés*, tels que les services de crédit ou autres, que les grossistes, commerçants, détaillants offrent à leurs clients ou les employeurs à leurs salariés.
- *Augmentation des risques commerciaux* dus à la perte de ventes garanties en avance.
- *Exclusion plus forte* : restrictions aggravées sur le lieu et le moment où certains acteurs du marché peuvent négocier.
- *Distorsion importante du marché* : les mesures prises par les gouvernements (ou les agences humanitaires), désavantagent temporairement les producteurs vulnérables ou dépriment l'activité économique.

8.5 Perspectives pour contribuer à la réponse d'urgence

À ce stade, les équipes EMMA devraient être relativement confiantes en leur compréhension
- *du marché initial* : évaluation des capacités et de la performance de référence du système de marché
- *de l'urgence : conséquences* de l'urgence sur le système de marché ; et en particulier une analyse des problèmes de l'offre et de la demande.

La prochaine étape dans l'analyse du système de marché est d'utiliser les connaissances et les idées discutées précédemment afin de pouvoir prédire comment le système est susceptible de fonctionner à l'avenir : son potentiel de contribution à la réponse d'urgence au niveau local, provincial ou national.

C'est également là que les équipes EMMA répondent aux nombreuses questions soulevées pour la première fois lors de l'analyse de la section 2.4. Il n'y a pas de modèle pour faire ce genre de prédiction : il s'agit d'une question de jugement.

En outre, dans les systèmes d'approvisionnement, EMMA devra s'appuyer sur des informations concernant
- *la disponibilité* : quels stocks d'aliments essentiels existent, où se trouvent-ils et à quelle vitesse ils peuvent être mobilisés par le système de marché.

Évaluation qualitative initiale

Sans analyser les données, les équipes EMMA ne seraient pas nécessairement en mesure d'utiliser des cartes du marché, ni les informations tirées des entretiens qu'elles représentent, pour esquisser des conclusions. Il s'agit de dégager les perspectives d'un système de marché susceptible de contribuer, de façon cruciale, à la réponse d'urgence. Le caractère essentiel des systèmes de marché en situation d'urgence, c'est-à-dire disposant d'une offre contrainte ou d'une demande limitée, sera un aspect important de cette évaluation initiale.
- Exemple 1 : Le système d'approvisionnement d'une population cible a subi de graves perturbations, les dommages causés aux entreprises ou aux liens commerciaux ne peuvent être réparés rapidement et il n'y a pas de liens évidents vers des marchés alternatifs. Le système se caractérise par une offre limitée : il est peu probable qu'il soit en mesure de combler le déficit dû à l'urgence. Par voie de conséquence, des distributions en nature seront nécessaires.
- Exemple 2 : Une chaîne d'approvisionnement est relativement épargnée. Tout dommage pourrait être facilement réparé et les acteurs du marché ont des stocks disponibles. Le déficit dû à la situation d'urgence est apparu parce que la population cible a perdu ses économies ou ses sources normales de revenu. Le système du marché local se caractérise par une demande limitée : il pourrait répondre au déficit dû à la situation d'urgence si la population cible, ou une agence humanitaire, avait l'argent nécessaire. Par conséquent des interventions monétaires ou des achats locaux semblent prometteurs.

Comparaison de l'analyse des besoins avec les volumes de production et d'échanges

La comparaison des niveaux d'activité économique avec l'analyse du déficit, avant et pendant la situation d'urgence peut être très révélatrice. Dans l'exemple de l'encadré 8.15, supposez que la réduction du commerce local soit principalement due à l'absence de pouvoir d'achat des ménages, du fait par exemple de la perte de leurs revenus. Le système de marché sera-t-il capable de répondre à la demande si la population cible à l'argent pour acheter ce dont elle a besoin ?

Encadré 8.15 Comparer les « écarts » par rapport aux volumes de référence

Les volumes de production et d'échanges	Zone Locale affectée	Marché provincial	Marché national
Situation affectée par l'urgence (A)	50	1 100	5 000
Écart d'urgence identifié (B)	350	350	350
Réponse requise, A + B = (C)	400	1 450	5 350
Activité de référence (D)	20	1 200	5 000
Augmentation nécessaire par rapport à la situation de référence = (C / D - 1) x 100 %	+ 100 %	+ 25 %	+ 8 %

L'analyse des données des l'encadré 8.15
L'intervention d'urgence nécessaire pour combler l'écart (400 tonnes par mois) représente le double de l'estimation de la production de base et des échanges dans la zone affectée. Le même écart est moins difficile à combler quand il est replacé dans le contexte des marchés provinciaux (une augmentation de 25%) et des marchés nationaux (+ 8%).

Diverses implications peuvent être déduites de l'analyse simple figurant dans l'encadré 8.15, y compris les suivantes :
- Ce pourrait être un défi important pour les acteurs du marché local de devoir combler le déficit d'urgence ; même à partir de la situation de départ, ils leur faudrait doubler leur activité économique.
- Par conséquent, sauf preuve d'intégration forte entre les marchés locaux et provinciaux, une aide en espèces pour la population cible provoquerait probablement des pénuries et des hausses de prix dans la région.
- Le système de marché provincial semble avoir la capacité nécessaire pour répondre. Par conséquent l'approvisionnement à ce niveau, provincial, est l'option la plus réaliste qui puisse être envisagée. Disponibilité et délais doivent être vérifiés.
- Le marché au niveau national ne semble pas affecté et les approvisionnements à ce niveau semblent également possibles. Cela pourrait être la meilleure option si le marché provincial connaissait des problèmes d'approvisionnement.

Disponibilité (stocks et délais)

La comparaison des volumes d'échanges passés et présents peuvent amener les équipes EMMA à décider que les systèmes de marché ne sont pas capables de répondre au déficit d'urgence, ce qui élimine certaines options de réponse. Afin de confirmer s'ils en sont capables, EMMA doit également obtenir des informations sur la disponibilité actuelle (stocks) des aliments ou des articles cruciaux. Ces données essentielles incluent les facteurs suivants :
- les stocks détenus par les différents types d'acteurs du marché, y compris les producteurs, le long d'une chaîne d'approvisionnement ;
- les délais (entre la commande et la livraison) requis entre chaque maillon de la chaîne d'approvisionnement.

Cette information proviendra des entretiens avec les acteurs du marché (commerçants, détaillants, etc.)

Lorsque vous étudiez les délais, traitez les réponses des gens avec prudence. Les opérateurs peuvent exagérer la rapidité avec laquelle ils peuvent s'approvisionner, pour vous impressionner, ou parce qu'ils ignorent l'existence de goulets d'étranglement. Vérifiez toujours (comparez) vos informations auprès d'autres acteurs du marché.

L'information sur la disponibilité peut être utilement résumée et analysée dans un tableau comme l'encadré 8.16. Les informations et les données peuvent être utilisées pour évaluer la disponibilité à chacune des échelles économiques du système de marché, en commençant par la région affectée.

Encadré 8.16 Analyse de la disponibilité - exemple

Requis MT / mois de Box 8.15	Marché national 5.500 t / mois +8%	Marché provincial 1.500 MT / mois 25%		Zone affectée 400 MT + 100%	
Acteurs	Agriculteurs régions	Grossistes et les commerçants	Grain meuniers	Village détaillants	Ménages cibles
	→	→	→	→	
Stock	Cultures dans les champs	Dans les entrepôts maisons	Stockage au moulin	Dans la boutique stocks	Ménages magasins
Quantité	> 30 000 tonnes	2 500 tonnes	600 tonnes	200 tonnes	150 tonnes
Délais de livraison	6 semaines (Récolte (Boutique) juin)	1 semaine (Transport)	2 semaines (mouture ensachage)	1 semaine	

Interprétation du marché local : Les stocks dans la région affectée (350 MT dans les maisons et boutiques) pourraient durer seulement un mois dans un programme monétaire ou d'approvisionnement local. Cela donne peu de temps aux détaillants pour recevoir un stock supplémentaire des meuniers, puis des grossistes du marché provincial (le délai minimum est de trois semaines environ). Il serait donc essentiel d'informer au préalable les commerçants et les meuniers de l'éventualité d'interventions monétaires ou d'approvisionnements locaux. Puisque la disponibilité au niveau local est insuffisante, l'analyse doit se faire à l'échelle de la province et de la région.

Interprétation du marché provincial : Les stocks provinciaux (environ 3 100 MT) sont suffisants pour satisfaire la réponse globale requise, y compris la couverture du déficit pour la population cible dans la zone affectée, pendant environ deux mois. Toutefois, le délai jusqu'à la récolte nationale suivante est d'environ neuf semaines (d'après le calendrier saisonnier). Le marché provincial pourra avoir à apporter des stocks provenant d'autres régions, avant que la récolte ne commence. Si cette situation fait peser un doute sur la capacité du système, EMMA doit examiner la situation nationale.

Interprétation du marché national : La production nationale et le système d'échanges doivent pouvoir gérer assez facilement une augmentation de la demande estimée à 8%. Cependant, l'intervention d'urgence dépend des négociants provinciaux, bien intégrés dans le marché national, afin que ces derniers puissent, si nécessaire, s'approvisionner auprès d'autres régions.

L'analyse des bilans nationaux

En cas d'urgences majeures, les besoins peuvent être si importants que la disponibilité des stocks nationaux devient préoccupante. La disponibilité nationale devient dès lors le principal enjeu ; cela évite de s'interroger sur la capacité des systèmes de marché à déplacer des stocks critiques de nourriture ou de produits depuis d'autres zones non affectées du pay.

Pour la plupart des cultures alimentaires de base, les bilans alimentaires nationaux peuvent être trouvés sur le site web FAOSTAT (http://faostat.fao.org). Ceux-ci fournissent les données nationales disponibles, grâce auxquelles les besoins d'urgence peuvent être évalués.

Conclusions : perspectives pour contribuer à la réponse d'urgence

Enfin, l'équipe EMMA doit parvenir à une conclusion quant à la capacité du système de marché à contribuer à la réponse d'urgence. Comme indiqué précédemment, il s'agit essentiellement d'une question concernant l'échelle géographique où le point de contact le mieux approprié pour la liaison entre l'intervention humanitaire et le système de marché : local, provincial, national ou international.

Cette décision implique de mesurer toutes les indications et les interprétations élaborées dans l'étape 8 en ce qui concerne les facteurs suivants :

- la caractérisation des problèmes des systèmes de marché, qu'elle soit fondée sur l'offre ou sur la demande ;
- les performances passées dans la situation de référence et l'activité actuelle ;
- la disponibilité des stocks ;
- le degré d'intégration du marché à différents niveaux géographiques ;
- e comportement probable des acteurs du marché (risques d'abus de pouvoir sur le marché).

En outre, l'équipe EMMA doit être en mesure de répondre à la plupart des questions clés de l'analyse, initialement évoquées dans la section 2.4.

8.6 Options de soutien du marché

L'un des traits distinctifs du guide pratique EMMA est, qu'outre la prise de décisions rapides concernant les options de réponse directe (notamment en espèces ou en nature), elle explore les possibilités de formes alternatives de *soutien indirect au marché* susceptibles de le réhabiliter ou d'aider à la reprise du système de marché concernant les produits cruciaux. Voir l'encadré 8.17.

Encadré 8.17 Réponses directes et indirectes définies	
Réponses directes	*Réponses indirectes (soutien du système de marché)*
Actions en contact direct avec les ménages en situation d'urgence • Les distributions de nourriture ou de marchandises • Les distributions d'espèces ou de bons d'achat • Les programmes Argent contre travail (cash for work), Travail contre nourriture • La mise à disposition d'abris, d'eau ou d'assainissement • Les programmes alimentaires	Actions par l'intermédiaire des autres, par exemple les commerçants, les fonctionnaires, dans l'intérêt indirect des ménages touchés • La réhabilitation des infrastructures clés, des liaisons de transport, ponts, etc. • Les dons (ou prêts) destinées à des entreprises locales en vue de rétablir les stocks, de réaménager des locaux, ou de réparer des véhicules • La fourniture d'une expertise technique aux entreprises locales, aux employeurs ou aux prestataires de services

La dernière composante de l'étape 8 consiste à dresser une liste extensive de toutes les options de réponses indirectes qui ont émergé durant le processus EMMA. Pensez à toutes les idées, propositions et demandes d'assistance reçues des ménages cibles, des acteurs du marché interrogés lors du travail sur le terrain et des informateurs clés, ainsi qu'aux idées de l'équipe EMMA.

Ces idées sont importantes pour l'étape 9. Toute proposition/option de soutien du marché doit
- présenter un intérêt évident pour la population cible (voir encadré 8.7) ;
- être reliée à une contrainte ou à un goulet d'étranglement du système de marché, clairement identifié ;
- être cohérent par rapport aux conclusions qui précèdent (article 8.5) en ce qui concerne la capacité du système de marché à différentes échelles.

Il n'y a aucun avantage à essayer de fixer des contraintes au niveau du village par exemple, si le système a encore des contraintes plus importantes de liaison au niveau régional qui l'empêchent de contribuer à la réponse. Les résultats de cet échange d'idées peuvent être rassemblés dans un tableau similaire à l'encadré 8.18.

Encadré 8.18 Liste des options de soutien du marché - exemples

Contrainte du système de marché	Options de soutien du marché proposées
Les groupes cibles ont un accès limité au marché du bétail, en raison de l'insécurité.	• Organiser des sauf-conduits pour les places de marché. • Fournir des abris temporaires pour le bétail et le fourrage.
Les routes entre la plaque tournante du commerce en milieu rural et la principale ville de province sont bloquées par des glissements de terrain.	• Organiser des projets de travaux publics pour enlever les débris, à l'aide de programmes Argent contre travail (cash for work).
Le crédit pré-saison pour les intrants agricoles auprès des grossistes et des détaillants n'est pas disponible.	• Distribuer des semences et des engrais aux agriculteurs. • Garantir des prêts professionnels aux commerçants. • Mettre en place un système de bons afin d'élargir l'accès au marché.
Les commerçants ne peuvent pas louer de camions pour transporter les marchandises, du fait de la compétition avec les agences humanitaire.	• Négocier une meilleure organisation logistique entre les agences. • Amener plus de véhicules dans la région.
Les vendeurs n'ont pas l'autorisation d'accéder aux camps de déplacés internes ou ils doivent payer des pots-de-vin.	• Plaider pour la modification des règles du camp et des pratiques officielles.

Liste de contrôle pour l'étape 8

o Analyse de référence : évaluation de la capacité du système de marché et de la performance antérieure

o Analyse des conséquences : exploration de l'impact de la situation d'urgence

o Évaluation des problèmes de demande et d'offre du système de marché

o Prévisions : interprétations conduisant à des estimations de la capacité du système de marché de contribuer à la réponse d'urgence

o Identification initiale des options de soutien du marché

ÉTAPE 9
Analyse de la réponse

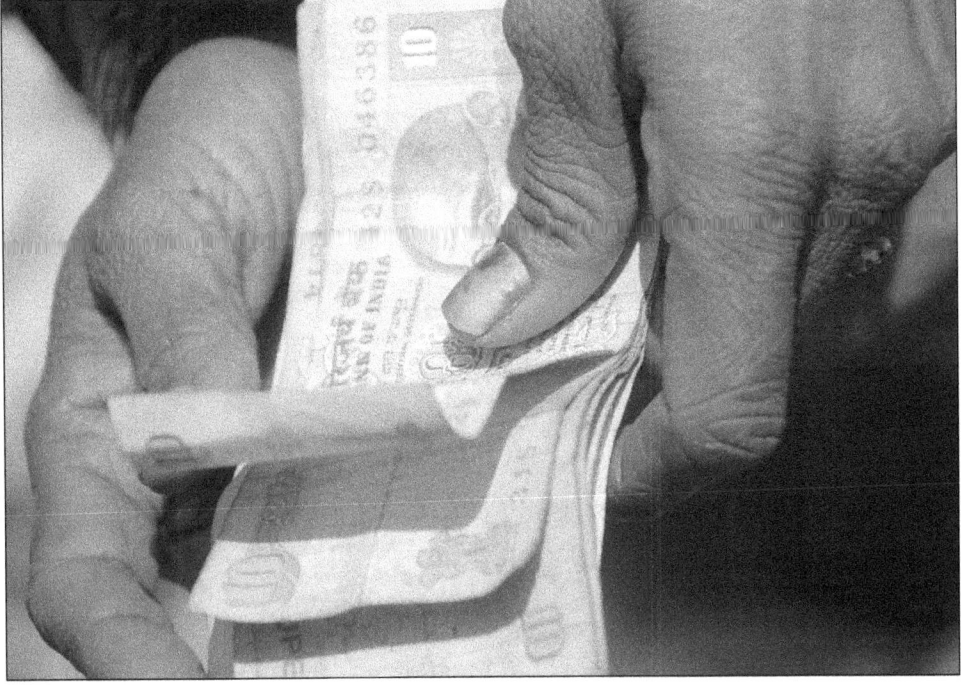

Argent échangé dans un marché aux poissons de l'état de l'Uttar Pradesh, en Inde

Le but de l'étape 9 est de produire des recommandations d'options de réponse pour les agences qui cherchent à répondre aux besoins urgents de divers groupes cibles. La tâche essentielle dans l'analyse de la réponse est d'avancer, de façon raisonnée, d'une position de compréhension de la situation d'urgence (étapes 6, 7 et 8), à une série de recommandations d'actions pertinentes. La logique de l'analyse de la réponse d'EMMA est d'examiner les résultats de l'analyse des besoins dans le contexte de la capacité prévue du système de marché à jouer un rôle pour répondre aux besoins. Lorsque cette capacité a été affectée par la crise, des options pour la restaurer sont explorées.

> **Avant de commencer l'étape 9, vous devez avoir ...**
> o consulté les acteurs du marché et les informateurs clés sur les actions possibles de soutien au marché ;
> o analysé les problèmes de l'offre et de la demande dans le système de marché ;
> o évalué la capacité prévue du système de marché à contribuer à la réponse d'urgence ;
> o énuméré toute option plausible de soutien au marché pour renforcer sa capacité.

9.1 Vue d'ensemble de l'étape 1

Objectifs
- Déterminez quelle logique d'intervention est la plus appropriée dans chaque système de marché crucial.
- Décidez quel type d'aide directe ou autres types d'actions indirectes, y compris une enquête plus approfondie, doit être recommandé.
- Estimez le montant de l'aide nécessaire.
- Décrivez quand et pour combien de temps, l'assistance ou d'autres aides indirectes doivent être fournies et comment leur impact pourrait être contrôlé.

Activités

Section 9.2 : Logique de la réponse
- Décidez si les réponses peuvent ou ne peuvent pas compter sur un système de marché fonctionnant correctement.

Sections 9.3 à 9.6 : Option de réponses
- Étudiez diverses options de réponse découlant de la logique de réponse.
- Évaluez les possibilités de soutien du système de marché identifié au cours de travaux de terrain.

Sections 9.7 et 9.8 : Cadre de réponse
- Examinez la faisabilité et les risques des options de réponse les plus attractifs ou plausibles.
- Décrivez les résultats escomptés (et les indicateurs de suivi).
- Résumez les résultats, interprétations et conclusions.

Encadré 9.1 Principes d'analyse des réponses

L'analyse de la réponse doit viser à fournir une assistance aux populations cibles, en proportion directe de leurs besoins. Cela signifie non seulement combler un déficit mais encore le faire d'une manière qui renforce et soutienne les stratégies des moyens de subsistance des gens, y compris l'environnement économique local dont ils dépendent à plus long terme. Par conséquent l'analyse de la réponse doit définir un ensemble d'options pragmatiques finales pour l'action, qui soit adapté aux points suivants :

- les objectifs de mise en œuvre et des capacités internes de l'agence (voir l'étape 1)
- les besoins et moyens de subsistance de la population touchée (voir l'étape 7)
- l'environnement dans lequel les humanitaires évoluent, y compris les capacités du système de marché (étape 8).

Principaux résultats
Les résultats de cette étape seront exprimés dans deux cadres d'intervention reliés, décrits dans le chapitre introductif.

Cadre des options de réponse (Encadré 0.23)
Le premier cadre résume l'information concernant la gamme complète des options de réponse plausibles, émergeant du travail de terrain EMMA et des idées issues de l'analyse. Ces options de réponse peuvent inclure à la fois :
- *une assistance directe* aux groupes cibles, en nature ou en espèces,
- *des options de soutien indirect* au marché pour restaurer ou renforcer les capacités du système de marché (voir l'encadré 8.17 pour les définitions de la réponse directe et indirecte).

Cadre des recommandations de réponse (Encadré 0.24)
Le second cadre présente aux décideurs un petit nombre de recommandations de réponses les plus réalisables. Cela peut inclure une combinaison d'activités identifiées dans le cadre des recommandations de reponse.

9.2 La logique de l'analyse de la réponse EMMA

Jusqu'à présent, dans EMMA (voir par exemple les encadrés 0.2 et 2.2), les objectifs humanitaires dans les situations d'urgence ont été organisés, sommairement, en trois catégories :
- *Répondre aux besoins élémentaires de survie* (également connu sous le nom « d'approvisionnement des moyens de subsistance »), à savoir permettre aux ménages d'accéder à de l'eau potable, de la nourriture, un abri, des vêtements, un minimum d'hygiène.
- *Protéger les biens des moyens de subsistance et les capacités de sécurité alimentaire* à savoir, garantir la capacité des ménages à produire leurs propres aliments, à accéder à de l'eau et des combustibles, et leur permettre aux ménages de restaurer des activités essentielles génératrices de revenus, y compris celle de travailler.
- *Promouvoir des moyens de subsistance, soutenir la reprise et la restauration des revenus* à savoir la capacité des ménages à tirer un revenu provenant de la vente des produits, ou à gagner un salaire résultant d'un emploi.

Ces distinctions ont été utiles, notamment pour documenter la présente réflexion développée pour sélectionner les systèmes de marché cruciaux pour les populations. Comme nous l'avons vu, les groupes cibles touchés peuvent utiliser ces systèmes de marché, soit en tant que source de nourriture, pour l'approvisionnement d'articles de première nécessité, de biens ou de services (*d'approvisionnement*) ; soit comme une source de rémunération (*revenus*) pour leur propre travail et leurs productions.

Cependant, quand il s'agit de l'analyse des réponses, il est utile d'envisager un autre type de classement. Les options de réponse EMMA (*les actions*, pas les objectifs) dépendent de la relation entre l'intervention humanitaire et le système de marché en question. Ces actions se répartissent en quatre catégories :

(A) des réponses qui s'appuient sur les bons résultats des systèmes de marché locaux (section 9.3) ;

(B) des réponses qui visent à renforcer ou à appuyer les systèmes de marché locaux, afin que les actions de la catégorie (A) soient plus efficaces, moins risquées, ou tout simplement ne soient pas nécessaires (section 9.4) ;

(C) des réponses qui ne reposent pas sur les systèmes du marché locaux fonctionnant bien (9.5) ;

(D) des actions conduisant à une enquête plus approfondie, une analyse et un suivi (article 9.6).

Encadré 9.2 Différentes options de réponse - exemple
Bois de chauffage nécessaire dans un camp de déplacés
Les ménages dans un camp de déplacés internes en pleine expansion, souffrent d'une grave pénurie de combustible pour la cuisine. Les préoccupations humanitaires incluent la dégradation de l'environnement, les risques pour les enfants et les femmes qui cherchent du bois de chauffage et le potentiel de conflit avec la communauté d'accueil. En fonction de son évaluation de la capacité du système de marché local en bois chauffage pour répondre aux besoins des déplacés internes, une étude EMMA pourraient identifier les options de réponse suivantes.

Si le système de marché est supposé fonctionner correctement (A)
- Incluez une dotation en espèces pour le bois de chauffage dans les transferts réguliers aux femmes
- Créez un système de coupons pour permettre aux déplacés internes d'acheter du bois de chauffage à des prix subventionnés.

Si le système de marché doit être renforcé ou soutenu (B)
- Négociez un accès officiel aux réserves forestières pour les commerçants agréés en bois de chauffage.
- Garantissez des prêts et des véhicules en location pour permettre à un plus grand nombre de commerçants de pénétrer rapidement le marché.

Si le système de marché n'est pas capable de fonctionner de manière satisfaisante (C)
- Distribuez des cuisinières économiques en carburant, afin de réduire les besoins en bois de chauffage des ménages.
- Achetez et distribuez des rations de bois de chauffage aux ménages du camp.

Si une enquête plus approfondie et une analyse sont nécessaires (D)
- Continuez à surveiller les prix du bois de chauffage à l'intérieur du camp et dans les villes voisines, pour confirmer que l'évaluation EMMA de la capacité du système de marché est exacte.
- Étudiez le système de marché local pour les combustibles de cuisson alternatifs (par exemple les bonbonnes de gaz).

Sous l'angle d'EMMA, tous les objectifs humanitaires peuvent nécessiter une interaction avec des systèmes de marché cruciaux pour les populations à un certain niveau : local, régional, national ou international. Par exemple :
- les distributions d'urgence à grande échelle s'appuient sur les systèmes du marché international, ou l'aide des pays donateurs ;

- L'approvisionnement local dans le pays dépend des marchés au niveau national ou provincial ;
- Les interventions monétaires s'appuient sur des systèmes de marché qui fonctionnent, et ce jusqu'au niveau local de la zone affectée par l'urgence, dans laquelle se trouve la population cible.

La question pour les utilisateurs EMMA est donc « *Quel est le niveau d'intervention le plus approprié pour l'action humanitaire* » ? *Pour mieux fonctionner, c'est à dire être plus efficace, intégrée et équitable*, une telle action dépend également de la portée des actions de soutien au système de marché local ou national. Rappelez-vous les principales raisons d'utiliser EMMA (article 0.2) :

- prendre des décisions dès le début concernant le bien-fondé relatif des distributions en nature par rapport à l'aide en espèce, dans le cas d'une aide directe aux ménages cibles ;
- évaluer les possibilités de complémentarité « indirecte » des actions, en particulier celles qui renforceraient la capacité du système de marché à répondre aux besoins.

  La tâche de l'utilisateur d'EMMA consiste donc essentiellement à décider jusqu'à quel point un système de marché crucial pourra jouer son rôle (comme vendeur ou comme acheteur) dans la perspective des objectifs humanitaires. Après l'étape 7, vous devez avoir une estimation raisonnable du déficit auquel est confrontée la population. Vous aurez une idée « suffisamment bonne » de la taille de l'écart entre les besoins urgents des gens et ce que le système de marché leur fournit actuellement, c'est-à-dire entre ce qui est nécessaire pour protéger la vie et les moyens de subsistance et ce qui est disponible et accessible. Vous devriez aussi avoir une idée de ce qu'est l'insuffisance actuelle et de ce qu'elle sera dans un futur proche. A ce stade, également, l'équipe EMMA aura probablement entendu (de la part des personnes interrogées) ou identifié par elle-même une gamme d'idées et de propositions de réponse d'urgence qu'il est possible d'apporter pour faire face à ce déficit (voir encadré 8.18).

Arbre de décision et de réponse

Le processus de décision pour la sélection des quatre options énoncées a une logique de base, qui peut se résumer en trois questions relativement simples à analyser.

1. *La situation de référence* : quel était l'état de ce système de marché avant l'urgence ? Autrement dit : dans quelle mesure répondait-il aux besoins normaux ? Quel était son niveau d'intégration et d'accessibilité ? Était-il efficace, fiable et équitable ? (Pouvoir de marché)
2. *L'impact de la crise* : comment ce système de marché a-t-il été touché par la crise et comment les acteurs du marché ou d'autres acteurs ont-ils répondu à l'urgence ? Autrement dit : quelle est la situation actuelle, par exemple la structure du marché, sa performance, les prix qui y sont pratiqués, son accessibilité, sa disponibilité ? Quelles sont les stratégies d'adaptation ? Quelles sont les réponses humanitaires existantes ?
3. *Les prévisions du système de marché* : dans quelle mesure ce système de marché est-il susceptibles de réagir ou de répondre à diverses propositions d'actions humanitaires ? A d'autres répercussions ultérieures de la crise ? Autrement dit : qu'adviendra-t-il de la demande, des prix, de l'accessibilité, de la disponibilité dans le système de marché si les populations touchées reçoivent une assistance monétaire ? Ou encore si elles sont assistées ?

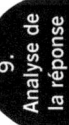

au moyen de distributions d'urgence en nature ? Qu'adviendra-t-il à la suite d'autres impacts ultérieurs envisagés de la crise ?

Les schémas des encadrés 9.3 et 9.5 illustrent cette logique, en montrant comment ces trois questions ont trait à la décision relative à la catégorie de la réponse. La forme que prennent ces questions diffère entre les systèmes de marché « d'approvisionnement » ou de « profit ».

Logique des systèmes de marché d'approvisionnement
Dans un système d'approvisionnement, la question de référence « *Cela fonctionnait-il bien avant ?* » demande si les marchandises cruciales ont généralement été disponibles en quantités suffisantes pour satisfaire les capacités de dépenses réelles de la population cible (leur demande effective). Note : un système de marché d'approvisionnement fonctionnant bien ne signifie pas que tous, y compris les plus pauvres, étaient en mesure de payer ce dont ils avaient besoin. Cela signifie seulement que, lorsque la demande effective existait, le système de marché était en mesure de répondre convenablement à cette demande. Cela signifie la disponibilité des marchandises, l'absence de comportement monopolistique (abus du pouvoir sur le marché) et l'existence de prix similaires à ceux d'autres marchés comparables. Tous ces sujets ont été abordés lors de l'étape 8.

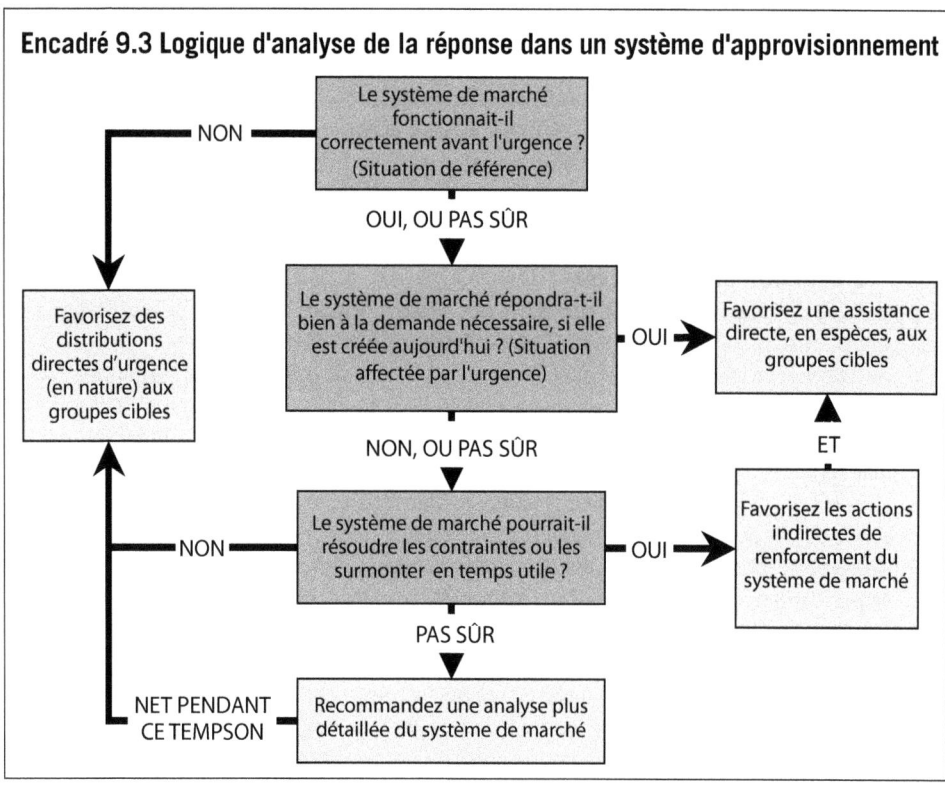

Encadré 9.3 Logique d'analyse de la réponse dans un système d'approvisionnement

La question de l'impact « *Le système de marché répondrait-il actuellement correctement ?* » demande si le système serait en mesure de satisfaire une demande accrue, qui serait créé si la population cible avait plus d'argent à dépenser au niveau local (c'est à dire après une intervention monétaire). En particulier, cela pourrait-il se faire sans augmentation de la demande locale, qui conduirait alors à une hausse déraisonnable des prix (par exemple, plus de fluctuations saisonnières normales, voir encadré 9.4).

Encadré 9.4 Prix raisonnables ?

Une question clé pour les agences humanitaires utilisant des interventions monétaires ou favorisant l'achat local est d'éviter de porter préjudice en provoquant une hausse des prix. Les marchés peuvent fournir quasiment tout si le prix offert est suffisamment élevé. Mais en payant un prix excessif (directement sur les marchés, ou indirectement par des interventions monétaires), les agences humanitaires risquent simplement de détourner les biens de la population cible en privant d'autres groupes qui ne reçoivent pas la même assistance.

Toutefois, il est également raisonnable de s'attendre à ce que le prix des fournisseurs en situation d'urgence soit plus élevé que dans la situation de référence. Les commerçants peuvent faire face à davantage de coûts et de risques qu'en temps normal, par exemple pour le transport et le stockage. L'évaluation EMMA de ce qu'est un « Prix raisonnable », sur la base d'informations sur les coûts et les goulets d'étranglement auxquels sont confrontés les commerçants, doit prendre en compte ces facteurs.

Les indicateurs de la capacité d'un système de marché à répondre aux besoins d'urgence et la demande nécessaire que cela crée ont été étudiés lors de l'étape 8. Ils incluent la disponibilité des stocks, l'absence de goulets d'étranglement insolubles, ainsi que des niveaux de concurrence équitables. Une « *demande nécessaire* » se réfère à la dépense totale que la population cible devrait pouvoir faire pour répondre complètement au déficit d'approvisionnement dû à la crise. Ce sujet a été traité à l'étape 7.

Enfin, en ce qui concerne les prévisions, la question « *Les contraintes pourraient être surmontées en temps donné ?* » demande si les goulets d'étranglement ou les contraintes peuvent être surmontés dans le délai dicté par le contexte humanitaire : les besoins d'urgence et les considérations opérationnelles. Ce sujet a été traité à l'étape 8.

Logique des systèmes de marché de revenu
Le schéma de décision est légèrement différent mais la logique est la même que pour les marchés d'approvisionnement. Au lieu de vivres et d'articles nécessaires à la population cible, les questions se réfèrent à la demande du marché pour la vente par les ménages de leurs propres produits, cultures, bétail, ou de leur travail.

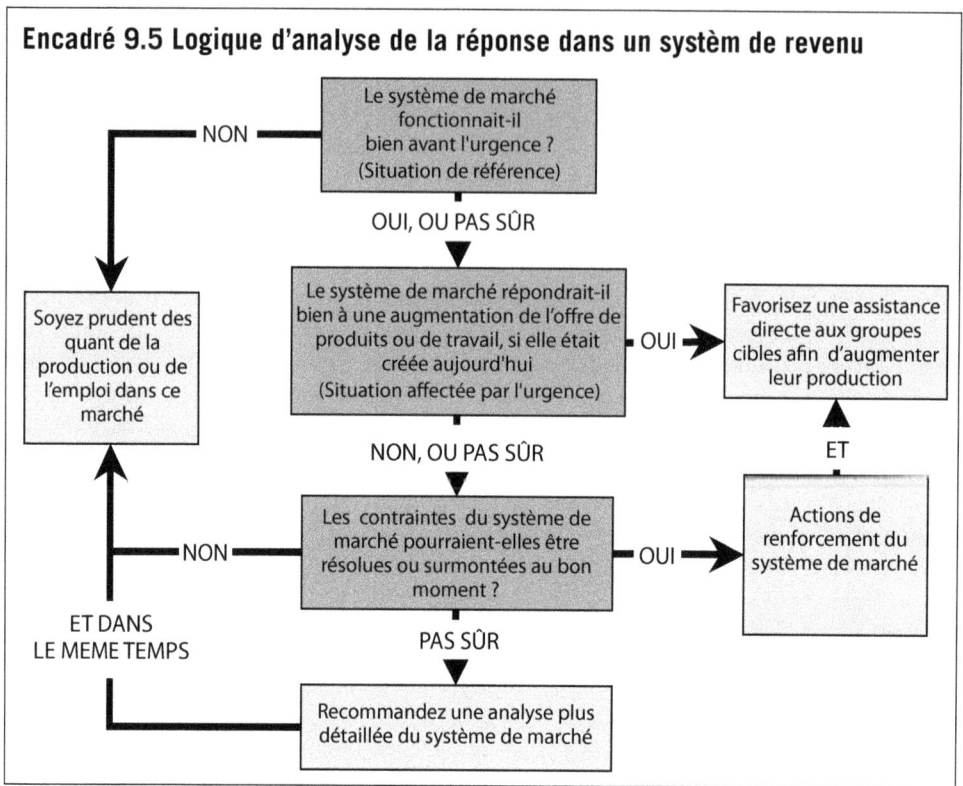

Encadré 9.5 Logique d'analyse de la réponse dans un systèm de revenu

Dans un système de revenu, la question de référence « *Est-ce que cela fonctionnait correctement auparavant ?* » demande si la population cible était en mesure, avant la crise, de trouver suffisamment d'acheteurs à des prix raisonnables pour ses produits (ou son travail). Note : un système de marché de revenu fonctionnant correctement n'implique pas le plein emploi ou de bons revenus pour tous. Cela signifie seulement que le système de marché a été en mesure de répondre à la disponibilité de main-d'œuvre ou de production avec une efficacité raisonnable. Les indicateurs sont la disponibilité des marchandises, l'absence de comportement monopolistique (abus du pouvoir de marché) et l'existence de prix similaires à ceux pratiqués sur des marchés comparables.

La question de l'impact « *Est-ce qu'ils répondraient correctement ?* » demande si les acheteurs du système de marché auraient probablement acheté ces mêmes produits ou bien d'autres plus productifs. D'un autre point de vue, cette question demande si les employeurs pourrait supporter un accroissement de main-d'œuvre venant de la population cible, Cette offre de main-d'œuvre viendrait après le soutien aux activités productrices, ou de recherche de travail ou de développement des compétences.

En particulier, cela conduit à se demander si le système de marché pourrait absorber cette augmentation de l'offre, sans causer une baisse excessive des prix ou des salaires (par exemple, en cas de fluctuations saisonnières habituelles). Comme discuté dans l'étape 8, les indications de cette capacité comprennent la disponibilité des acheteurs (demande), l'absence de goulets d'étranglement insolubles et des niveaux de concurrence équitables.

Enfin, la question des prévisions « *Les contraintes pourraient être surmontées en temps donné ?* » demande si des goulets d'étranglement ou les contraintes qui limitent la réponse du système de marché pourraient être surmontés dans le délai dicté par le contexte humanitaire : les besoins d'urgence et les considérations opérationnelles.

9.3 Options lorsque les systèmes de marché sont supposés fonctionner correctement

La première catégorie de résultats EMMA se compose de celles dans lesquelles un système de marché crucial est jugé capable de répondre correctement aux besoins et aux insuffisances auxquels la population cible fait face. Dans ces cas, les agences humanitaires bénéficient de la plus large gamme de choix de réponses possibles. Les choix de réponse peuvent être largement fondés sur des considérations non commerciales, sur les préférences des ménages par exemple pour la forme d'aide.

Les agences humanitaires peuvent toujours choisir d'utiliser des réponses non fondées sur le marché (distributions en nature), pour toutes sortes de raisons opérationnelles. Toutefois, en choisissant de passer outre un système de marché, elles portent la responsabilité de tout dommage qui pourrait survenir, comme porter tort aux producteurs en ce qui concerne les prix, ou augmenter la dépendance à l'aide. En outre, les agences humanitaires manqueraient l'occasion de soutenir à long terme la viabilité des producteurs, commerçants, entreprises ou autres acteurs de ce système de marché (voir encadré 0.4).

Options des systèmes de marché d'approvisionnement

- Les acteurs de ce système sont considérés comme capables de compenser les besoins que connaît la population cible, avec ou sans actions de soutien (voir les encadrés 8.11 et 8.12).
- Toutes les contraintes du système qui actuellement inhibe l'offre sont susceptibles d'être résolues en temps voulu (voir section 9.4).

Ce type de conclusion encourage des options de réponse qui soutiennent directement le pouvoir d'achat de la population cible. Ces options de réponse comprennent les transferts en espèces, les systèmes de bons d'achat et les programmes Argent contre travail (cash for work).

Encadré 9.6 Réponses lorsque les systèmes d'approvisionnement sont réputés fonctionner correctement

Options	Description	Avantages et inconvénients comparatifs
Transferts en espèces	Dons directs aux ménages cibles	Les besoins sont simples à évaluer. L'assistance est facile à suivre et à transférer ; le suivi de la réception de fonds est facile. Apporte flexibilité et autonomie aux bénéficiaires. Risque plus élevé d'abus, en particulier dans les situations de conflit ou de déséquilibres de pouvoir. Risque d'inflation si les contraintes d'approvisionnement ont été négligées ou non résolues. Difficile d'en contrôler l'utilisation.
Systèmes de coupons	Bons directs aux ménages, valables pour des produits spécifiques, des boutiques, ou des commerçants	Par rapport aux espèces : plus facile d'assurer les priorités humanitaires propres de l'agence. Peut atténuer les préoccupations d'insécurité et le risque de hausses inflationnistes des prix dans d'autres marchés. Nécessité d'évaluer les partenaires professionnels, mise en place et gestion d'un système de remboursement avec des magasins et des négociants.
Argent contre travail (cash for work). (1)	Un travail rémunéré de courte durée à la disposition de toute la population	Facile et rapide à mettre en place et crée une brève et perfusion instantanée d'argent dans l'économie locale. Souvent plus acceptable, culturellement et politiquement (dignité), que les dons en espèces. Les travaux entrepris peuvent être utiles à la réhabilitation ultérieure. Le travail peut être inaccessible pour la plupart des ménages vulnérables, ou représenter un détournement inutile d'autres activités plus utiles.
Argent contre travail (cash for work). (2)	Travail rémunéré à plus long terme pour les ménages les plus vulnérables uniquement	Les programmes sociaux visent à atteindre les ménages vulnérables et à les soutenir dans le long terme en phase de relance. Plus difficile à concevoir correctement, ces programmes doivent être attentifs aux normes sociales et aux perceptions possibles de partialité. Risque de créer une dépendance à long terme ou une stigmatisation.
Microcrédit	Petits prêts pour le remplacement de biens par l'intermédiaire des groupes d'épargne locaux	Avec précaution, renforce les institutions locales et le capital social et contribue à la relance à long terme. Peut exclure les plus vulnérables, socialement marginalisés. Risque de surcharge des capacités de gestion des groupes d'épargne.

Programmes en espèces et en bons d'achat
Une grande partie de l'orientation est maintenant disponible en ce qui concerne la conception opérationnelle et la mise en œuvre de programmes de bons d'achat. Certains d'entre eux sont disponibles dans le Guide pratique qui accompagne EMMA. Pour en savoir plus, voir :
- Oxfam *Programmation d'interventions monétaires en situations d'urgence* (Creti et Jaspars, 2006)
- CICR *Lignes directrices pour la programmation d'interventions monétaires* (CICR, 2007)
- ACF *Mettre en œuvre des interventions monétaires* (ACF Réseau International, 2007)

Les programmes Argent contre travail (cash-for-work)
Lorsque vous considérez un programme Argent contre travail (cash for work) comme option de réponse, il est important que vous soyez clair quant à votre objectif. Mercy Corps, par exemple, identifie trois types de réponse Argent contre travail (cash-for-work), avec des objectifs et des implications opérationnelles différents (voir l'encadré 9.7).

Encadré 9.7 Les trois objectifs des programmes Argent contre travail (cash for work)

1. Programme Argent contre travail (cash-for-work) pour relancer l'économie locale

Le travail rémunéré est alors utilisé pour injecter de l'argent (liquidités) rapidement dans l'économie locale, par exemple après un choc brutal. L'objectif principal est de relancer l'activité économique en stimulant à nouveau la demande et en contribuant ainsi à relancer le commerce, la production et l'emploi. Ces réponses sont rapides, à court terme (20-30 jours) et s'adresse à tous. Les opportunités de travail sont mises à la disposition de tous les ménages, à environ 80 pour cent d'un salaire normal local. La nature du travail est moins importante que son accessibilité à tous les groupes cibles. Du point de vue d'EMMA, la principale préoccupation est de s'assurer que la demande restreinte (voir encadré 8.14) a été correctement identifiée comme étant le seul problème majeur des systèmes de marché cruciaux : par exemple, parce que la population cible a perdu son épargne ou ses sources normales de revenus. S'il y a d'autres contraintes pesant sur l'offre, une injection rapide de liquidités dans l'économie locale emporte un risque de hausse des prix.

2. Programme Argent contre travail (cash-for-work) pour soutenir les ménages les plus vulnérables, à moyen terme

Le travail rémunéré est alors utilisé comme une forme de soutien du revenu à moyen terme pour les plus vulnérables. L'objectif principal est ici l'intérêt des groupes cibles. Il s'agit de paiements relativement faibles destinés à aider les ménages à satisfaire les besoins essentiels au cours de plusieurs mois, voire un an ou plus. Ce type de réponse en espèces est destiné aux ménages extrêmement vulnérables, de sorte que la nature du travail doit être appropriée et accessible. On complète souvent par des d'autres activités d'urgence, liées, par exemple, à la nutrition ou à l'éducation. Du point de vue d'EMMA, le risque de distorsions du marché (hausse des prix) est plus faible que pour les autres types de programmes *Argent contre travail* (cash-for-work), puisque le nombre de bénéficiaires et les sommes en jeu sont généralement relativement faibles, ou étalées dans le temps. Cela diminue alors la demande s'exerçant sur la capacité locale de réponse des systèmes de marchés cruciaux.

3. Programme Argent contre travail (cash-for-work) pour des tâches essentielles / travaux publics

Le travail rémunéré est alors utilisé pour recruter de la main d'œuvre afin de réaliser des tâches urgentes ou spécifiques, dans la perspective de la réhabilitation : par exemple, le nettoyage des débris, la réparation des routes principales et des ponts, des hébergements publics, le rétablissement de l'accès à l'eau et des infrastructures d'assainissement. Ce type de travail rémunéré est plus souvent utilisé pour des biens communs ou publics, mais peut aussi être utile pour la réhabilitation de la propriété privée (systèmes d'irrigation, embarcadères par exemple), lorsque c'est essentiel à la performance d'un système de marché dont un groupe cible dépend. Cette réponse nécessite habituellement une supervision technique, pas à très grande échelle ; le travail dure aussi longtemps que nécessaire et emploie ceux qui ont le plus de capacités pour faire le travail.

Du point de vue d'EMMA, une des principales préoccupations est de ne pas retirer du travail à d'autres activités importantes dans l'économie locale. Par conséquent, les réponses doivent payer des salaires qui sont proches des normes du marché local, minimiser l'ampleur et la durée du programme et prévoir des programmes adaptés au calendrier saisonnier.

Source : Goluba Dee, Mercy Corps

Microcrédit pour le remplacement d'actifs

Lorsque les institutions financières, y compris les économies informelles et les groupes de prêt revolving, sont encore en fonctionnement, il est parfois possible d'acheminer les transferts monétaires par leurs intermédiaires. Les dons en capital aux organisations peuvent leur permettre d'offrir un plus grand nombre de prêts, ou des remboursements temporaires, aux membres.

Des précautions doivent être prises et il convient de veiller à ce que les groupes ou les institutions aient la capacité technique et politique de gérer le volume de l'aide délivrée. Il est facile de submerger des organisations informelles et de porter préjudice à une culture de remboursement soigneusement entretenue.

Pour en savoir plus, consultez la section sur les normes des services financiers dans *Normes minimales pour la relance économique après une crise* (Réseau SEEP, 2009).

Options des systèmes de marché de revenus

On attend des acteurs du système qu'ils soient désireux et capables d'acheter des produits supplémentaires ou encore le travail de la population cible, avec ou sans soutien.

Toutes les contraintes du système qui actuellement inhibe l'offre sont susceptibles d'être résolues en temps opportun (voir section 9.4).

Cette conclusion donne le feu vert à des options de réponse qui s'attaquent directement à la capacité de production limitée ou restreinte de la population cible. Ces options d'intervention visent à accroître la production et à promouvoir l'emploi et des activités génératrices de revenus. Ces options incluent le remplacement des moyens de production et la fourniture d'intrants, de services essentiels ou de compétences (voir encadré 9.8).

En général, ce type de situation conduit les agences dans le domaine du développement des chaînes de valeur. Pour en savoir plus, voir Campbell (2008), Miehlbradt et Jones (2006) et le site microLINKS énumérés dans l'encadré 1.2.

Encadré 9.8 Besoins des producteurs lorsque les systèmes de revenu sont supposés fonctionner

Catégorie	Exemples
Le remplacement des actifs productifs	Outils agricoles, outils manuels, articles de pêche, bétail
Fourniture d'intrants essentiels	Semences, engrais, alimentation animale, compléments alimentaires, matériel de production
Fourniture de services clés	Services de transport, places de marché sécurisées, conseils en agro-extension, services vétérinaires (vaccination des animaux d'élevage)
Développement des compétences	Formation à des compétences professionnelles spécifiques

Revenus imbriqués et systèmes de marché d'approvisionnement

Supposez qu'EMMA constate d'importantes possibilités pour des groupes cibles dans les systèmes de marché de revenu. Une décision clé sera alors la meilleure façon de faciliter l'accès de ces groupes cibles aux actifs, aux intrants ou aux services nécessaires pour profiter de ces opportunités. Par exemple, un marché de la demande en bonne santé pour le poisson frais fait surgir la question : « Comment aider au mieux les pêcheurs à remplacer les bateaux et les filets ? » De même, une forte demande des acheteurs de lait peut créer par voie de conséquence une demande pour la fourniture de fourrage et de suppléments nutritionnels pour les animaux.

Ceci illustre la relation d'interconnexion entre systèmes de revenu essentiels pour les producteurs et systèmes d'approvisionnement capables de leur fournir des intrants et des services primordiaux. Une forte demande et un système de revenu fonctionnant bien créent une opportunité économique. Cela signifie que les systèmes d'approvisionnement connexes sont alors également cruciaux pour la population.

Dans ces circonstances, les équipes EMMA doivent se concentrer sur ces systèmes de fourniture d'intrants. Vous devez déterminer si l'on peut ou non s'attendre à ce qu'ils fonctionnent correctement. Si tel est le cas, alors certaines des options d'interventions monétaires (dans l'encadré 9.6) peuvent être envisagées : en particulier les transferts d'espèces, les bons d'achat, ou le microcrédit.

9.4 Options lorsque les systèmes du marché ont besoin d'être soutenus ou renforcés

La deuxième catégorie de résultats EMMA se compose des cas dans lesquels un système de marché crucial pour la population est jugé potentiellement capable de répondre aux besoins de la population cible et aux déficits ; en revanche, sa capacité est limitée par des contraintes qui pourront être corrigées en temps voulu.

Le système de marché peut encore être en mesure de jouer un rôle efficace dans la réponse d'urgence (comme dans la section 9.3), si les contraintes sont susceptibles de recevoir des solutions pratiques et rapides.

Preuve qu'un système de marché crucial a un bon potentiel de réponse :
- Les volumes de production et d'échanges réalisés dans la situation de départ seraient suffisants pour répondre aux besoins d'urgence immédiats, s'ils sont restaurés.
- Les acteurs du marché sont convaincus de leur capacité inhérente à fournir et à acheter de manière adéquate.
- Les goulets d'étranglement ou les contraintes qui limitent la production ou le commerce sont clairement identifiés et peuvent être résolus.

Dans ces circonstances, il importe peu qu'EMMA enquête sur un système de marché d'approvisionnement ou de revenu. Les options de réponse découleront de questions spécifiques et des problèmes signalés par les acteurs du marché et auxquels ils sont confrontés.

Encadré 9.9 Prestation de services ou facilitation du marché

L'approche décrite dans cette section envisage des situations dans lesquelles les organismes cherchent à soutenir les acteurs des systèmes de marché pour qu'ils puissent se rétablir ou se renforcer suite à une crise. Cette réponse est très différente des réponses humanitaires classiques, qui se substituent aux acteurs du marché en tenant le rôle ou en menant les activités dont dépendent leurs entreprises et leurs moyens de subsistance. Un grand corpus d'expérience et de conseils est maintenant disponible concernant les approches du développement des marchés, y compris le développement des chaînes de valeur. Récemment, les enseignements tirés et les principes de ces approches ont commencé à être appliqués dans des situations d'urgence.

Voir Normes minimales pour la relance économique après une crise (Réseau SEEP, 2009), et www.bdsknowledge.org pour les ressources sur le développement du marché en général. Une leçon clé venant du champ du développement des marchés est que les agences qui interviennent doivent passer du rôle de 'prestataire de services' à celui de 'facilitateur' temporaire. Les facilitateurs cherchent à éviter de créer une dépendance non pérenne, en particulier en minimisant leur rôle direct dans le système de marché, et la durée de leurs interventions. De même, le facilitateur encourage et soutient indirectement les acteurs du marché à recouvrer ou à assumer les rôles et les activités qui sont nécessaires pour que le système du marché soit bénéfique pour la population cible.

Dans de nombreuses situations d'urgence, les agences humanitaires ne peuvent se permettre de prendre du recul et ne font que faciliter. Toutefois, lorsque les systèmes de marché fonctionnent (presque) bien, le champ d'action non-conventionnel est supérieur : telle est la philosophie de cette section d'EMMA.

Réhabilitation des infrastructures

La première catégorie de soutien du système de marché est la réhabilitation des infrastructures clés. Ceci pourrait inclure non seulement les infrastructures publiques (réseaux d'eau et d'assainissement, routes, ponts, électricité), mais aussi les infrastructures commerciales qui jouent un rôle clé dans la performance du système de marché : par exemple, des places de marché, des installations de stockage et des locaux, des installations pour les transactions de bétail. Les équipes EMMA peuvent identifier les infrastructures prioritaires, par exemple les services d'électricité ou la restauration de l'accès routier à un moulin à grain essentiel, toutes choses habituellement négligées dans les priorités humanitaires classiques. Dans certaines circonstances, EMMA pourrait proposer la remise en état de biens détenus en privé, par exemple terrains, étangs, fossés d'irrigation, jetées, installations de fabrication de glace si ce sont des éléments essentiels d'un système de marché importants duquel dépendent de nombreux ménages cibles.

Les agences humanitaires qui envisagent des activités dans ce domaine doivent se concerter avec les autorités locales. La réhabilitation des infrastructures publiques doit être coordonnée avec les plans gouvernementaux et les agences doivent éviter, autant que possible, de prendre la place des gouvernements dans ce premier aspect de la réadaptation au système de marché.

Encadré 9.10 Soutien du système de marché - réhabilitation des infrastructures

Option de réponse	Exemples
Réhabilitation de l'infrastructure publique	Travaux publics pour réhabiliter les routes, ponts, installations portuaires, pompes d'irrigation, réservoirs d'eau, approvisionnement en électricité. Opportunités d'Argent contre travail (Cash for work) (type 3 dans l'encadré 9.7).
Réhabilitation des infrastructures de marché	Dons ou travaux pour restaurer les étals des marchés, kiosques, installations de stockage, d'eau, places de marché temporaires, marchés à bestiaux.
Réhabilitation des infrastructures privées	Dessalement et enlèvement des débris sur les terres agricoles, reconstruction d'étangs piscicoles, de fossés de drainage, de canaux d'irrigation, de jetées.

Services financiers

Les services financiers, notamment de crédit - dans ses différentes formes - sont l'élément vital de tous les systèmes de marché. La plupart des acteurs du marché, du plus petit agriculteur au plus important négociant, s'appuient sur des avances ou des crédits pour l'achat d'intrants, pour investir dans du stock, payer le transport ou faire des avances sur ventes. Les relations de crédit sont étroitement liées aux échanges de biens le long des chaînes d'approvisionnement de valeur. Dans des situations d'urgence, les perturbations pour les fournisseurs de crédit essentiels dans la chaîne peuvent facilement provoquer une 'crise de crédit'. Par conséquent, il peut être tout aussi vital de rétablir ces liens financiers qu'il l'est de rétablir les liens physiques ou logistiques.

Encadré 9.11 Soutien du système de marché - services financiers

Dons directs aux entreprises / prêts	Dons, prêts, ou aide matérielle en nature pour la reconstruction des locaux, le restockage, pour les achats d'intrants, pour le transport de marchandises.
Garanties pour les commerçants	Lettres de crédit ou autres garanties financières pour permettre aux commerçants de rétablir leurs affaires ou de négocier de nouvelles lignes de crédit auprès de leurs fournisseurs (par exemple pour les importateurs de produits alimentaires primordiaux / des articles de première nécessité).
Soutien aux groupements de producteurs	Dons ou prêts aux associations de producteurs (coopératives, syndicats) afin de faciliter la croissance de l'activité économique.
Appui aux institutions de microfinance	Les dons en capital (ou prêts) pour soutenir les institutions financières pendant la période de difficultés (non-paiement des échéances). Financement temporaire pour des coopératives de crédit.

Plusieurs agences humanitaires hésitent à fournir des prêts ou des dons directement aux acteurs du marché (par exemple, les détaillants locaux) qui sont relativement riches par rapport à la population cible. Toutefois, lorsqu'on y réfléchit, cela peut être le moyen le plus efficace de restaurer les performances d'un système de marché. Il peut y avoir des solutions imaginatives comme soutenir une institution locale de microfinance avec du capital, ou fournir des lettres de crédit, qui évitent les pires dilemmes. Les systèmes de coupons, par exemple, sont également un mécanisme utile qui peut être lié à un soutien particulier, essentiel pour les commerçants dans une chaîne d'approvisionnement. Pour en savoir plus, voir *Normes minimales pour la relance économique après une crise* (Réseau SEEP, 2009).

Les services aux entreprises et les transports

Il peut être justifié, dans les systèmes de marché cruciaux pour la population, de fournir des intrants et des services d'urgence directement à des acteurs du marché qui ne font pas partie de la population cible. Des goulets d'étranglement dans le système de transport sont une contrainte commune, en particulier dans les situations de conflit. Aider directement les commerçants et les transporteurs clés afin de rétablir la circulation des marchandises critiques (et parfois des personnes aussi) peut être une solution humanitaire efficace.

D'autres services vitaux aux entreprises (non financiers) pourront notamment aider les acteurs clés du marché à surmonter les obstacles bureaucratiques, comme le fait d'obtenir un permis de transit et des licences commerciales (par exemple une licence pour pouvoir opérer dans un camp de réfugiés).

Encadré 9.12 Soutien du système de marché - services aux entreprises	
Le soutien aux services de transport	Convois protégés dans les zones de conflit. Bons pour du carburant. Aide à la location de véhicules pour les commerçants.
Soutien pour traiter avec la bureaucratie	Le soutien pratique administratif ou le lobbysme pour aider à surmonter les obstacles bureaucratiques, obtenir des licences, autorisations de transit, etc.
Fourniture en gros aux commerçants	Aide juridiques ou logistique à l'importation de marchandises (nourriture, articles de première nécessité, matériaux) dans une zone d'urgence.

Les intrants agricoles et les services d'extension

Les systèmes de marché de « revenu » agricole (y compris les secteurs de l'élevage et de la pêche) sont souvent décisifs dans les situations d'urgence. Par exemple, comme une source d'emploi pour les pauvres et les ménages ruraux sans terre, ou comme une source de revenus pour les petits agriculteurs et les pêcheurs et pour assurer les disponibilités alimentaires futures. Une grande variété de chaînes d'approvisionnement des intrants et des services d'extension (publics et privés) est souvent impliquée dans ces systèmes pour leur permettre de bien fonctionner pour les producteurs dans des circonstances normales. Lorsque les situations d'urgence perturbent ces intrants et ces services, mais que la demande pour les produits finis est encore forte, les équipes EMMA peuvent recommander des réponses d'urgence temporaires de compensation.

Note : parfois des chaînes d'approvisionnement en intrants sont franchement vitales pour les populations cibles, par exemple, les fournisseurs de semences pour les producteurs de denrées alimentaires de subsistance. Ces denrées devraient probablement être analysées en tant que systèmes de marché crucial, en vue d'une une enquête à part entière (étape 2). Le besoin d'interventions humanitaires répétées ou à long terme pour soutenir de tels services indique la nécessité d'une analyse plus détaillée de ces problèmes. Voir Sperling (2008) pour l'analyse de « systèmes semenciers », par exemple.

Encadré 9.13 Soutien du système de marché - ressources et services agricoles	
Programmes de semences et d'intrants	Programme de semences d'urgence , fournitures d'engrais et d'outils liée ; Soutien des foires de semences. Réhabilitation de semences et nurseries d'arbres.
Services vétérinaires	Vaccinations, alimentation complémentaire, accès au fourrage, protection temporaire et abris.
Les marchés à bétail	Déstockage pour gérer la demande, amélioration de place de marché / installations de centre commercial, programmes de repeuplement.
Outils agricoles et agricoles, le	Assistance aux investissements dans l'outillage, les machines, matériel d'irrigation. Conseils et soutien (en dons par ex) aux fournisseurs de services de location de machines agricoles.

Des conseils étendus sur la programmation de l'élevage ont été récemment publiés dans le Guide et normes de l'élevage en situation d'urgence de Sphère (LEGS). Un bref et utile examen de cet outil LEGS (Watson et Catley, 2008) est inclus dans le matériel du manuel de référence EMMA.

Les services d'information et de lobbying

Les agences humanitaires peuvent faire beaucoup en termes de facilitation de l'accès à l'information en usant de leur influence. Le processus de cartographie du marché doit avoir révélé les principaux obstacles auxquels les acteurs du marché doivent faire face dans l'environnement institutionnel (en particulier les règles et règlementations). Le manque d'accès à l'information de base est également une contrainte commune.

Si une réponse humanitaire majeure est susceptible d'être mise en œuvre, l'information préalable est un facteur clé qui permet aux acteurs du marché à répondre de façon appropriée. Si des interventions monétaires sont prévues, les commerçants ont besoin de temps pour ordonner et assurer l'approvisionnement en produits frais.

Encadré 9.14 Soutien du système de marché - information et lobbysme

Services d'information du marché	Informer les acteurs du marché sur ce qui se passe et ce qui est planifiées par les agences humanitaires. Mettre à disposition les résultats, en particulier de la surveillance des prix à différents endroits du marché.
Liens avec les marchés	Créer des liens entre les acteurs du marché, par exemple grâce à des événements commerciaux, des foires de semences, des expositions commerciales.
Les agences d'emploi	Lier les groupes cibles aux possibilités d'emploi, de développement de compétences, ou de formation professionnelle.
Les services aux entreprises	Aide à la licence et à la règlementation (par exemple les règles du camp) ; conseil pour les contrats d'appel d'offres.
Plaidoyer et influence	Lobbysme auprès des représentants du gouvernement pour améliorer la politique alimentaire, obtenir des réductions tarifaires, pour accélérer la délivrance des autorisations d'importation, des exonérations fiscales d'urgence, et enfin des transports sûrs pour les commerçants.

9.5 Options lorsque les systèmes de marché ne sont pas supposés bien fonctionner

La troisième catégorie de résultats d'EMMA se compose des situations dans lesquelles un système de marché crucial pour la population est jugé incapable de bien répondre aux besoins de la population cible et aux déficits. Les goulets d'étranglement et les contraintes auxquels le système de marché est confronté ne peuvent être corrigés en temps voulu.

Options pour les systèmes de marché de revenu non performants

Ils découragent l'investissement et la production
Lorsqu'EMMA constate qu'un système de marché de revenu, c'est-à-dire une source potentielle de revenu ou d'emploi pour des groupes cibles n'est pas en mesure de répondre dans de bonne conditions à une nouvelle offre de biens ou de main d'œuvre, cela doit être très clairement précisé. Autrement le souhait pieux de « faire quelque chose » pour les gens peut dominer la prise de décision. Les produits invendus sont un spectacle familier, suite à des initiatives de production irréfléchies et au « peut-être que nous allons trouver des acheteurs pour ces tomates / peaux de bêtes / artisanat / vêtements sur mesure... » .

Si la demande est insuffisante ou incertaine, les équipes EMMA doivent activement décourager l'investissement dans des activités génératrices de revenus ou de production pour ce système de marché.

Répondre aux problèmes d'offre excédentaire
Un cas particulier de défaillance du système de marché dans les marchés de revenu survient lorsque l'urgence cause une forte augmentation de l'offre (plutôt qu'un effondrement de la demande). Cela peut se produire facilement dans les marchés de travail occasionnel - lorsque les groupes cibles, par exemple les déplacés internes, sont soudainement obligés de chercher de nouvelles façons de gagner leur vie. C'est également caractéristique des marchés d'élevage, en particulier pendant les sécheresses sévères ou les conflits, lorsque

les réserves de fourrage s'épuisent et contraignent les gens à vendre leurs animaux rapidement. Une réponse légitime dans de tels cas, lorsque les agences disposent de ressources suffisantes, est d'essayer temporairement d'absorber une partie de l'offre excédentaire de biens, de bétail ou de travail, par des moyens tels que :
- des programmes de déstockage du bétail (voir le manuel LEGS);
- l'emploi alternatif temporaire, en fournissant par exemple de l'Argent contre travail (Cash-for-work) pour le type 1 de l'encadré 9.7 ;
- des subventions / incitations pour l'employeur afin qu'il protège les emplois sur des terres privées / dans des entreprises.

Options pour les systèmes de marché d'approvisionnement non performants
Quand EMMA constate que les systèmes du marché ne sont pas en mesure de répondre aux besoins de la population cible, les agences humanitaires n'ont alors pas d'autre choix que de répondre directement. Il s'agit, peut-être, des réponses conventionnelles d'urgence :
- l'aide alimentaire ;
- la distribution d'articles ménagers de première nécessité, de vêtements, de matériaux de construction ;
- la distribution d'outils agricoles, d'intrants, de semences, de fourrage ;
- le remplacement des moyens de subsistance ;
- le repeuplement du cheptel.

Cependant, la compréhension des systèmes de marché cruciaux pour la population qu'apporte EMMA peut encore être utile dans le moyen ou le long terme. Ainsi, par exemple, votre rapport EMMA pourra conseiller ou décrire les éléments suivants :
- quand, ou dans quelles conditions, un système de marché crucial est susceptible d'avoir suffisamment récupéré pour que l'aide humanitaire puisse être basculée sur des interventions monétaires (par exemple, lorsque la liaison de transport X est rouverte, ou après la prochaine récolte dans la région Y, ou lorsque les commerçants reviennent dans les places de marché de la région Z) ;
- quand, dans quelles conditions, les distributions d'urgence pourront-elles être supprimées ;
- quels sont les indicateurs de performance du système de marché pour prolonger la surveillance des prix, par exemple, dans des endroits spécifiques ;
- tout risque de préjudice que pourrait causer des distributions d'urgence, aux acteurs du marché notamment et donc à la performance future du système ; de la sorte, il sera possible de les atténuer : par exemple, il se peut que les distributions d'aide alimentaire démotivent les agriculteurs et les dissuadent de planter des céréales de base à la prochaine saison dans la région B).

9.6 Options lorsque les résultats sont incertains et que des informations supplémentaires sont indispensables

La dernière catégorie de résultats EMMA se rapporte aux situations où les renseignements sont insuffisants mais les données sont disponibles pour faire une évaluation fiable de la capacité du système du marché à répondre aux besoins et aux déficits auxquels fait face la population cible. Habituellement, la précaution voudrait que les équipes EMMA aient supposé le pire et traité la situation comme un système de marché ne fonctionnant pas (article 9.7).

Toutefois, s'il est possible de faire une enquête approfondie, qui peut prendre diverses formes, cela peut être recommandé en appui aux distributions d'urgence.

Établissement d'une surveillance des prix

La surveillance des prix, même à court terme, peut révéler des informations utiles sur ce qui se passe dans les systèmes de marché, surtout si vous pouvez comparer les niveaux de prix actuels et les mouvements dans la période de référence, avant l'urgence. Exceptionnellement, il peut même être possible de fonder des réponses sur un marché « pilote » qui pourra être testé dans une zone limitée et suivi de près, pour voir quel effet cela produit sur les prix locaux et les performances du marché.

Il est conseillé de mettre en place des systèmes simples de contrôle des prix, quelles que soient les options de réponse d'urgence recommandées. C'est une activité où la collaboration avec d'autres agences est essentielle, afin d'éviter les doubles emplois et de veiller à ce que des données comparables soient recueillies.

D'autres conseils pour la surveillance des prix : l'interprétation et l'utilisation de données sur une série de prix sont donnés dans le CD-ROM du Guide pratique EMMA.

Étude d'autres systèmes de marché liés

L'enquête EMMA dans un système de marché, crucial pour la population, peut révéler la nécessité d'évaluer un autre système de marché, généralement connexe ou lié. Par exemple, une étude des systèmes de pêche intérieure peut révéler le rôle essentiel de la chaîne d'approvisionnement en poissons. Cela ne signifie pas nécessairement un échec du système de sélection (étape 2) : parfois seuls les détails montrant les acteurs du marché sur le terrain, révèlent l'importance d'une chaîne d'approvisionnement liée ou d'un marché de services. Heureusement, ce genre d'investigation complémentaire dans EMMA a généralement déjà été conduite, dans le but de réduire le temps et les coûts impliqués.

Termes de référence pour l'analyse de marché spécialisé

Parfois, une enquête EMMA, avec son calendrier d'urgence à court terme, ouvre clairement la voie à un programme plus important et à plus long terme. C'est la transition entre la programmation d'urgence et le rétablissement de l'économie et des moyens de subsistance à plus long terme.

Ces transitions peuvent justifier des analyses de marché plus détaillées et quantifiée, par des spécialistes ayant l'expérience de ce secteur du marché. Par exemple, une enquête sur le système du marché du lait pour de petits éleveurs laitiers en situation d'urgence indique qu'il existe d'importantes possibilités de développer la production locale et d'obtenir des produits de plus haute valeur (par exemple la fabrication de fromage). C'est une proposition à long terme, qui nécessite une analyse par des spécialistes du secteur laitier et des conseillers en moyens de subsistance, utilisant par exemple des méthodes de développement des chaînes de valeur.

Dans de telles circonstances, il est approprié pour l'équipe EMMA d'utiliser ces résultats pour décrire les Termes de Référence (TdR) EMMA d'une analyse spécialisée plus approfondie. Les lignes directrices pour l'écriture de ce genre de cadre de référence font partie des documents de référence EMMA.

9.7 Cadre des options de réponse

Le cadre des options de réponse est tout simplement un dispositif d'enregistrement qui résume les options de réponse les plus plausibles ayant émergé des travaux sur le terrain d'EMMA (étape 5) et de l'analyse de la réponse. Ce cadre vise à fournir aux décideurs un aperçu rapide de toutes les options raisonnables que l'équipe EMMA a examinées et qui peuvent être incluses dans un bref rapport ou une présentation. (Voir l'étape 10.)

L'encadré 9.15 montre un extrait de l'exemple complet illustré de l'encadré 0.23.

Encadré 9.15 Cadre des options de réponse			
Option	*Avantages*	*Inconvénients*	*Faisabilité et calendrier*
Distribution d'urgence de produits forestiers Département	Impact immédiat. Cette option utiliserait des stocks existants / inutiles ; à court terme, ralentirait la déforestation ; programme de distribution simple.	Nécessite des entrepôts, du personnel de distribution. Limites d'intégration avec le marché en ville et dans le camp. Le bois peut être vendu, pas utilisé.	Faible ! Attendez-vous à un manque de coopération. 2-3 semaines
Distribution impliquant des détaillants basés dans le camp et des bons d'achat	Injecterait des espèces dans l'économie de camp. Ainsi, il y aurait beaucoup de bénéficiaires secondaires ; cela créerait davantage de fournisseurs locaux.	Très peu de détaillants du camp ont cette capacité ; pas de stockage ni d'infrastructure dans les camps. Ouvert à la fraude. Démarrage lent du processus d'achat et d'identification des bénéficiaires.	Moyen. 2 mois pour la mise en œuvre
Remplissage des bonbonnes de gaz ; subordonné à la fréquentation scolaire	Moins d'utilisation de bois de chauffage, gain de temps. Mesures incitatives pour la scolarisation des enfants. Améliorerait la protection. Stratégie de sortie claire : réduirait les distributions.	Le gaz coûte deux fois le prix du bois de chauffage ; il présente des risques lorsqu'on l'utilise à l'intérieur des tentes ; les déplacés internes ne peuvent pas se permettre de remplir leurs propres bonbonnes. Peut augmenter la dépendance à l'aide ; lie la fréquentation scolaire à une récompense, au lieu d'une valeur intrinsèque ; non durable.	Élevé. Peut être lancé rapidement
Distribution d'argent à tous les ménages de déplacés dirigés par des femmes	Injecterait de l'argent dans l'économie du camp ; aurait un effet positif sur les économies des ménages, mais aucun effet sur le marché du bois de chauffage ; donne le choix aux femmes.	Potentiel d'inflation ; corruption ; aucune stratégie de sortie ; aucun moyen de s'assurer que l'argent est utilisé pour le bois de chauffage, les gens peuvent continuer à envoyer leurs enfants pour la collecte du bois de chauffage au lieu de l'acheter.	Faible. Réponse rapide

Faisabilité des options

Les équipes EMMA doivent fournir une évaluation des avantages et inconvénients de chaque option de réponse incluse dans le cadre de réponse. Chacune doit notamment comprendre les éléments énumérés ci-après :
- Quel est l'impact probable auront les interventions proposées sur le système de marché (y compris le risque de distorsions des prix) ?
- Quels sont les risques ajoutés ou la vulnérabilité accrue qu'entraîne la proposition - par exemple, en modifiant la charge de travail des femmes ?
- Dans quelle mesure cette proposition soutient-elle ou diminue-t-elle les interventions existantes à long terme ?

En outre, une certaine indication de la faisabilité pratique pour chacune des proposition est importante.

Dans le cas des options d'interventions monétaires, des conseils détaillés sur la faisabilité opérationnelle sont désormais disponible auprès de nombreuses sources (Réseau International ACF, 2007 ; CICR, 2007). Voir également les questions de l'encadré 4.2, tiré des directives de programmation monétaires d'Oxfam.

9.8 Cadre des recommandations de réponse

Enfin, dans la gamme des options résumées ci-dessus, vous pouvez présenter des recommandations à l'équipe d'intervention d'urgence EMMA (voir encadré 9.16). Cela peut, bien sûr, impliquer une combinaison d'activités, telles qu'une intervention monétaire (section 9,3), combinée avec une série de mesures de soutien du système de marché (section 9.4).

Encadré 9.16 Cadre des recommandations de réponse (Encadré 0.24)

Les activités de réponse ou les combinaisons	Les risques et hypothèses clés	Questions de calendrier	Effet probable sur le système de marché et les groupes cibles	Indicateurs
Fourneaux économes en combustible et techniques de cuisson • Plaques de distribution • Techniques de cuisson • Sensibilisation à l'efficacité énergétique, à la déforestation, aux questions de protection de l'enfance.	Accès aux camps. Les gens sont prêts à apprendre et à utiliser des réchauds. Nous pouvons trouver du personnel de formation.	1-2 mois pour avoir un impact.	Réduction des dépenses des ménages en bois de chauffage. Meilleure efficacité énergétique au niveau des ménages. Effet positif, de faible amplitude mais important, sur l'environnement. Amélioration de la protection (moins d'enfants ramasseront du bois).	Nombre de fourneaux distribués et utilisés par les déplacés internes. Comparaison de la consommation de bois, combustible ancien et du combustible nouveau.

Les recommandations peuvent également inclure des activités par étapes où différentes réponses commençant à des moments différents. Ceci est particulièrement pertinent pour les programmes qui couvrent ou anticipent une transition des secours d'urgence vers la relance économique. Quelques exemples de ce qui peut être trouvé dans les lignes directrices de Mercy Corps sur la planification de la transition vers des programmes de relance économique dans les situations d'urgence survenues rapidement (Mercy Corps, 2007).

Les questions de calendrier

Indiquer quand les activités doivent commencer en gardant à l'esprit les facteurs saisonniers. Indiquer si les actions sont ponctuelles ou continues. Si elles sont continues, pendant combien de temps seront-elles nécessaires ?

Évaluation des risques et hypothèses clés

Les recommandations doivent être accompagnées d'une évaluation du risque prédit comme important et des hypothèses retenues. Il est impossible d'éviter tous les risques mais les comparaisons entre les solutions de rechange sont plus réalistes si les risques sont clairement reconnus. D'importants facteurs extérieurs sur lesquels les agences n'ont aucun contrôle, tels les actions du gouvernement, ou la probabilité de mauvais temps, peuvent être évalués (par exemple, probable, peu probable) et pris en compte dans le processus décisionnel.

Les hypothèses sont essentielles dans EMMA puisque les décisions doivent être fondées sur des informations limitées et partielles. L'important est de les enregistrer, par exemple de la façon suivante : « Les commerçants seront en mesure de doubler l'approvisionnement (disponibilité) des articles critiques dans les quatre semaines ».

Les indicateurs d'impact

Dès que possible, lorsque des options de réponse sont recommandées, il est important de déterminer comment les avantages découlant des activités d'intervention seront mesurés et surveillés tout au long d'une intervention. L'identification de ces indicateurs est de plus en plus une exigence des bailleurs de fonds. Cela permet de fixer des objectifs de résultats aux programmes, qui peuvent être utilisés plus tard pour évaluer dans quelle mesure l'aide a été efficace. Voir les lignes directrices OFDA pour des informations utiles sur les indicateurs appropriés aux propositions des bailleurs de fonds (OFDA, 2008).

Plus important encore, le suivi d'indicateurs d'impact permettra aux agences d'évaluer si les actions de réponse créent les avantages souhaités pour la population cible. Gardez à l'esprit que des améliorations et des détériorations peuvent également être causées par d'autres facteurs, hors de votre contrôle, comme le climat, la dynamique du marché et des changements dans l'environnement politique ou la gouvernance. Ceci est primordial, là où des interventions monétaires ou des activités indirectes, telles que le soutien du système de marché, sont proposées.

Un indicateur clé dans les programmes monétaires doit être constitué par les prix locaux des denrées alimentaires critiques ou des articles non alimentaires. Des changements importants ou prolongée des prix (haut ou bas) peuvent être une indication que le système de marché n'est pas aussi performant que prévu, ce qui peut inciter les agences à changer de cap.

Pour plus de précisions sur la surveillance des prix, consultez le manuel de référence EMMA.

Liste de contrôle de l'étape 9

o   Analyse de la logique de réponse - prédire si le système de marché se comportera bien.

o   Options de réponse découlant de la logique de réponse.

o   Évaluation les possibilités de soutien du système de marché identifié au cours de travaux sur le terrain.

o   Faisabilité et risques des options de réponse les plus attractives ou plausibles.

o   Les options de réponse et les cadres de recommandation.

ÉTAPE 10
Communication des résultats

Point d'eau dans la vallée de Swat, au Pakistan

Le but de l'étape 10 est de documenter les résultats EMMA et de les communiquer de manière rapide et efficace aux décideurs et autres publics visés. L'accent est mis sur la rapidité, le pouvoir de conviction, les formats accessibles visuellement pour les rapports ou les présentations.

> **Avant de commencer l'étape 10, vous aurez ...**
> o terminé l'analyse des besoins, l'analyse du marché et les volets d'analyse de la réponse ;
> o atteint vos conclusions sous la forme d'un cadre de recommandations de réponse.

10.1 Vue d'ensemble de l'étape 10

Objectifs
- Rédigez les constatations et les conclusions de l'enquête d'EMMA dans un format utile et accessible aux décideurs.
- Rendez vos constatations et conclusions disponibles rapidement à une audience appropriée de gestionnaires, de bailleurs et d'agences partenaires.

Principaux résultats
- Synthèse des résultats : document de deux pages résumant les conclusions et les recommandations.
- Présentation : 15-20 minutes de présentation orale / diaporama.
- Rapport complet EMMA.

10.2 Présenter les résultats EMMA efficacement

L'audience d'EMMA

Communiquer les résultats d'EMMA signifie veiller à ce qu'ils documentent les processus décisionnels clés de votre organisation et de celles des autres. Réfléchissez bien à ceux qui vont utiliser les résultats EMMA. Votre auditoire peut comprendre des coordinateurs et responsables des programmes d'urgence, des collègues des réunions de coordination sectorielle (cluster), des fundraisers (collecteurs de fonds) internes, des bailleurs de fonds qui allouent les ressources, du personnel de suivi et d'évaluation, du personnel de plaidoyer et les décideurs politiques.

La plupart de ces publics travaillent dans des délais très serrés, surtout dans des situations d'urgence soudaines. Ils ont besoin d'un format de communication concis, accessible, non technique, visant les utilisateurs de l'analyse ; et des recommandations qui puissent facilement se traduire en action.

Les principaux outils EMMA, les profils économiques des ménages, les cartes de systèmes de marché et les calendriers saisonniers, sont des outils visuels importants de cet effort de communication, outre le rôle qu'ils jouent dans le processus analytique. Afin de maximiser leur efficacité, vous avez besoin de les penser en fonctions des besoins de vos publics.

Encadré 10.1 Utilisation des résultats pour obtenir une action - quatre règles empiriques

1. **Les décideurs ont des horaires chargés et un temps limité.**

Un résumé d'une page ou deux, une présentation, ou la participation aux processus de décisions, constituent la meilleure façon de transmettre l'ensemble minimal d'informations avec un maximum d'efficacité aux personnes qui peuvent prendre des mesures. Les rapports complets ont une fonction importante, mais ils ne sont pas le bon outil pour traduire l'information en action. Compte tenu des contraintes de temps que connaissent la plupart des décideurs, il n'est pas raisonnable de s'attendre à ce qu'une personne ayant un emploi du temps chargé, puisse lire un rapport long et détaillé.

2. **Les décideurs de la communauté humanitaire ont besoin de coordination avec les autres et d'un certain consensus concernant leurs actions.**

Il est essentiel de s'engager dans les processus et les réunions auxquels les décideurs assistent. Cet engagement vous permet de transmettre des informations au fur et à mesure qu'elles sont générées et encourage la confiance et la coopération. Dans ce contexte, lorsque l'information correspondant à une exigence d'action est disponible, l'un des moyens les plus efficaces de la transmettre, c'est à travers une présentation conjointe, aux principaux décideurs (bailleurs, ONG, gouvernement, etc.) impliqués dans le financement, la conception et la réalisation de la réponse nécessaire.

3. **Une fois convaincus, les décideurs doivent s'approprier les décisions pour les transmettre aux autres et ils ont donc besoin d'arguments**

Soyez prêt à regrouper des documents ou des notes en réponse à la demande d'un décideur. Pensez en termes de dossier de presse, soit dire le maximum en le moins de temps possible, c'est essentiel. Essayez d'imaginer le genre de questions qu'un décideur peut poser et auxquelles il vous faudra rapidement. Préparez le plus grand nombre possible de réponses à l'avance.

4. **Les décideurs doivent disposer d'un délai suffisant pour acquérir des ressources et gérer la logistique pour les interventions / projets.**

Le délai entre la fin d'une enquête et l'émission d'une note d'information ou d'une présentation doit être aussi réduit que possible. Il est important de vous assurer que vos informations sont fournies de façon cohérente, concise et logique, dès l'évaluation de la période de planification des besoins. Ainsi, vous aurez l'assurance que les décideurs auront la possibilité de l'incorporer dans leur demande globale à l'intention des bailleurs. Cela peut impliquer des analyses provisoires, de portée plus réduite, en attendant d'autres renseignements. Cela peut également contribuer à aiguiser l'appétit des décideurs et générer une demande pour des analyses plus ciblées, à mesure que la saison progresse.

Source : Le Guide du praticien pour l'approche économique des ménages, Consulting FEG et Save the Children (2008).

Pour plus de précisions sur la façon de présenter des mémoires de direction et des rapports d'évaluation plus détaillés, voir ('transformer des résultats en actions") au chapitre 5 de ce même document.

10.3 Structure d'un rapport d'EMMA

Lors de la présentation des résultats EMMA, il est essentiel d'apporter des réponses aux questions clés de l'analyse, c'est-à-dire celles avec lesquelles vous avez commencé à l'étape 3. Les rapports et les présentations, de tout format (d'ensemble ou succincts) doivent répondre clairement à ces questions.

Des exemples d'anciens rapports et des modèles sont fournis dans le Guide pratique EMMA.

Section 1 : Sommaire exécutif ou mémo

Il s'agit du résumé des résultats clés d'EMMA et des recommandations. Le sommaire met l'accent sur les résultats des étapes 6 à 9. Cartes du système de marché (de référence et en situation d'urgence) sont la base des constat. Ces constats sont au besoin soutenus par le profil des ménages et les calendriers saisonniers. Les recommandations sont présentées sous la forme des cadres d'options de réponse.

Section 2 : Contexte de l'urgence

Cette section n'est pas essentielle à la communication avec les décideurs ou avec les membres de groupes sectoriels (clusters), sur le terrain. Elle trouve sa place dans un rapport plus complet, par exemple pour les bailleurs de fonds. Les informations qui suivent sont essentielles pour replacer les résultats dans leur contexte. Elles représentent les résultats de l'étape 1 pour l'essentiel et se composent des éléments suivants :
- une brève description de la situation d'urgence ou de crise, ses causes et ses conséquences ;
- une explication du rôle de l'agence et de la zone géographique sous sa responsabilité ;
- les principales conclusions de l'évaluation des besoins d'urgence ;
- les informations générales concernant, par exemple, l'économie sociale, les moyens de subsistance et, le cas échéant, le contexte politique de la population cible ;
- un aperçu rapide des interventions humanitaires à ce jour.

Section 3 : La méthode EMMA

Une brève description (une demi-page) de la méthodologie utilisée et les activités entreprises pour produire le rapport (étape 5) est fondamentale pour établir sa crédibilité. Cette description doit couvrir les sujets suivants :
- composition et expérience de l'équipe, et les formations suivies ;
- lieux sur le terrain et méthodologie (par exemple, nombre et types d'entretiens) ;
- façon dont le leadership et le soutien ont été apportés à l'équipe EMMA.

Section 4 : Population cible totale

Cette section résume les informations disponibles sur la population cible, y compris ce qui était connu avant le travail de terrain EMMA (Étape 1 informations préparatoires) et ce qui a été connu par la suite (étape 7) :

- vue d'ensemble de la population cible : nombre, emplacement, profil des moyens de subsistance et situation générale (voir les sections 1.5 et 7.2) ;
- groupes ciblés au sein de la population : méthode et choix de désagrégation (sections 1.6 et 7.2) ;
- calendrier(s) saisonnier(s) pour illustrer les principales caractéristiques des moyens de subsistance, si nécessaire (section 7.5) ;
- impacts généraux de l'urgence sur différents groupes cibles (par exemple les changements de revenu des ménages et l'évolution des profils de dépenses, résultant de la section 7.6), sous la forme d'un résumé offrant des liens vers une annexe contenant les détails.

Section 5 : Systèmes de marché cruciaux pour la population

Cette section résume le processus de décision qui a été conduit en vue de sélectionner des systèmes de marché cruciaux pour la population (étape 2). Elle explique - brièvement - comment vous êtes passé d'une compréhension générale des besoins d'urgence à une liste de systèmes de marchés candidats à l'analyse du système de marché.

- Quels sont les systèmes de marché cruciaux pour la population touchée - avant et maintenant ? (Section 2.2)
- Quels systèmes l'équipe EMMA a-t-elle étudié ? Pourquoi ont-ils été sélectionnés ? (Justification de l'article 2.3)

Section 6 : Cartes de système de marché

Cette section est la principale partie descriptive du rapport, fondée sur les conclusions de l'étape 6. Essayez de la maintenir succincte. Utilisez les cartes du système autant que possible, avec de brèves explications des principales caractéristiques. Incluez les deux types de cartes :

- Carte de référence du système de marché (section 6.2)
- Carte du système de marché en situation d'urgence (section 6.3).

Lorsque les cartes sont complexes et que vous en avez besoin pour illustrer les différentes questions, Il peut-être préférable de réaliser des cartes différentes. Par exemple, une carte peut montrer les volumes d'échanges en quantités à différents points du système. Elle pourrait donc être utilisée pour analyser la capacité structurelle du système à répondre à une demande accrue. Une deuxième carte peut quant à elle montrer les prix et le nombre d'acteurs à différents points et pourrait être utilisée pour analyser le comportement du système : les marges et les problèmes possibles de concurrence.

Dans tous les cas, les cartes et le texte devrait se concentrer sur les principales caractéristiques (section 6,4), par exemple, les goulets d'étranglement et les contraintes du système, qui ont été causés par la crise et qui sont pertinents pour les options de réponse recommandées ci-après.

Section 7 : Principaux résultats de l'analyse des besoins et de l'analyse du marché

Cette section doit résumer les idées principales et les interprétations que vous et votre équipe avez acquises lors de l'enquête EMMA. Il s'agit essentiellement des résultats des étapes 7 et 8 : les réponses aux questions clés de l'analyse.

Les résultats de l'analyse des besoins prendront probablement la forme suivante :
- une matrice qui permet de quantifier les besoins prioritaires de chaque groupe cible et montre le déficit total estimé pour la population cible (voir l'encadré 7.3 et section 7.3) ;

- des informations sur la durée probable des déficits, les contraintes d'accès et les préférences exprimées par les différents groupes cibles sur la forme d'aide dont ils ont besoin (section 7.4)

Les résultats de l'analyse du marché prendront probablement la forme de réponses aux questions suivantes.

- Comment était-ce avant : un résumé de la capacité et de la performance du système de marché dans la situation de référence (section 8.3).
- Ce qui s'est passé : conclusions sur les impacts de la crise sur le système de marché et, en particulier, analyse des problèmes d'approvisionnement et de la demande en situation d'urgence (section 8.4).
- Comment la situation est-elle susceptible d'évoluer dans l'avenir : une évaluation de la capacité du système et du potentiel de contribution à la réponse d'urgence définie par l'analyse des besoins (section 8.5).

Cette prédiction sera basée sur l'impact de l'urgence sur le système de marché ; « comment les acteurs du marché font-ils face et donc comment fonctionnent-ils, par rapport à la situation de référence » ; et « quelle est l'ampleur du défi auquel le système est confronté à présent pour répondre aux besoins des populations touchées ».

REMARQUE : un élément important de cette section consiste à mettre en évidence les insuffisances dans vos propres connaissances, dues par exemple, à l'insuffisance d'information, au peu de temps disponible et aux tences limitées de l'équipe d'analyse. Ce que vous ne savez pas, mais avez probablement besoin de savoir, peut être aussi important que ce que vous comprenez maintenant.

Section 8 : Principales recommandations et conclusions

Cette section est en fait un résumé des résultats de l'étape 9.

Logique de réponse

Est-ce que les conclusions ci-dessus nous orientent vers une réponse qui repose sur un système de marché fonctionnant correctement (en termes d'espèces par exemple), ou vers une réponse qui suppose que le marché fera face à de nombreuses difficultés (en situation d'urgence par exemple) ?

Comment est-il possible de modifier les capacités du système de marché grâce à des interventions de soutien ? (Section 9.2)

Option de réponse

Les avantages, inconvénients et la faisabilité des principales interventions de réponse (article 9,7).

Recommandations de réponse

Les activités ou combinaisons d'activités que l'équipe EMMA propose, y compris des recommandations pour un complément d'enquête et de surveillance (section 9.8).

10.4 EMMA : un dernier mot

Félicitations, vous avez atteint la fin du guide pratique d'analyse et de cartographie d'un système de marché en situation d'urgence.

Si vous avez déjà utilisé EMMA en situation de crise, j'espère que cela vous a permis de comprendre les aspects importants liés au marché dans la situation en cours ; et de traduire ces connaissances de façon efficace dans le processus de décision d'un programme. Si vous prévoyez d'utiliser EMMA, j'espère que vous vous sentez encouragé et autonome pour introduire ces outils et ces concepts dans de futures situations d'urgence.

La guide pratique EMMA est le résultat de la reconnaissance croissante de l'importance qu'ont les systèmes de marché pour les personnes touchées par des catastrophes et des crises Souvent, en effet, les marchés peuvent fournir des biens et services essentiels de manière efficace immédiatement après une crise. Ils ont aussi leur importance parce que les gens dépendent des systèmes de marché en tant que sources de revenu et de rémunération, tant immédiatement qu'à plus long terme.

La prise de conscience de la valeur de l'analyse rapide du marché, en cas d'urgence, est liée à la croissance des interventions monétaires pour répondre aux crises. Les efforts visant à renforcer les liens entre les programmes d'urgence et de développement permettront également d'augmenter la demande pour EMMA. Le défi pour les agences humanitaires et les bailleurs dans les années à venir consistera à intégrer ce type d'analyse dans leur évaluation d'urgence et dans les processus de planification, en tant que norme

Parce que les outils EMMA sont sommaires, axés sur la rapidité d'exécution, l'application des outils EMMA est plus un art qu'une science. Les outils d'EMMA seront adaptés aux besoins de chaque contexte d'urgence, et les utilisateurs d'EMMA développeront inévitablement leur propre style de cartographie et d'analyse, à mesure qu'ils acquerront de l'expérience et de l'assurance.

Au fil du temps, les utilisateurs bénéficieront d'EMMA pour partager leurs expériences et leurs résultats les uns avec les autres. C'est pourquoi nous avons créé une « communauté de pratique pour les praticiens EMMA ». Elle est hébergée sur le site www.emma-toolkit.info. Le site Web sera un emplacement pour une version en ligne du guide pratique et du matériel de référence qui l'accompagnent. Il sera également un lieu où les utilisateurs pourront poster des copies des rapports EMMA pour que les autres puissent les lire, partager leurs expériences et les leçons apprises et enfin obtenir des conseils.

Bibliographie

Tous les liens Internet ont été consultés le 19 Avril 2011

ACF International Network (2007) *Implementing Cash-based Interventions: A Guideline for Aid Workers*, ACF Food Security Guideline, available from http://www.actionagainsthunger.org.uk/resource-centre/online-library/detail/media/implementing-cash-based-interventions-a-guideline-for-aid-workers/

Adams, L. (2007) *Learning from Cash Responses to the Tsunami, Final Report*, HPG Background Paper, Overseas Development Institute, London, available from www.odi.org.uk/hpg/papers/BGP_Tsunamilessons.pdf

Albu, M. and A. Griffith (2005) *Mapping the Market: A Framework for Rural Enterprise Development Policy and Practice*, Practical Action, Rugby, available from http://practicalaction.org/market-mapping

Barrett, C., R. Bell, E. Lentz, and D. Maxwell (2009) 'Market information and food insecurity response analysis', *Food Security* 1: 151–168, Springer, Netherlands, available from www.springerlink.com/content/20t80w3656428335

Campbell, R. (2008) *Key Elements of the Value Chain Approach*, USAID Briefing Paper, available from www.microlinks.org/ev_en.php?ID=24002_201&ID2=DO_TOPIC

CMM (2005) *Livelihood and Conflict: A Toolkit for Intervention*, Office of Conflict Management and Mitigation, USAID, Washington, available from www.usaid.gov/our_work/cross-cutting_programs/conflict/publications/docs/CMM_Livelihoods_and_Conflict_Dec_2005.pdf

Creti, P. and S. Jaspars (2006) *Cash-transfer Programming in Emergencies*, Oxfam GB Publishing, available from http://publications.oxfam.org.uk/display.asp?k=9780855985639&keyword=cash+transfer&stemming=true&nat=true&sf10=oxfam_archive_flag&st10=not+y&m=3&dc_1381

Donovan, C., M. McGlinchy, J. Staatz, and D. Tschirley (2005) *Emergency Needs Assessments and the Impact of Food Aid on Local Markets*, Desk review by Michigan University, for UN World Food Programme SENAC, Rome, available from http://documents.wfp.org/stellent/groups/public/documents/ena/wfp086537.pdf

FAO and ILO (2009) *The Livelihood Assessment Tool-kit: Analyzing and Responding to the Impact of Disasters on the Livelihoods of People*, FAO, Rome and ILO, Geneva, available from www.fao.org/fileadmin/templates/tc/tce/pdf/LAT_Brochure_LoRes.pdf

FEG Consulting and Save the Children (2008) *The Practitioners' Guide to the Household Economy Approach*, Regional Hunger and Vulnerability Program, Johannesburg, available from www.feg-consulting.com/resource/practitioners-guide-to-hea

FEWS NET (2008) *Structure-Conduct-Performance and Food Security*, Markets Guidance No 2, USAID, Washington DC, available from http://pdf.usaid.gov/pdf_docs/PNADL965.pdf

Harvey, P. (2005) *Cash and Vouchers in Emergencies*, HPG discussion paper, Overseas Development Institute, London, available from www.odi.org.uk/resources/download/310.pdf

Harvey, P. (2007) *Cash-based Responses in Emergencies*, HPG briefing paper 25, Overseas Development Institute, London, available from
www.odi.org.uk/resources/download/256.pdf

ICRC (2007) *Guidelines for Cash Transfer Programming*, ICRC and International Federation of Red Cross and Red Crescent Societies, Geneva, available from
http://www.ifrc.org/Global/Publications/disasters/guidelines/guidelines-cash-en.pdf

Inter-Agency Standing Committee (2006) *Women, Girls, Boys and Men: Different Needs – Equal Opportunities*. IASC Gender Handbook in Humanitarian Action, UNHCR, available at
www.unhcr.org/refworld/docid/46978c842.html

Jaspars, S. and D. Maxwell (2009) *Food Security and Livelihoods Programming in Conflict: A Review*, HPN network paper 65, Overseas Development Institute, London, available from
www.odihpn.org/documents/networkpaper065.pdf

Lor-Mehdiabadi, W. and A. Adams (2008) *Evaluation and Review of the Use of Cash and Vouchers in Humanitarian Crisis*, for European Commission (DG ECHO), available from
http://ec.europa.eu/echo/files/policies/evaluation/2008/cash_review_report.pdf

Market Development Working Group (2007) *Market Development in Crisis-affected Environments: Emerging Lessons for Achieving Pro-poor Economic Reconstruction*, The SEEP Network, Washington, available from
http://www.bdsknowledge.org/dyn/bds/docs/591/SEEP,%20Mkt%20Devt%20In%20Crisis-Affected%20Environs,%202007.pdf

Mercy Corps (2007) *Guide to Cash-for-work Programming*, Mercy Corps, Portland, USA, available from www.mercycorps.org/publications/11913

Miehlbradt, A. and L. Jones (2006) *Market Research for Value Chain Initiatives*, MEDA, available from
http://www.meda.org/web/ml-publications/336-market-research-for-value-chain-initiatives-market-development-toolkit

Moseley, K. and J. Bernson (2006) *Assessment of Emergency and Transition Situations (Assets Guidebook)*, Mercy Corps, Portland, USA, available from
www.mercycorps.org/files/file1137799681.pdf

OFDA (2008) *Guidelines for Unsolicited Proposals and Reporting*, USAID, Washington DC, available from
www.usaid.gov/our_work/humanitarian_assistance/disaster_assistance/resources/

SEEP Network (2009) *Minimum Standards for Economic Recovery after Crisis*, The SEEP Network, Washington, available from
http://communities.seepnetwork.org/econrecovery/node/821

Sperling, L. (2008) *When Disaster Strikes: A Guide to Assessing Seed System Security*, CIAT Publication 363, International Centre for Tropical Agriculture, Cali, Colombia, available from
http://www.ciat.cgiar.org/work/Africa/Documents/sssa_manual_ciat.pdf

Watson, C. and A. Catley (2008) *Livelihoods, Livestock and Humanitarian Response: The Livestock Emergency Guidelines and Standards*, HPN network paper 64, Overseas Development Institute, London, available from
www.odihpn.org/documents/networkpaper064.pdf

WFP (2009) *Emergency Food Security Assessment Handbook*, 2nd edition, UN World Food Programme, available from
www.wfp.org/content/emergency-food-security-assessment-handbook

Young, H., S. Jaspars, R. Brown, J. Frize, and H. Khogali (2001) *Food-security Assessments in Emergencies: A Livelihoods Approach*, HPN network paper 36, Overseas Development Institute, London, available from www.odihpn.org/documents/networkpaper036.pdf

Glossaire

Ce glossaire contient des définitions de la terminologie couramment utilisée dans la boîte à outils EMMA. Ces définitions sont basées sur des définitions largement acceptées dans les travaux liés au développement économique, la microfinance, le développement des entreprises, les moyens de subsistance, le développement des marchés, l'agriculture et la sécurité alimentaire. Ces définitions ont adaptées à partir de diverses sources, dont :

- *Mise en œuvre d'interventions monétaires : un manuel pour les professionnels de terrain* (ACF International, 2007) ;
- *Le Guide du praticien sur l'approche de l'économie des ménages* (FEG Consulting et Save the Children, 2008) ;
- *Femmes, filles, garçons et hommes : des besoins différents mais des chances égales* (Comité permanent interinstitutions (IASC) sur la parité hommes-femmes et l'assistance humanitaire) ;
- *Normes minimales pour la relance économique après la crise* (Réseau SEEP, 2009).

Accès au marché. Mesure le nombre de personnes (par exemple, la proportion de la population cible) qui disposent à la fois des moyens d'acheter et d'atteindre physiquement un fournisseur fiable, notamment de produits alimentaires, d'articles non alimentaires, ou d'un service. Le concept d'accès peut également être appliqué aux vendeurs, producteurs, voire à la main-d'œuvre dans un système de marché de revenu.

Acteurs du marché. Tous les individus et les entreprises impliqués dans l'achat et la vente dans un système de marché, y compris les producteurs, les fournisseurs, les commerçants, les transformateurs et les consommateurs.

Actifs du Groupe. Les biens appartenant officiellement ou officieusement à un groupe d'individus engagés ensemble dans une activité commerciale ou de subsistance. Voici des exemples de biens gérés par des groupes, qui comprennent des systèmes d'irrigation, des machines agricoles, des équipements d'emballage, des entrepôts et des générateurs. Les transferts d'actifs du groupe ont tendance à se faire à plus grande échelle (en valeur et en taille) que les transferts d'actifs individuels, donc une attention supplémentaire avant le transfert doit être portée à l'évaluation de l'impact sur le marché local et ses implications.

Ajustement des prix sur l'inflation. Lorsque les prix sont comparés dans le temps - par exemple, entre une situation pré-urgence et une situation post-urgence, il est possible d'ajuster les prix anciennement appliqués en tenant compte d'un facteur d'inflation, afin de permettre une comparaison plus réaliste. Cela est nécessaire lorsque l'inflation est une caractéristique fondamentale de l'économie. Dans les économies hyper-inflationnistes, il peut être nécessaire de convertir les prix locaux en prix équivalent en une monnaie internationale stable, afin de faire des analyses réalistes de l'évolution.

Analyse de la chaîne de valeur. Un type d'analyse de système de marché, qui met l'accent sur la dynamique des liens au sein d'un secteur productif, en particulier la façon dont les entreprises et les pays sont intégrés au niveau mondial. Il comprend une description des acteurs de la chaîne de valeur et une analyse des contraintes le long de la chaîne. Il considère également la dynamique (évolution dans le temps), et il ne se limite pas aux frontières nationales.

Analyse du système de marché. Processus d'évaluation et de compréhension des principales caractéristiques d'un système de marché, de sorte que des prévisions puissent être faites sur l'évolution des prix, la disponibilité et l'accès qui se développeront à l'avenir, et (dans le cas d'EMMA) les décisions prises quant à savoir si ou comment intervenir pour améliorer les résultats humanitaires.

Analyse sexospécifique. Analyse qui étudie les relations entre hommes et femmes, leurs rôles, et les contraintes auxquelles ils font face les uns par rapport aux autres, ainsi que le contrôle qu'ils exercent sur les ressources et la manière dont ils y accèdent. L'analyse de « genre » devrait être intégrée dans l'évaluation des besoins humanitaires et dans toutes les évaluations du secteur ou des analyses de situation, afin de s'assurer que les injustices fondées sur le sexe et les inégalités ne soient pas exacerbées par les interventions humanitaires et que, si possible, une plus grande égalité et plus de justice dans les relations entre les sexes soient promues.

Argent contre travail (Cash for work). Fourniture d'un emploi rémunéré temporaire à des ménages ou à des personnes ciblés. Comme pour les dons d'argent, l'Argent contre travail (Cash for work) peut être donné comme aide d'urgence, pour le soutien au rétablissement des moyens de subsistance, ou comme un filet de sécurité sociale.

Barrières à l'entrée. Obstacles sur le chemin de toute entreprise, producteur, commerçant, ou autre acteur du marché qui font qu'il est difficile d'entrer, de s'engager, ou de faire des affaires dans un système de marché donné. Les obstacles peuvent inclure des coûts d'investissement non récupérables (à fonds perdus), des règles restrictives, des réglementations ou des pratiques commerciales, une fixation des prix non compétitive (comportement prédateur), des règles de propriété intellectuelle, des économies d'échelle et la fidélité des clients à des entreprises existantes.

Base de référence. Une mesure, un calcul, ou une analyse de la situation hypothétique ou passée qui est utilisée comme une base de comparaison avec la situation actuelle ou future. Dans EMMA, la carte du marché de référence vise à représenter une hypothétique situation « Si la crise n'avait pas eu lieu », avec laquelle l'impact de la situation d'urgence peut être comparé.

Besoins prioritaires. Aliments, matériaux et les services qui sont requis par une population cible afin d'atteindre les normes minimales de Sphère en cas de catastrophe ; et d'autres articles essentiels que les femmes et les hommes identifient en cas d'urgence au début de l'évaluation des besoins.

Bons. Les bons sont des jetons ou des coupons émis par un organisme ou un gouvernement, qui peuvent être échangés pour un ensemble fixe de biens ou de marchandises, en échange d'une somme d'argent déterminée, dans certains magasins ou par certains opérateurs. L'organisme qui a délivré les bons prend alors les bons remis par les magasins ou les commerçants en échange d'une somme d'argent convenue. Ils peuvent être valides pour plusieurs mois, ou seulement un jour de marché particulier ('foire').

Calendriers saisonniers. Une présentation graphique des mois durant lesquels la culture de denrées alimentaires, les cultures de rente, et autre production ou activités génératrices de revenus prennent place. Les calendriers saisonniers peuvent montrer quand la nourriture et d'autres intrants sont achetés, les principales périodes saisonnières comme la saison des pluies et les périodes de pics de maladie et de faim. Ils peuvent être utilisés pour mettre en évidence d'autres variations saisonnières dans les systèmes de marché, tels que les changements dans l'accès routier, les coûts de transport et la demande de main-d'œuvre occasionnelle.

Chaîne d'approvisionnement. La séquence des acteurs du marché qui achètent et vendent une marchandise, un produit ou un élément qui se déplace du producteur initial, via les transformateurs et les commerçants pour atteindre les consommateurs finaux. Dans EMMA, le terme 'chaîne d'approvisionnement' est utilisé en particulier lorsque le consommateur final est la population cible de l'aide humanitaire. Par opposition, voir « Chaîne de valeur ».

Chaîne de valeur. La séquence des acteurs du marché qui achètent et vendent une marchandise, un produit ou un objet qui se déplace du producteur initial, via les transformateurs et les commerçants vers les consommateurs finaux. Dans EMMA, le terme « chaîne de valeur » est utilisé en particulier lorsque les producteurs ou les travailleurs sont la population cible de l'aide humanitaire. Par opposition, voir 'Chaîne d'approvisionnement'.

Chaîne de marché. Terme général désignant une chaîne d'approvisionnement ou de valeur : séquence des acteurs du marché qui achètent et vendent un produit ou un article alors qu'il se déplace depuis le producteur initial jusqu'au consommateur final.

Choc. Événements soudains et irréguliers qui affectent sensiblement les activités d'un ménage ou sa capacité de générer des revenus par des moyens réguliers. Au niveau d'une économie ou du marché, un choc est un événement qui perturbe la structure des échanges et des tendances établies.

Compétitivité. Il s'agit d'un concept complètement différent de la concurrence. Il se réfère à la capacité et à la performance d'une entreprise (ou une chaîne de valeur) pour vendre et fournir des biens et / ou des services, par rapport à ses rivaux sur un marché donné.

Comportement (des acteurs du marché). Les caractéristiques que les commerçants et autres acteurs du marché adoptent pour s'adapter aux marchés dans lesquels ils vendent ou achètent. Il s'agit notamment du comportement concernant la fixation des prix et des pratiques d'achat et de vente.

Comportement sur le marché. Voir 'comportement'.

Concurrence. La concurrence existe lorsqu'il y a un nombre suffisant de commerçants (vendeurs ou acheteurs) qui rivalisant professionnellement les uns avec les autres au sein d'un marché ; de sorte qu'aucun individu ou entreprise ne domine le marché (Voir 'Monopole' et 'pouvoir de marché'). Quand il y a une concurrence effective, nul ne peut injustement fixer le prix d'un bien ou un service. Cela génère généralement une baisse des prix ou une meilleure qualité pour les consommateurs, ou des rendements plus élevés pour les producteurs et les employés. Des marchés vraiment concurrentiels dépendent aussi des commerçants qui sont incapables de s'entendre entre eux pour appliquer un prix fixe pour les marchandises. Voir « Cartel ».

Connectivité. Décrit la mesure dans laquelle les interventions d'urgence à court terme sont planifiées et exécutées d'une manière qui tient compte des réponses à long terme (reconstruction et développement). Le concept se réfère strictement à des contextes humanitaires où une véritable durabilité ne peut être possible.

Corruption. L'abus de pouvoir à des fins lucratives, y compris la corruption financière, comme la fraude, la subornation, et les pots-de-vin. Elle comprend également des avantages non financiers tels que la manipulation ou le détournement de l'aide humanitaire au profit des groupes non-cibles, ou l'affectation des ressources de secours en échange de faveurs.

Croissance économique. Augmentation de la capacité d'un pays ou d'une région économique à produire des biens et services. Se réfère également à l'augmentation de la valeur marchande des biens et services produits par une économie. Est généralement calculée en utilisant les chiffres corrigés de l'inflation, afin d'écarter l'effet de l'inflation sur les prix des biens et services produits.

Demande (également 'demande effective'). Le montant (quantité) d'un bien économique particulier, un produit ou un service qu'un groupe de consommateurs (ou acheteurs) voudront acheter à un prix donné. Les besoins et les désirs des consommateurs (acheteurs) doivent être accompagnés du pouvoir d'achat (l'argent) pour être considérés comme efficaces dans l'analyse de la demande. Lorsque le manque d'argent est une contrainte importante pour la population cible, le résultat immédiat des initiatives en espèces est généralement d'accroître la demande effective.

Demande / offre agrégée. La valeur globale totale des biens ou des services sur un marché donné. S'il ce n'est pas spécifié, se réfère souvent au marché national.

Demande effective. « Voir demande »

Développement d'entreprises. Les activités ou programmes de soutien au démarrage et à la croissance des entreprises du secteur privé.

Développement du marché. Programmes de développement des marchés visant à aider les micro-entreprises et les petites entreprises à participer et à retirer plus d'avantages des marchés existants et potentiels, dans lesquels ils font des affaires (y compris les marchés d'intrants et de soutien, ainsi que les marchés finaux). Le but ultime des programmes de développement des marchés est de stimuler une croissance économique durable qui réduise la pauvreté, en veillant principalement à ce que les propriétaires de petites entreprises et leurs employés prennent part à la croissance et en soient mieux récompensés.

Disponibilité. Une mesure de la quantité (volume) de biens, de nourriture ou d'articles non alimentaires, en vigueur dans un système de marché qui peut être mobilisée pour répondre aux besoins d'une population cible dans un laps de temps défini. La disponibilité est déterminée en tenant compte de la production, des importations et des stocks, ainsi que des délais nécessaires pour transporter ces articles là où ils sont nécessaires.

Don en espèces. Fourniture d'argent aux ménages ou aux personnes ciblés, n'impliquant aucune obligation de travailler. Peut être donné comme secours d'urgence, pour le soutien au rétablissement des moyens de subsistance, ou comme un filet de sécurité sociale. Voir aussi « Don en espèces conditionnel ».

Dons en espèces conditionnels. Un don en espèces pour lequel le bénéficiaire remplit certaines conditions, par exemple, envoyer les enfants à l'école, planter des graines de plantes, bâtir les fondations d'une maison, démobiliser.

Durabilité. Une mesure visant à savoir si une activité ou une intervention, et son impact à plus long terme, se poursuivra après que le financement externe aura été supprimé. Cela implique que les capacités locales pour faire face aux contraintes récurrentes existent ou soient développés.

Économie des ménages. La somme des moyens à travers lesquels un ménage acquiert son revenu, son épargne, son portefeuille d'actifs, et par lequel il répond à ses besoins pour les articles non-alimentaires ou autres.

Élasticité de la demande. Une mesure de la sensibilité aux variations de prix de la quantité demandée par les acheteurs ou les consommateurs. Les marchandises sur lesquelles les gens ont fortement réduit leur demande / consommation quand les prix montent ou les revenus sont réduits (produits de luxe par exemple) ont une ' demande élastique'. Pour les marchandises qui (par exemple les aliments de base), on parle de 'demande inélastique'. Les marchandises dans les systèmes de marchés cruciaux pour la population font généralement partie de la deuxième catégorie.

Élasticité de l'offre. Une mesure de la sensibilité aux prix en réponse à la quantité fournie par les producteurs ou les négociants. Les marchandises qui peuvent facilement être fournies en plus grande quantité en cas d'augmentation des prix bénéficie d'une 'offre élastique'. Pour les marchandises qui sont difficiles à produire rapidement ou à importer dans des volumes plus importants, on parle 'd'offre inélastique'. Dans les situations d'urgence, les élasticités sont souvent imprévisibles, en raison de la perturbation des chaînes d'approvisionnement.

Environnement propice. Un environnement de politiques, règlements, normes, institutions et gouvernance économique globale qui permet aux systèmes de marché de fonctionner correctement. Voir « 'Performance ».

Entente / Cartel. Un groupe d'entreprises ou de commerçants qui tentent de limiter la concurrence et de contrôler les prix ou la fourniture d'un bien ou d'un service par le biais d'une limitation mutuelle de production ou d'approvisionnement, ou tout simplement en s'entendant pour fixer les prix. Voir aussi « Oligopole ».

Entreprise. Toute entité exerçant une activité économique, quelle que soit sa forme juridique. Cela inclut les travailleurs indépendants, les entreprises familiales, les partenariats et les entreprises de groupe (associations, coopératives, groupes informels), qui sont régulièrement engagés dans une activité économique.

Envois d'argent. Les revenus envoyés par les migrants à leurs familles dans les pays ou les communautés d'origine. Dans de nombreuses communautés, les envois d'argent constituent une source importante et essentielle de revenus, tant au niveau local que national.

EVI (Extremely Vulnerable Individual). Acronyme de 'personne extrêmement vulnérable', par exemple : les adultes handicapés, personnes âgées, ou malades, jeunes enfants, et ceux qui sont traumatisés ou mentalement inaptes.

Facilitateur. Un projet ou une personne qui apporte un soutien indirect aux acteurs des systèmes du marché. Plutôt que de fournir un soutien direct, un facilitateur orchestre des interventions qui renforcent les capacités locales pour fournir des services et / ou des solutions à des contraintes récurrentes. De préférence, cela se fait par le biais des fournisseurs de services aux entreprises du secteur privé.

Fixation des prix. Une situation dans laquelle un acteur du marché, ou un groupe agissant de concert, est en mesure d'utiliser son pouvoir de marché pour faire baisser (ou augmenter) le prix d'un produit ou d'un service au prix qui aurait naturellement émergé s'il y avait une concurrence plus libre entre les rivaux.

Genre. Le genre fait référence aux différences sociales entre les femmes et les hommes qui sont apprises et (bien que profondément enracinée dans toutes les cultures) sont variables au fil du temps. Différences entre les sexes ont de grandes variations à l'intérieur et entre les cultures. Avec la classe et de race, ils déterminent les rôles, le pouvoir et les ressources des femmes et des hommes dans toute société.

Goulet d'étranglement. Toute contrainte effective sur la vitesse ou la quantité maximum d'une activité de production ou de commercialisation, en particulier celle qui réduit les performances du système de marché global.

Groupe de richesse. Un groupe de ménages dans la même communauté qui partagent des capacités similaires à exploiter différentes options d'alimentations et de revenus dans une zone de moyens de vie particulière. Ces capacités déterminent 'le statut économique', indiqué par des mesures telles que, par exemple, la scolarisation des enfants du foyer, le niveau de soins, la superficie de leurs terres et la présence et le nombre de bétail.

Groupements de producteurs. Les personnes engagées dans la production de produits similaires qui se sont organisées pour réaliser des économies d'échelle et des gains de productivité ou de commercialisation.

Groupes de subsistance. Des groupes de ménages qui ont des sources de nourriture, des sources de revenus et des moyens de subsistance similaires et qui sont assujettis à des risques similaires. Les groupes de subsistance peuvent correspondre à une zone géographique particulière, ou ils peuvent être définis par d'autres facteurs tels que la richesse, l'appartenance ethnique et le type.

Ignorance optimale. Une stratégie active du travail d'EMMA sur le terrain consiste à ignorer les informations non indispensables ou inutiles. Cela veut dire concentrer son attention sur les éléments les plus pertinents du système de marché : ceux qui influent sur l'accès et sur sa disponibilité pour la population cible. Cette stratégie exige une réflexion continue sur la mesure dans laquelle l'information recueillie est pertinente pour l'analyse des questions clés.

« Imprécision appropriée ». Une stratégie active en matière d'analyse de données pour éviter des précisions fausses ou inutiles, satisfaite par des approximations adéquates et des estimations approximatives. Cela signifie que l'on évite de consacrer trop de temps à essayer d'obtenir une précision sur une question, au détriment des autres. Cela signifie aussi que l'on évite toute fausse précision - par exemple, en donnant un résultat comme 23,7 pour cent, alors qu'en réalité, nous avons pour seule certitude que la réponse est « d'environ un quart ».

Inflation. Une augmentation persistante du niveau moyen des prix dans l'économie. L'Inflation se produit lorsque les prix sont en augmentation permanente au fil du temps. Cela ne signifie pas nécessairement que tous les prix augmentent, ou augmentent au même rythme, mais seulement que les prix moyens ont une tendance à la hausse. Les hausses de prix peuvent être causées par des facteurs d'urgence, mais ils peuvent aussi être une caractéristique sous-sous-jacente d'une économie inflationniste.

Informateurs clés. Tout individu dans une communauté ou une société dont la connaissance est particulièrement pertinente pour les objectifs de l'évaluation.

Interventions monétaires. Un terme général pour n'importe quel type de réponse humanitaire impliquant la fourniture de liquidités ou de bons (coupons, par exemple) à une population en situation d'urgence. Inclut les dons en espèces, l'Argent contre travail (Cash for work), les transferts d'espèces conditionnels, les primes de rapatriement et de démobilisation et les programmes de coupons.

Institution. Une règle établie, une norme, ou une manière de faire quelque chose qui est largement accepté dans la société. Les institutions fournissent les règles et les directives nécessaires pour mener à bien les activités au jour le jour de notre vie, la structure essentielle d'une société, et le cadre dans lequel l'activité économique se déroule.

Intégration du marché. Un système de marché est intégré lorsque les liens entre les acteurs du marché local, régional et national fonctionnent bien. Dans un système de marché intégré, tout déséquilibre de l'offre et la demande dans un domaine est compensé par le mouvement relativement facile des marchandises en provenance d'autres marchés voisins et régionaux.

Itération / itératif. Un processus d'analyse à partir d'une approximation grossière et en utilisant les résultats de chaque étape itérative comme intrants pour la prochaine étape - dans lequel la même action est essentiellement répétée jusqu'à ce qu'un résultat final suffisamment précis soit obtenu.

Liens d'affaires (également connu sous le nom 'liens avec le marché'). Les liens se réfèrent aux relations commerciales entre et parmi les producteurs, les commerçants et autres entreprises dans une chaîne d'approvisionnement ou de valeur.

Marché. Toute structure formelle ou informelle (pas nécessairement un lieu physique) dans lequel les acheteurs et les vendeurs échangent des marchandises, du travail ou des services contre de l'argent ou d'autres biens. Le mot « Marché » peut signifier simplement le lieu où les marchandises ou les services sont échangés. Toutefois, dans EMMA, les marchés sont définis par les forces de l'offre et de la demande, plutôt que comme le lieu géographique, par exemple « les céréales importées représentent 40 pour cent du marché ».

Marge. La différence entre les ventes nettes de l'entreprise et les coûts (entrée) des biens et services utilisés pour réaliser ces ventes.

Mécanisme / stratégie d'adaptation (coping strategy). Lorsque les moyens de subsistance ou les sources de revenus classiques des gens sont interrompus par une crise, la manière dont les gens changent leur comportement économique est appelée « mécanismes d'adaptation » (ou stratégies d'adaptation). Les mécanismes d'adaptation ne sont pas utilisés chaque année, mais constituent l'adaptation à un problème spécifique - par exemple réduction des dépenses non-essentielles, consommation d'aliments sauvages, ou adoption de nouvelles sources de gagner un revenu. Le concept s'applique aussi bien aux ménages et aux autres acteurs du marché tels que les producteurs, les marchands, les fournisseurs et les commerçants. Voir aussi 'Stratégie d'adaptation négative'.

Ménage. Un groupe de personnes, souvent liées à la famille, chacun avec des capacités et des besoins différents, qui vivent ensemble la plupart du temps, contribuent à une économie commune et partagent la nourriture, les ressources essentielles et autres revenus générés par le foyer.

Micro-entreprise. Une très petite entreprise, y compris les petites exploitations, ayant moins de cinq ou dix travailleurs (les définitions varient), y compris les micro-entrepreneurs et les travailleurs familiaux non rémunérés. Habituellement supposée être détenue et exploitée par des personnes pauvres, dans le secteur informel.

Microfinance. La fourniture de services financiers adaptés aux besoins des populations pauvres, tels que les micro-entrepreneurs. Porte notamment sur l'octroi de petits prêts, l'acceptation de dépôts de petites économies et la fourniture des services de paiement nécessaires aux micro-entrepreneurs et autres personnes qui n'ont pas toujours accès aux services financiers.

Monopole. Une situation dans laquelle un acteur du marché unique contrôle tout (ou presque tout) sur le marché d'un type de produit ou service. C'est une forme extrême de pouvoir de marché. Le monopole peut survenir en raison d'obstacles qui empêchent d'autres commerçants concurrents d'entrer en compétition : par exemple, les coûts d'entrée élevés, la réglementation gouvernementale, la coercition et / ou la corruption. Voir aussi « Oligopole ».

Moyens de subsistance. Un moyen de subsistance est un moyen de gagner sa vie. Il comprend les capacités, les compétences, les actifs (y compris les ressources matérielles et sociales) et les activités que les gens associent pour produire de la nourriture, répondre aux besoins de base, gagner un revenu, ou obtenir un moyen de vivre d'une autre manière.

Oligopole. Une situation dans laquelle un petit nombre d'acteurs du marché contrôle tout (ou presque tout) le marché d'un type de produit ou de service. Il s'agit d'une forme moins extrême de pouvoir de marché que le monopole. Toutefois, les oligopoles peuvent conduire à des situations de quasi-monopole s'il y a une entente entre ces quelques commerçants pour fixer les prix, plutôt que de se concurrencer les uns les autres.

Performance (d'un système de marché). La mesure dans laquelle un système de marché produit des résultats qui sont considérés comme bons ou sont privilégiées par la société. Dans EMMA, la « performance de marché » se réfère à la façon dont le système de marché joue son rôle dans la réalisation des objectifs humanitaires. Les mesures de performance incluent la disponibilité et la qualité des produits vendus, leurs niveaux de prix et la stabilité des prix dans le court et long terme, l'accès de la population cible, les niveaux de profit et la viabilité à long terme des acteurs du marché.

Période de référence. Une période définie à laquelle l'information de base fait référence. Dans EMMA, la période de référence doit être pertinente par rapport au timing, à la saison de l''urgence et à la réponse planifiée. Par exemple, si l'on planifie des réponses alimentaires au cours des trois mois suivants, la meilleure période de référence peut être la même saison mais un an auparavant.

Population cible. L'ensemble des femmes, hommes et enfants en situation d'urgence auxquels est destinée l'intervention d'urgence et qui doivent en bénéficier. Habituellement, ce sont les personnes les plus vulnérables ou celles gravement affectées, et les ménages d'une zone sinistrée. Souvent, la population cible est décomposée en plusieurs groupes clairement définis avec des situations et des besoins différents. Note : les réponses humanitaires indirectes peuvent impliquer une aide aux acteurs du marché qui ne font pas partie de la population cible.

Pouvoir d'achat. La capacité financière d'un consommateur ou des ménages à acheter un objet, une marchandise ou un service. L'augmentation ou la restauration du pouvoir d'achat des gens est le principal objectif immédiat qui dirige les initiatives en espèces.

Pouvoir de marché Voir aussi 'monopole' et 'cartel'. La capacité d'une entreprise, d'un commerçant ou d'un acteur du marché de modifier le prix d'un bien ou d'un service sans perdre tous ses clients, fournisseurs, et employés au profit de ses concurrents. Dans l'idéal, dans un marché parfaitement concurrentiel, les acteurs du marché n'auraient pas de pouvoir de marché. Toutefois, dans le monde réel, les barrières à l'entrée, les relations de genre et les relations sociales profondément ancrées, la collusion et d'autres formes de comportements anticoncurrentiels permettre souvent à certains acteurs du marché de dominer les négociations de prix.

Prix paritaires à l'importation. Un prix local qui est équivalent au prix du marché international pour un produit, mais converti en monnaie locale, intégrant tout coût de transport, droits et autres frais que l'acheteur supporterait s'il importait.

Protection des actifs. Le plus souvent fait référence à des actions pour aider les populations touchées à éviter la vente ou la consommation d'importantes ressources naturelles ou du foyer. A l'égal des transferts en espèces ou des distributions d'urgence, la protection des biens peut inclure des activités pour protéger physiquement les ressources naturelles et des foyers ; pour assurer l'accès aux biens communaux, ou faire en sorte que les biens des gens ne soient pas menacés par des lois locales ou des normes culturelles.

Protection sociale. Les politiques et les plans qui permettent de réduire la vulnérabilité économique et sociale des groupes pauvres et marginalisés par le transfert de nourriture, d'argent et d'autres avantages.

Questions clés de l'analyse. Les systèmes du marché sont généralement choisis parce que les gens ont des idées ou des attentes spécifiques quant à la valeur opérationnelle que EMMA va ajouter. Les « questions clés de l'analyse » constituent le cadre de ces idées et aident ainsi les équipes EMMA à les garder présentes à l'esprit tout au long du processus.

Rapport coût-efficacité. Ratio obtenu en comparant le coût et les résultats tangibles d'une intervention.

Réponses humanitaires indirectes. Les actions humanitaires visant les commerçants, fonctionnaires, décideurs, etc. conduisent indirectement à des prestations pour la population cible finale. Par exemple : la réhabilitation des infrastructures clés ou des liens de transport,

Secteur de l'économie formelle. Cela se réfère aux entreprises et aux professionnels qui sont agréés ou enregistrés, réglementés, et (généralement) imposés par le gouvernement Voir « Secteur de l'économie informelle et formelle ».

Secteur de l'économie informelle. Le secteur informel ou l'économie informelle se réfèrent aux travaux qui ne sont pas réglementés ni imposés par le gouvernement. Dans la plupart des pays, il couvre une multitude d'activités et d'acteurs, y compris les travailleurs indépendants, les travailleurs rémunérés dans des entreprises informelles, les travailleurs non rémunérés dans des entreprises familiales, les travailleurs occasionnels sans employeurs fixes et les travailleurs en sous-traitance liés aux entreprises du secteur formel ou informel. Voir « Secteur de l'économie informelle et formelle »

Services aux entreprises (ou 'service d'appui aux entreprises'). La vaste gamme de services non-financiers dont les producteurs, les commerçants et autres entreprises ont besoin pour entrer sur un marché, pour survivre, produire, être mis en concurrence et croître. Les exemples incluent des conseils sur la planification, la comptabilité, les questions juridiques, le marketing, le développement de produits, l'approvisionnement en intrants et la vente ou la location d'équipement, ainsi que la formation pour certains métiers et l'accès aux technologies améliorées.

Services associés. De nombreux services sont fournis de manière informelle 'associés' librement dans d'autres relations commerciales, par exemple les commerçants peuvent autoriser leurs clients à prendre des marchandises et à payer plus tard ; les fournisseurs d'intrants peuvent fournir gratuitement des conseils en agriculture ; les opérateurs peuvent fournir un retour aux petits producteurs. Cela peut être un indicateur d'un système de marché sain et en bon fonctionnement.

Services financiers. La vaste gamme de services formels et informels utilisés par les ménages, les producteurs, les commerçants et autres entreprises d'un système de marché. Cela inclut l'épargne, les prêts, les assurances, les transferts de fonds et les services de location.

Situation d'urgence. Une situation exceptionnelle et généralisée qui menace la vie, la santé et les moyens de subsistance de base ; et qui se situe au-delà de la capacité d'adaptation des individus et de la communauté.

Situations d'urgence complexes. Une crise humanitaire où il y a un effondrement substantiel ou total de l'autorité, résultant d'un conflit interne ou externe, et qui exige une réponse internationale qui va au-delà du mandat ou de la capacité d'une seule agence ou du programme en cours des Nations Unies pour le pays.

Sous-secteur. Dans le développement des entreprises, un sous-secteur est défini comme l'ensemble des entreprises et autres acteurs du marché qui achètent et vendent les uns aux autres afin de fournir un ensemble particulier de produits ou services à des consommateurs finaux Voir « Chaîne de valeur ».

Soutien d'un système de marché. Dans la perspective de la boîte à outils EMMA, le soutien du système de marché signifie toute intervention ou action visant à améliorer la performance d'un système de marché crucial pour la population, autre que l'aide directe (en espèces ou en nature) fournie à la population cible.

Stocks. Les magasins ou les stocks de produits alimentaires ou autres, qui sont détenus par différents acteurs du marché le long d'une chaîne d'approvisionnement ou de valeur. Voir « Disponibilité ».

Stratégie de détresse (ou 'stratégie de survie'). A la détresse ou la survie, la stratégie est une façon dont les gens adaptent leur comportement économique afin de survivre, mais au prix d'impacts négatifs à long terme sur eux-mêmes - le plus souvent parce qu'ils n'arrivent pas à faire face. Les exemples pourraient être la vente du dernier bien productif, ou la suppression de dépenses essentielles comme les soins de santé ou l'éducation.

Stratégie négative d'adaptation (également connu comme une « stratégie de détresse »). Si les stratégies d'adaptation à long terme ont des conséquences négatives, les gens n'ont pas réussi à faire face et ont adopté les stratégies de détresse. Des exemples courants comprennent la réduction de la ration alimentaire quotidienne et la réduction des dépenses des ménages sur les soins médicaux et l'éducation.

Stratégies de subsistance. Les stratégies que les gens emploient afin d'utiliser et de transférer des biens en vue de produire un revenu aujourd'hui et de faire face aux problèmes de demain. Ces stratégies se modifient et s'adaptent, en réponse à divers chocs, aux influences externes, aux normes institutionnelles, aux règles et à d'autres facteurs.

Structure du marché. En économie, la structure du marché décrit si un marché est essentiellement caractérisé par la concurrence, un oligopole ou un monopole. Le degré de rivalité entre les acheteurs et les vendeurs d'un marché - et donc sa structure - est déterminé par des caractéristiques relativement stables, telles que la distribution en nombre et la taille des acteurs du marché, le degré de différenciation entre eux, la disponibilité des informations sur le marché, et la nature des barrières à l'entrée.

Système de marché de revenus (produit). Dans EMMA, il s'agit de systèmes de marché qui fournissent des sources de revenus pour une population cible, par la vente des produits, le travail, ou d'autres résultats/productions. Parfois aussi appelé marché de 'production'. Ce qui le distingue des systèmes de marché d'offre (entrée) qui sont une source de nourriture, de biens, ou de services pour une population cible.

Système de marché d'offre (entrée). Dans EMMA, il s'agit de systèmes de marchés qui fournissent des vivres, des articles essentiels, des actifs ou d'autres intrants à une population cible. Parfois aussi appelé marché d' 'entrants'. Ce qui les distingue des systèmes de marché de revenus (de sortie), qui sont une source de revenus pour une population cible.

Système de marché extraordinaire. Un système de marché qui n'a pas fonctionné à grande échelle avant la crise, mais qui pourrait désormais jouer un rôle important pour répondre aux besoins d'urgence.

Système de marché intégré. Voir 'intégration du marché'

Système de marché réactif (fonctionnant). Un système de marché qui répond bien à une demande effective plus élevée en augmentant l'approvisionnement, sans qu'une augmentation excessive des prix l'accompagne.

Systèmes de marché cruciaux pour la population. Les systèmes de marché qui sont les plus pertinents dans l'urgence pour satisfaire les besoins de la population cible. Essentiellement, les marchés spécifiques qui ont ou pourraient avoir un rôle majeur dans la survie ou la protection des moyens de subsistance de la population cible.

Systèmes de marché. Le réseau complexe des personnes, des structures commerciales et des règles qui déterminent comment un bien ou service est produit, accédé et échangé. Un système de marché peut être considéré comme le réseau des acteurs du marché, soutenu par diverses formes d'infrastructures et de services, qui interagit dans le contexte des règles et des normes qui façonnent l'environnement des affaires.

Transversalité du genre. Une stratégie visant à assurer que les préoccupations et les expériences des femmes autant que des hommes, sont une dimension intégrante de la

les subventions pour les entreprises locales en vue de rétablir les stocks ou de réaménager les lieux, une expertise technique aux entreprises locales ou aux prestataires de services.

conception, de la mise en œuvre, du suivi et de l'évaluation de la législation, des politiques et des programmes dans tous les domaines politiques, économiques et sociaux. C'est le processus d'évaluation des implications pour les femmes et les hommes de toute action envisagée dans tous les domaines et à tous les niveaux, afin que les femmes et les hommes bénéficient d'avantages égaux et que l'inégalité ne se perpétue pas.

Ventes subventionnées. Une action de soutien du marché dans lequel les commerçants ou les fournisseurs de services reçoivent une subvention (par exemple pour couvrir les frais de transport, ou de repeuplement), à condition qu'ils réduisent leurs prix de vente d'un montant approprié. Cela n'est approprié que lorsque les prix sont trop élevés, mais qu'il n'existe aucune preuve que cela soit dû à un abus de pouvoir de marché.

Volume des échanges. Le volume (quantité) de nourriture, de biens, ou les articles fabriqués ou commercialisés à un moment donné dans un système de marché. EMMA se réfère aux estimations de volumes 'de production et d'échanges', de manière à inclure dans le tableau l'ensemble des aliments ou d'autres biens qui sont produits pour leur propre consommation, mais ne sont pas négociés.

Zones de subsistance. Les zones géographiques dans lesquelles les gens partagent globalement les mêmes modèles d'accès à la nourriture et aux revenus et ont un accès similaire aux marchés.

Index

abri 6, 8, 19, 23, 37, 126
    matériaux 38, 47, 61-3, 131-4, 147, 178
accès
    au marché 55, 67, 77, 197, 203
    contraintes 13-5, 102-4, 127-8, 132, 148, 190
    voir aussi défense des femmes 177, 186
achats 7, 91, 174
    ou vente du travail 89, 122, 130, 139-40, 148-50, 165-6
    pou*voir* d' 76, 93-5, 139, 152, 199, 206
acteurs du marché
    comportement 25, 37, 62, 69, 79-80, 115, 189, 197; 199, 204
    entrevues 11, 15, 58, 75, 101, 114
    nombre de 121, 147, 151
    voir aussi conduite des acteurs du marché, impact sur ; marché local ; chaîne de marché
actifs 20, 42, 50, 118, 149, 168
    voir aussi affaires ; biens communs ; moyens de subsistance ; actifs productifs, vente
actifs productifs 63, 171, 200
    voir vente de
action pratique 24, 59
adaptation 8, 15-6, 41, 69, 78-9, 87
    mécanismes / stratégie 96, 102-3, 116, 132, 163, 199
    voir aussi stratégie d'adaptation négative
affaires
    actifs 82, 121
    environnement 4, 80, 94, 204
    licences 175
    liens 82, 113, 198
    prêts 6, 10, 26, 119, 144, 151-7
    services de développement (BDS) 36, 66, 93, 175, 198
agricole 197 13, 16, 48, 51-2, 59, 64-5
    intrants et services 4, 47, 135, 157, 175–6

systèmes de marché 22, 40, 72, 126, 129
    fonctionnent 48, 64-5, 129
    voir aussi FAO
agriculteurs 7, 48, 52-9, 109-10, 129-30, 154–7
    voir aussi agriculteurs commerciaux
    voir les petits exploitants
aide 12, 20, 69, 90, 130, 157
alimentation
    aide 25-7, 55, 89, 119, 125, 131, 175–8
    consommation 20, 64, 89, 96, 124, 132
analyse de genre 201
analyse de la réponse 81-2, 87, 99, 102, 159–83
analyse des besoins 39-44, 96-9, 102, 127-41, 152-3, 185
    ordre du jour 77-8
    résultats 141, 189-90
    volet 12-4, 17, 20-3, 127, 137
analyse du système de marché 8, 12-5, 137-57, 164-6, 189, 204
    volets 24, 77, 82
analyse par sous-secteur 61, 108, 207
approche participative 24, 54, 59
approvisionnement
    chaîne 25, 55, 58, 62-3, 80-2, 92-4
    contraintes 55, 67, 87, 113, 167-70
    côté 147-8
    système de marché 97-8, 164, 172
    élasticité de la demande / offre
appui technique 6, 66, 80, 82, 156, 170–1
argent contre travail (cash for work) 6, 13, 40, 156-7, 174, 178
articles non alimentaires 3, 5, 11, 58, 89, 182
aspects analytiques clés 14-5, 46, 54-8, 72-6, 87-8, 101-6
assainissement *voir* eau
avant la crise 11-2, 34, 37, 47, 77-9, 83

bailleurs 7, 14, 37, 44, 51, 182-8
Banque mondiale 61, 108

banques 86, 102
    voir aussi Banque mondiale
barrières à l'entrée 104-2, 144, 198,204
base de référence
    carte de marché 10, 61, 70, 72, 116–7,
        126
    performance 92–4, 138–9, 143, 152,
        155–7, 190
besoin de 35, 46, 51-2, 161
    voir besoins de base, besoins
        d'urgence, information, besoins
        prioritaires, logement, survie,
        stratégie d'adaptation négative
besoins d'information 76-82, 86
besoins d'urgence 9, 76-7, 141, 145,
    149–50, 165–7
    évaluation de 17, 34, 38-44, 48-50,
        128–31, 188
besoins de base de 4, 170, 203
besoins prioritaires 5, 19, 25, 37, 77, 131,
    206
    de 12-6
    de la population cible, 20, 46-7, 57,
        127–8, 190
    voir survie
biens communs 170, 202
bilans 36, 155
    voir aussi FAO ; FEG ; sécurité
        alimentaire ;
        produits non-alimentaires
Birmanie
    2008 Cyclone Nargis 47, 52
    Système de marché des filets de pêche
        55, 61, 70–1, 137
bons d'achat 29, 139, 156, 167, 168, 169,
    172, 180
    distribution 7, 156, 208
    schémas 13, 157,162, 165-9, 175, 198

calendrier saisonnier 34, 65, 103-6, 131,
    154, 170
    pour les systèmes de marché 24, 58,
        72-3, 110–6, 126, 137
    pour 23 groupes cibles, 44, 53, 133-9,
        186–9
camp 28-30, 41-3, 109, 133, 157
    détaillants sur place 29, 180
    économie 29, 180-1

règles 157, 177
candidats 47, 50, 105, 189-90
carburant /combustible 47, 63, 70-1, 135,
    150, 175
    coûts 10, 21, 26, 79, 93-5, 119
    efficacité 28-30, 162, 181
    pour la cuisson 4, 133, 162
cartographie préliminaire 58-61, 67-8, 72-6,
    80, 104, 116
cartographie *voir* de référence ; EMMA ;
    système de marché ; préliminaires chaîne
    de marché 10, 62, 87, 92-5, 111, 122
    acteurs de la 27-8, 70-1, 80, 119, 125
chaîne de valeur 25, 93-5, 148-49
    analyse 208
    développement 171, 173, 179
    système de revenu 62-3
    chaîne d'approvisionnement 105, 118,
        120-4, 145, 50–2
changement climatique 67, 182
chocs 41, 84-5, 131, 170, 206
cluster de groupes 38, 44, 46, 54, 188
    collecte de données 96-9, 101, 112
commerçants *voir* local ; détaillants ; petits
    exploitants ; fournisseurs ; village
compétitivité 151, 199
concurrence 38, 93-5, 121, 138-40, 165–6,
    189
    et pouvoir sur le marché 81, 143-4, 151,
        157, 199
conduite des acteurs du marché 15, 103,
    121, 140–4, 155, 199
connectivité 199
consommateurs 63-5, 83, 92-5, 124, 141,
    150
    voir aussi consommateur final, urbaine
consommateurs finals 25, 62, 147-8, 206,
    207
consommation 19-21, 30, 55, 121-2, 146,
    181
    voir aussi alimentation ; ménages
contraintes 83, 145, 151, 156, 187
    voir aussi accès ; système de marché ;
        approvisionnement
corruption 10, 13, 26, 29, 67, 70, 71, 85,
    119, 180,, 199
    de fonctionnaires de marché 10, 26,
        70-1, 119

coûts 84, 91-5, 97-8, 132, 149-50, 165
    voir aussi carburant ; logement ; transport
crédit 82-3, 90, 92, 143, 148, 157
    services de 47, 66, 70-1, 150-1, 174-5
    voir aussi informel ; microcrédit ;
crise
    affecté par la 16-7, 81, 92, 102-4, 116-8, 122
    voir aussi impact de ; pré-crise
cultures 11, 46, 58, 147, 178
    perte / destruction 7, 25, 131, 147
    voir aussi espèces ; vente de ; cultures de base / debout
cultures de base / sur pied 7, 23, 52, 124, 131,154

décision
    décideurs 8-9, 11, 37, 118, 161, 180-7
    faire / prendre une 5, 16, 28, 53, 177, 191
délais 124, 140, 153-4, 197
demande
    de main-d'œuvre 22, 72, 89, 126
    problèmes 138, 144, 147-9, 152, 159, 190
    côté 147-8
    voir aussi demande agrégée / offre, demande effective ; élasticité de la demande / offre demande agrégée / offre 197
demande effective 147, 164, 199, 205
dépendance 6, 29, 173, 180
    voir aussi alimentation
déstockage 176-8
détaillants 8, 16, 59, 62-3, 84, 113
    données 97-8
    voir aussi camp ; local ; urbain ; détaillants 102-5, 107-8, 110, 175
        commerçants 7, 13, 82, 108, 112-4
développement
    voir affaires, développement des entreprises; marché; compétences; chaîne de valeur

développement d'entreprise 36, 197, 201, 206
    voir aussi micro-entreprises
différenciation des groupes 42
disponibilité de 55, 121-6, 138-40, 144, 163-6, 197
    fourrages 23, 134
    labour 84, 113, 166
    marchés 14, 65, 87-9, 102, 138, 204
    stocks 124, 131, 148, 152-5, 165
distribution 7, 13, 29-30, 178-81, 204
    voir aussi en espèces, en nature ; d'urgence, bons d'achat;
distributions d'urgence 3, 55, 147, 162, 164,178, 197
dons *voir* espèces
durabilité 7, 199, 207

eau 66, 83, 92, 94, 109, 132
    assainissement 8, 35, 37, 51, 170,150 à 200
    fourniture 6, 156, 161
école 23, 29-30, 134-5, 180, 199, 207
économie 8, 64, 114, 122-3, 151
    voir aussi camp; FEG; ménage; local
économique
    activités 47-8, 50-1, 83-4
    bassin 22-3, 44, 82, 123
    profils de 12, 15, 77, 133
élasticité de la demande /de l'offre 200,
électricité 66, 83, 150, 173-4
élevage
    et semences de 55-6
    intrants 21, 66, 79, 135
    marchés 47, 89, 157, 174-7
    voir aussi LEG, vente de
EMMA
    portée essentielle 5 principes 16-7, 160, 173
    dix étapes' (organigramme) 14-5, 60
    trois volets', 11-2, 77
    calendrier 17-8
    emploi 41, 47-9, 77, 84-9, 98, 175
En espèces
    assistance 7, 12, 78, 120, 161, 204
    intervention 4, 76-7, 85, 141, 163-5, 172

programmes 181-2
en nature 6, 14, 54, 77-8, 85-9, 130
    distributions 4, 7, 152, 155, 163-7, 174
    entente 143, 198, 204
entretien(s)
    avec des informateurs clés 101-2, 104-5, 107, 117,
    méthodes / plans 14, 39, 75, 86, 101
    questionnaires 76, 86-8, 96, 102, 106, 112
    ordre du jour 15, 68, 76, 99 structures 76, 86-8, 101
    voir aussi ménages ; acteurs du marché
environment
    voir affaires, favoriser l'environnement, marché envois de fonds 20, 49, 89, 96, 129, 135
épargne 29, 66, 152, 168-71, 201, 204
espèces
    cultures 42, 47, 148, 205
    distribution 29, 180
    don / transfert 6, 55, 167-9, 172, 206
    faisabilité 15, 76, 85, 99
    programmes 85, 154, 176
    voir aussi en espèces ; argent contre travail (cash for work) ; dons ou transferts de fonds.
ethnicité 16, 34, 43, 67, 203
exclusion 13, 42, 144, 151
exportations 48, 86, 123, 145-6

facilitateur 173, 201
faisabilité 12-4, 22, 52, 105, 190
    options 46, 77, 81, 160, 180-3
    voir aussi espèces ; options de réponse
FAO (Organisation pour l'alimentation et l'agriculture) 36, 44, 108–9, 155
favorables à l'environnement 29-30, 67, 181,
FEG (groupe de l'économie alimentaire) 36, 132, 134, 187
femmes
    accès au marché 10, 26, 119
    jardins 10, 26-7, 64, 119, 125
    temps 126, 133, 181

fermiers commerciaux 10, 16, 26-7, 63-4, 119, 125
fonctionnaires 7, 39, 107, 156-7, 202
    voir aussi corruption ; gouvernement ; marché
fonds 37, 51, 168, 187, 206
fournisseurs de services 6-7, 90-4, 108, 156, 201–2
fourniture 171, 173, 176, 198
    voir aussi eau

garantie 144, 157, 162
genres 21-2, 34, 37-9, 50, 76-8, 110
    analyse / intégration 202
    et systèmes de marché 4, 126, 132
    rôles 16, 25, 42-3, 64-7, 70-1, 84
géographique 22, 34, 37, 129, 145-6
gestion 34-7, 40, 44-5, 54, 144, 168
goulet d'étranglement 150, 156, 198
gouvernements 25, 51-2, 66, 83, 151, 173
    fonctionnaires 59, 73, 86-7, 102-5, 108, 177
    voir ONG
groupe cible 23, 49, 55, 63, 130–4, 170
    ménages 43, 77, 87, 105, 121, 127–8
    voir aussi calendrier saisonnier population cible
groupements de producteurs 174, 206

Haïti 45
    Ouragans de 2008 143
    système de marché des haricots 26, 55, 119, 125, 130
hausse des prix acceptables 6, 72, 126, 165, 197

ignorance optimale 16, 65, 105, 117, 205
impact
    évaluations 34-5
    indicateurs 182-3
    de crise 6, 15, 22, 69, 73, 79, 90-1
    sur les acteurs du marché 82, 94-5, 148, 163, 167, 173–9
import 63, 80–1, 86, 93, 177, 202
    tarifs 10, 26, 70-1, 119
imprécision appropriée 16, 19, 107, 190
imprécision voir imprécision appropriée

indirect(es)
- actions 6-7, 16, 160, 163-4, 166
- réponses humanitaires 202, 206
- soutien du système de marché 138, 6 156
- réponses, 156

inflation 29, 122, 168, 180, 202

informateurs *voir* entretiens informel
- crédit de 10, 26, 119
- secteur 201, 203, 204

infrastructure publique 83, 93-5, 173-4

infrastructures
- intrants et services 4, 10, 25–6, 66-71, 80, 119
- réhabilitation 173-4
- *voir aussi* infrastructure publique

inondations 7, 12, 23, 41, 72, 83
- zones 40, 43, 141, 188, 203

institutions
- règles et normes 10, 26, 70-1, 80-7, 92, 119
- *voir aussi* services financiers

insuffisances 14, 131
- des compétences 6, 8, 29, 76, 120, 177 166
- du développement, 171

interprétation 23-4, 102, 128, 146, 150, 179
- et analyse 18, 24, 59
- *voir aussi* marché

interventions 55, 85, 155, 161-3, 173, 182
- *voir aussi* interventions monétaires

interventions monétaires 3, 198-9, 205
- programme en 52, 84, 96, 167, 169-70, 190

intrants
- *voir* agriculture ; intrants agricoles ; infrastructure ; élevage ; semences

intrants agricoles 10, 26, 97, 119

investissement 177, 198

itération / itératif 14, 17-8, 55-9, 72, 79, 203

juridique 29, 175, 198, 200

Kenya troubles civils 38, 52, 115

labour 89, 97, 129, 177, 206

LEG (Lignes directrices d'urgence pour l'élevage) 56, 176, 178

licences 10, 26, 70-1, 91, 111, 119
- *voir aussi* affaires

lobbyisme 83, 175-7

local/locale/locaux
- économie 6, 15, 34, 44-9, 110-1, 168–70
- ONG 49, 61, 73, 108
- achats 3-7, 25, 120-2, 139–41, 152–4, 165

logement
- coûts 21, 55, 79, 135
- *voir* abri

logistique 18, 40, 44, 83, 108, 157
- du voyage 34, 104-5

main d'oeuvre 13-6, 23, 59, 63, 91-5, 109
- *voir aussi* disponibilité de ; occasionnel ; demande pour ; achats, salaires

marché
- développement du 24, 59, 173, 204
- environnement de 4, 10, 25-6, 67-8, 70–1, 119
- fonctionnaires 10, 26, 88, 101, 119
- intégration 81, 114, 138, 141-4, 149–50, 155
- interprétation 154
- liens 140, 152, 198
- segmentation du 65, 145

marché local
- acteurs 87, 90-2, 102-5, 110-1, 153
- systèmes 76, 81, 141, 152, 161-2

marché provincial 146, 153-4

marge de 150, 203

marginalisés 168, 206

ménages
- consommation 78, 97, 123, 131, 134, 197
- économie 44, 116, 127, 131, 186
- entretiens 15-6, 20-3, 43, 109, 128, 133
- profils 14, 19, 22, 115, 188
- recettes & dépenses 18-21, 53, 78-9, 96-7, 103, 134-5
- stocks 96, 124, 131

voir aussi sans terre ; groupe cible ; rural; urbain
Mercy Corps 169-70, 182
micro-entreprise 36, 89, 205
microcrédit 171-2
microfinance 36, 49, 174-5, 205
migrations 23, 35
monopole 143, 164-6, 198, 205
moyens de subsistance
    actifs 4, 46, 47, 63, 130, 161, 178, 203
    groupes 09, 160, 203
    stratégies des 12, 16, 35-6, 41-2, 65, 77
    zones de 35, 203

Nations Unies (ONU) 35, 38, 54, 108, 111, 131
    voir groupes sectoriels (clusters)
notes de terrain 114, 140

obstacles 132, 140, 144, 198, 204
occasionnel
    emploi 23, 134
oligopole 198, 204-5
    sélection 45-55, 61
    stocks 6, 13, 79, 82, 90, 97, 103
    structure, 103, 204
    voir aussi accès aux marchés ; disponibilité ;
    base
    de référence ; concurrence ; corruption ; bétail ; marché local ; acteurs du marché ; chaîne de commercialisation ; soutien du marché ; système de marché ; performance d'un marché ; marché provincial
ONG (organisations non gouvernementales) 82, 90, 108-9, 111, 187
    voir aussi locales
options de réponse 18, 68, 109, 132, 151–3, 189–90
    cadre 28-9, 161-2, 171, 180, 188
    apparaît possible 13-5, 37, 50, 53, 105, 183
    recommandations 37–8, 81, 145, 167, 182

Pakistan 28, 38, 162, 177, 185
PDI (déplacés internes) 35, 41, 133, 162, 180
pêche 7, 47, 89, 98, 171
    voir aussi Birmanie
performances d'un système de marché 6, 14, 25, 81-3, 118, 163, 206
    voir aussi de référence
personnes extrêmement vulnérables (EVI) 13, 201
petits exploitants 25, 40, 62, 144-5, 175, 179
politique de 52, 73, 85, 87, 104, 177
population affectée 63, 122-3, 140, 151, 160–3, 189
    voir aussi urgence
population cible
    confirmation 40-1, 43-5, 188-90
    identification 12-4, 33-4, 57, 107, 129, 145
    voir aussi besoins prioritaires ; calendrier saisonnier
population *voir* population touchée ; population cible
pouvoir *voir* entente ; concurrence ; monopole ; achats
pré-urgence 18, 21, 50, 59-60, 163-6, 179
préjudice 5–7, 54, 165, 167, 178
prêts 6-7, 13, 20, 89, 135, 168
    voir aussi entreprises/business
prévisions 138-9, 157, 163, 165-8, 171
prix
    données 122, 142, 145
    fixation 206
    suivi 151, 179, 183
    tendances 67, 81, 140
    voir aussi hausse des prix acceptables; saisonnier
producteurs de subsistance 55, 64, 129-30, 176
production 7, 20, 63, 65, 161, 202
profit 94, 96-7, 110, 143, 189, 205
promotion 166, 170-1, 177-8
    voir aussi occasionnels ; saisonnier ; salaires
protection de l'enfance 29-30, 37, 181
protection des biens 197

décideurs 6, 186, 202
obstacles 10, 26, 119

revenu 78, 114, 122, 134, 140,
    génération 67, 148, 170-1, 177
    niveaux de 22-3, 134
    système de marché 47-9, 62-4, 98, 149,
        164–6, 171–7
    inappropriées ; indirectes
réponses humanitaires inappropriées 6, 37, 173
résultats 'suffisamment bons' 14-9, 24, 44-5, 112, 128, 163
résultats 58, 60, 72, 126, 166, 202
    protection 207
    relations 7, 85, 204
    sources 4, 6, 42-3, 48-50, 130, 152
    voir aussi des ménages ; chaîne de valeur
richesses 16, 34, 42-3, 203, 208
risques du village 12-4, 28-30, 77, 85, 150-1, 181-3 ;
    voir dommage
rural 13, 22, 143, 157
    ménages 10, 21, 41, 49, 64
    voir aussi sans terre
recherche contextuelle 14–5, 44, 53, 61, 117, 128
    avant arrivée 18, 34–5
récupération de 4, 19, 134, 182
réfugiés 49, 60, 83, 109
    voir PDI déplacés internes
règles 9, 24-5, 58, 67, 83-7, 187
    voir aussi camp, institutions
réhabilitation 7–8, 37, 170, 176
    voir aussi infrastructure
repeuplement 174, 176, 178, 206
réponse
    arbre de décision 163–4
    cadre 28–30
    logique 160, 183, 190
    voir directe ; indirecte ; analyse de la réponse ;
    options de réponse
réponses directes 5-6, 156
réponses humanitaires 59-62, 72, 90, 118–20, 126, 138–1
    voir aussi interventions humanitaires

saisonnalité 22, 50-1, 81
saisonnier
    emploi 10, 26, 119
    facteurs 22-4, 52-3, 65, 77, 102, 131–3
    fluctuations de prix 72, 81, 92, 94, 165–6
    modèles 41, 126
salaires 78, 98, 110, 170
    emploi 72, 126
    travail 4, 47, 89, 109
sans terre 41, 48-9, 129-30
    ménages ruraux 10, 25-7, 64, 119, 125, 175
santé 16, 21, 35, 79, 135, 148
situations de conflit 38-9, 42, 52, 76, 84, 175
social
    divisions 42, 85
    normes 25, 83-4, 118, 168
soutien du marché 6, 14, 115, 137, 205
    options 138, 145, 155-7, 159, 161
    services de 10, 26, 70-1, 119
Sphère 47, 56, 130-1, 176, 205
stocks *voir* disponibilité de ; ménage ; marché. stratégie d'adaptation négative *voir* stratégie de détresse
stratégie de détresse 200, 204-5
    voir survie
surproduction 149, 177-8
surveillance de 6, 131, 160-2, 168, 177-8, 181–2
    voir aussi prix
survie
    besoins 8, 47-9, 130, 132, 161
    stratégie de 4-5, 46-7, 50, 199-200
système de marché du bois 55
Système de marché intégré 92, 94, 140–2, 150, 163, 203
systèmes de marché
    analyse 8, 12-5, 24, 77, 82, 137-57, 164–6, 189, 205
    capacité 14, 25, 55-9, 76, 85, 138–48, 157
    carte 9, 58, 62, 67, 113, 121-4
    performance 79, 102, 144, 173-5, 178–9
    contraintes 164-6

sélection 11, 14, 20-2, 56, 72, 179
soutien 4, 6-7, 54, 160, 173-7, 181–3
sécurité 34, 38-9, 44-7, 52-3, 85, 103
    voir aussi sécurité alimentaire
sécurité alimentaire 5, 19, 23, 109, 161, 197
    restauration 40, 47
    spécialistes 8, 37, 51
sélection de 14-5, 42, 46-7, 50-6, 161, 176
    compréhension de 3, 6, 12, 178
semences 47, 49, 52, 55-6, 132, 199
    et intrants 16, 59, 171, 178
    voir aussi élevage, et critères de
        sélection voir
    crucial sur les systèmes de marché ;
    marché ; système de marché
services embarqués 143, 151, 200
services financiers 49, 66, 80-3, 92-4,
    174–5, 201
    institutions 36, 50, 82, 171, 174
    voir microfinance
situations d'urgence complexes 199
systèmes de marché
systèmes de marché cruciaux
    définition de 47, 200

tarifs voir importation
tendances
    et normes 10, 24-6, 70-1, 93, 95, 11.
    voir aussi tendances
        environnementales ; prix
tendances du marché de l'environnement
    25, 67
termes de référence (TdR) 6, 14, 33-4, 44–5,
    57, 179
transfert voir espèces
transferts en espèces conditionnels /
    subvention 197-9
transport
    coûts 13, 21, 47-9, 73, 78-9, 81, 91-4
    services, 58, 66, 83, 171, 175
travail 21-2, 78, 83, 89, 148, 202, 151
    opportunités, 170
    voir aussi agricoles ; argent-contre-
        travail;
    travail de terrain
travail sur le terrain 40
    activités 14-5, 101-13

préparation 14-5, 18, 60, 75-99
tremblement de terre 7, 41
tsunami en Asie 7, 52

urbain
    consommateurs 63, 122, 150
    détaillants 10, 26-7, 119, 125
    ménages 10, 26-7, 119, 125, 129–30
urgence
    population affectée 35, 198,
    voir aussi situations d'urgence
        complexes, les besoins d'urgence ;
        LEG ; pré-urgence

variations 72, 81, 126, 142
véhicules 6, 37, 40, 82, 156 7, 175
vendeurs de 29, 111, 113, 157, 180, 199,
vente
    d'actifs 20, 197
    de bétail 165
    de cultures 16, 20, 47, 72, 89, 165, 148
ventes subventionnées 207
vêtements de 7, 47, 58, 63, 132, 161, 178
village
    commerçants 10, 25, 27, 63-4, 125,
        150
    détaillants 113, 121, 154
    magasins 70-1, 97
    voir aussi volume de
volet 12-5, 77, 107, 185
volume
    d'échanges 24, 69, 126
    de production 109, 112, 145
volume des échanges 27, 148, 207
vulnérabilité 3, 36, 42-3, 181, 206
    voir extrêmement vulnérables

Oxfam GB est une organisation de développement, d'aide et de sensibilisation, qui travaille avec d'autres pour trouver des solutions durables face à la pauvreté et à la souffrance du monde entier. Oxfam GB est membre d'Oxfam International.

Dans le cadre de son programme de travail, Oxfam GB entreprend des recherches et les documente en fonction de son expérience des programmes humanitaires. Ceux-ci sont diffusés à travers des livres, revues, documents de politique, rapports de recherche et rapports de campagne qui sont disponibles en téléchargement gratuit sur :
www.oxfam.org.uk/publications
www.oxfam.org.uk
Email : publish@oxfam.org.uk
Tél : +44 (0) 1865 473727
Oxfam House
John Smith Drive
Cowley
Oxford, OX4 2JY

Durant les 75 dernières années, International Rescue Committee
a été au premier plan des initiatives humanitaires pour aider les personnes déracinées par la guerre, la persécution ou la guerre civile à retourner chez elles.

www.theirc.org

InterAction est la plus grande coalition américaine d'organisations internationales non gouvernementales (ONG) centrée sur les personnes les plus pauvres et les plus vulnérables du monde. Chez InterAction, nous reconnaissons que nos défis mondiaux sont interconnectés et que nous ne pouvons pas lutter contre l'un d'eux
sans les aborder tous. C'est pourquoi nous créons

un forum pour les ONG de premier plan, les leaders d'opinion mondiaux et les décideurs politiques afin de relever nos défis collectivement. En misant sur notre expertise partagée, sur les idées sur le terrain de nos 180 organisations membres, nos analyses stratégiques du budget de l'aide étrangère, nous offrons un programme audacieux et nouveau pour mettre fin à la pauvreté dans le monde et fournir une aide humanitaire
dans tous les pays en développement.

www.ingramcontent.com/pod-product-compliance
Ingram Content Group UK Ltd.
Pitfield, Milton Keynes, MK11 3LW, UK
UKHW050457150426
5217IPUK00025B/1725